普通高等教育"十四五"系列教材

生态水文学概论

主　编　李琼芳　虞美秀　陈启慧
副主编　郭利丹　杨小强　黄　峰

中国水利水电出版社
www.waterpub.com.cn
·北京·

内 容 提 要

本书共八章，主要内容包括流域生态水文、河流生态水文、城市生态水文、湖泊水库生态水文、湿地生态水文、河口生态水文、农田生态水文。本书在参考大量学科发展前沿的基础上，凝练和遴选了生态水文学教材主旨内容，取材丰富、体系完整，章节编排合理。

本书适用于水利、生态、环境等相关专业的本科教学，也可以供相关工程技术人员和研究生参考。

图书在版编目（CIP）数据

生态水文学概论 / 李琼芳，虞美秀，陈启慧主编
. -- 北京：中国水利水电出版社，2023.12
普通高等教育"十四五"系列教材
ISBN 978-7-5226-2048-0

Ⅰ．①生… Ⅱ．①李… ②虞… ③陈… Ⅲ．①生态学－水文学－高等学校－教材 Ⅳ．①P33

中国国家版本馆CIP数据核字(2024)第007155号

书　　名	普通高等教育"十四五"系列教材 **生态水文学概论** SHENGTAI SHUIWENXUE GAILUN
作　　者	主　编　李琼芳　虞美秀　陈启慧 副主编　郭利丹　杨小强　黄　峰
出版发行	中国水利水电出版社 （北京市海淀区玉渊潭南路1号D座　100038） 网址：www.waterpub.com.cn E-mail：sales@mwr.gov.cn 电话：（010）68545888（营销中心）
经　　售	北京科水图书销售有限公司 电话：（010）68545874、63202643 全国各地新华书店和相关出版物销售网点
排　　版	中国水利水电出版社微机排版中心
印　　刷	天津嘉恒印务有限公司
规　　格	184mm×260mm　16开本　14.75印张　359千字
版　　次	2023年12月第1版　2023年12月第1次印刷
印　　数	0001—2000册
定　　价	**45.00元**

凡购买我社图书，如有缺页、倒页、脱页的，本社营销中心负责调换
版权所有·侵权必究

前　言

生态水文学是生态学和水文学的新兴交叉应用学科，以生物圈和水文圈相互作用关系与机理为研究对象。全球范围内人类可持续发展面临的环境问题，如水污染、生物多样性减少和土地荒漠化等，其实质都与生态退化和水文过程变化密切相关。当前，我国正处于迈向全面建设社会主义现代化国家新征程的关键时期，随着生态文明建设作为国家战略的实施推进，以及新时期国家高等教育对新工科背景下水利工程的学科建设和人才培养机制提出更高要求，国内各高校对"生态水文"相关课程的重视程度与日俱增。河海大学已在水文与水资源工程专业的新版本科生培养方案中将"生态水文学"从选修课程调整为必修课程。基于多年来河海大学《生态水文学》校内讲义实际应用效果，本书融入新时期水生态文明建设的新思想及新要求，紧跟国内外学术前沿，同时在阐述学科知识理论体系的基础上，通过典型案例解读，增强其实用性，着力于培养具有生态水文视野的复合型水利人才，为生态文明建设提供智力保障与技术支撑。

本书由河海大学李琼芳、虞美秀、陈启慧担任主编，郭利丹、杨小强、黄峰担任副主编。第1章由李琼芳、陈启慧、虞美秀、杨小强编写；第2章由杨小强、李琼芳编写；第3章由陈启慧、黄峰、虞美秀、李琼芳编写；第4章由李琼芳、周正模编写；第5章由郭利丹、黄峰编写；第6章由郭利丹编写；第7章和第8章均由虞美秀编写。全书由李琼芳统稿，杜尧、林雍权、方凯悦、刘梓豪、纪璐、杨坤凡、尹瑞琪等研究生参与了书稿的整理与校正工作。

本书由河海大学夏自强教授主审，主审人对书稿进行了认真细致的审查，并提出了许多建设性意见，编者在此深表感谢。

本书在编写过程中参考了大量的生态水文学最新研究成果和诸多学者出版的专著，同时参阅了有关院校和科研单位的技术文献，在每章后列出了主要参考文献，在此也表示感谢。

本书的编写和出版，得到了河海大学教务处、河海大学水文水资源学院以及中国水利水电出版社的大力支持，在此一并致谢。

目前可供本科生使用的生态水文学教材很少，本书是编者对生态水文学研究进展以及教学经验的总结，还存在诸多不足和需要改进的地方，希望各位同行和广大师生提出宝贵意见。书中如有不妥之处，恳请批评指正。

编者

2023年8月

目 录

前言

第1章 绪论 ··· 1
1.1 生态水文学产生的背景与意义 ··· 1
1.2 生态水文学的发展历程 ··· 2
1.3 生态水文学的概念 ··· 3
1.4 生态水文学的分类 ··· 5
1.4.1 按尺度分类 ··· 5
1.4.2 按生态类型分类 ··· 5
1.4.3 按地理环境分类 ··· 5
1.5 本书主要内容 ··· 5
参考文献 ··· 7

第2章 流域生态水文 ··· 9
2.1 流域水文循环基本过程 ··· 9
2.1.1 流域水量平衡 ··· 9
2.1.2 流域降水与积、融雪 ··· 10
2.1.3 流域截留与下渗 ··· 10
2.1.4 流域蒸散发 ··· 11
2.1.5 流域产流机制 ··· 12
2.1.6 流域汇流与流域滞时 ··· 13
2.2 流域水文循环中的植被生态作用基本原理 ··· 13
2.2.1 植物的水分代谢与输送机理 ··· 13
2.2.2 植物气孔导度与生态最优调控 ··· 14
2.2.3 植物水力最优调控 ··· 15
2.2.4 植物根系水分利用策略与水力再分配 ··· 16
2.3 流域水量-能量耦合平衡 ··· 16
2.4 流域生态系统的碳-氮-水耦合循环 ··· 18
2.5 流域生态需水 ··· 19
2.6 流域生态水文模型简介 ··· 20

  2.6.1 模型分类 ·· 20
  2.6.2 模型研究现状与发展 ·· 22
  2.6.3 流域分布式生态水文模型 EcH_2O-iso 简介 ······································· 23
 思考题 ··· 25
 参考文献 ·· 25

第3章 河流生态水文 ··· 28
 3.1 河流生态系统 ·· 28
  3.1.1 河流生态系统特征 ·· 28
  3.1.2 河流生态系统研究的时空尺度 ·· 33
  3.1.3 河流生态学中的一些重要概念 ·· 35
  3.1.4 河流水文情势及河流连通性 ··· 37
 3.2 河流水文情势的生态效应 ··· 40
  3.2.1 河流水文情势的生态学意义 ··· 40
  3.2.2 人类活动干扰对河流水文情势的影响 ··· 42
  3.2.3 河流生态水文情势变化的生态效应评价 ·· 44
 3.3 河流生态需水及计算 ·· 45
  3.3.1 河流生态需水的基本概念 ·· 45
  3.3.2 河流生态需水计算的原则和规定 ··· 45
  3.3.3 河流生态需水计算的主要方法 ·· 47
 3.4 大型水利工程建设运行的生态水文效应 ··· 49
  3.4.1 大型水利工程对水文情势的影响 ··· 49
  3.4.2 大型水利工程对水生关键物种生境要素的影响 ·································· 53
  3.4.3 大型调水工程对其下游生态风险的影响 ·· 57
 思考题 ··· 60
 参考文献 ·· 60

第4章 城市生态水文 ··· 62
 4.1 概述 ·· 62
 4.2 城市生态系统 ·· 62
  4.2.1 城市生态系统内涵 ·· 62
  4.2.2 城市生态系统组成与结构 ·· 64
  4.2.3 城市生态系统的特征 ·· 64
  4.2.4 城市生态系统的功能 ·· 65
  4.2.5 城市生态系统空间异质性 ·· 67
  4.2.6 城市生态系统时间变异性 ·· 67
  4.2.7 城市生态系统平衡与调控 ·· 67
 4.3 城市化生态水文效应 ·· 68
  4.3.1 热岛效应 ·· 69

  4.3.2 雨岛效应 ······ 72
  4.3.3 城市蒸散发 ······ 76
  4.3.4 城市化产汇流过程 ······ 77
  4.3.5 城市水体水质 ······ 80
  4.3.6 城市水系 ······ 81
 4.4 海绵城市建设的生态水文效应 ······ 85
  4.4.1 城市雨洪特性 ······ 85
  4.4.2 城市雨洪调控模式 ······ 88
  4.4.3 海绵城市的内涵和海绵城市建设目标与体系 ······ 93
  4.4.4 低影响开发设施 ······ 100
  4.4.5 海绵城市建设对蒸发的影响 ······ 103
  4.4.6 海绵城市建设对下渗的影响 ······ 106
  4.4.7 海绵城市建设对径流的影响 ······ 106
  4.4.8 海绵城市建设对水质的影响 ······ 108
  4.4.9 海绵城市建设对气温的影响 ······ 110
 4.5 城市雨洪模拟 ······ 112
  4.5.1 城市雨洪产汇流计算方法 ······ 112
  4.5.2 城市雨洪模型 ······ 114
 思考题 ······ 117
 参考文献 ······ 117

第5章 湖泊水库生态水文 ······ 123
 5.1 湖泊水库概述 ······ 123
  5.1.1 湖泊及其特征 ······ 123
  5.1.2 湖泊分布与分类 ······ 124
  5.1.3 人工湖泊与水库 ······ 126
 5.2 湖泊水库生态水文学的研究内容 ······ 126
 5.3 湖泊水文生态系统的构成 ······ 127
  5.3.1 湖泊物理环境 ······ 127
  5.3.2 湖泊化学环境 ······ 131
  5.3.3 湖泊生物群落 ······ 134
  5.3.4 湖泊生态系统结构 ······ 136
 5.4 湖泊生态系统的服务功能 ······ 137
  5.4.1 供给服务 ······ 138
  5.4.2 调节服务 ······ 138
  5.4.3 支持服务 ······ 138
  5.4.4 文化服务 ······ 138
 5.5 水文情势变化对湖泊水库生态系统的影响及其反馈 ······ 139
  5.5.1 水文要素及变化过程 ······ 139

5.5.2　水文情势变化对湖泊水库生态系统的影响 ……………………………… 141
　　5.5.3　湖泊水库生态系统对水文情势变化的反馈 ……………………………… 142
5.6　水库生态调度 ……………………………………………………………………… 143
　　5.6.1　生态调度的内涵 …………………………………………………………… 143
　　5.6.2　生态调度的原理与技术方法 ……………………………………………… 144
　　5.6.3　生态调度模型 ……………………………………………………………… 145
5.7　湖泊生态需水量及计算 …………………………………………………………… 146
　　5.7.1　湖泊生态需水计算的基本思路 …………………………………………… 147
　　5.7.2　湖泊生态需水计算的主要方法 …………………………………………… 148
　　5.7.3　湖泊生态需水计算案例 …………………………………………………… 149
思考题 …………………………………………………………………………………… 150
参考文献 ………………………………………………………………………………… 150

第6章　湿地生态水文 …………………………………………………………………… 152
6.1　湿地概述 …………………………………………………………………………… 152
　　6.1.1　湿地的定义 ………………………………………………………………… 152
　　6.1.2　湿地的类型 ………………………………………………………………… 152
6.2　湿地生态水文学的研究内容 ……………………………………………………… 153
6.3　湿地水文生态系统的特征 ………………………………………………………… 154
　　6.3.1　区域地表水资源性质对湿地形成和发育的影响 ………………………… 154
　　6.3.2　水源补给类型对湿地形成和发育的影响 ………………………………… 155
　　6.3.3　河流对湿地形成和发育的影响 …………………………………………… 157
　　6.3.4　湖泊对湿地形成和发育的影响 …………………………………………… 158
　　6.3.5　影响湿地水文条件的自然地理因素 ……………………………………… 158
　　6.3.6　湿地生态系统的特征和功能 ……………………………………………… 159
6.4　湿地生态水文过程和水文特征 …………………………………………………… 165
　　6.4.1　湿地水文过程 ……………………………………………………………… 165
　　6.4.2　湿地水文特征 ……………………………………………………………… 169
6.5　湿地生态需水量 …………………………………………………………………… 170
　　6.5.1　湿地生态需水量的概念与特征 …………………………………………… 170
　　6.5.2　湿地生态需水量计算方法 ………………………………………………… 171
　　6.5.3　湿地生态需水计算案例 …………………………………………………… 173
思考题 …………………………………………………………………………………… 173
参考文献 ………………………………………………………………………………… 173

第7章　河口生态水文 …………………………………………………………………… 175
7.1　河口水循环 ………………………………………………………………………… 175
　　7.1.1　河口潮汐 …………………………………………………………………… 175
　　7.1.2　水流滞留时间 ……………………………………………………………… 175

  7.1.3 暴露时间 ·········· 177
  7.1.4 海岸流和波浪对河口冲淤的影响 ·········· 178
 7.2 河口泥沙 ·········· 179
  7.2.1 泥沙在河口生态中的作用 ·········· 179
  7.2.2 淤泥对沿海水域的生物学影响 ·········· 182
  7.2.3 淤泥与人类健康 ·········· 182
 7.3 潮汐湿地 ·········· 183
  7.3.1 湿地水动力 ·········· 183
  7.3.2 湿地植被减弱海浪侵蚀 ·········· 184
  7.3.3 潮汐湿地生态作用 ·········· 184
  7.3.4 地下径流 ·········· 185
 7.4 河口生态结构与功能 ·········· 187
  7.4.1 简单食物网 ·········· 187
  7.4.2 岩屑作用 ·········· 188
  7.4.3 河口连通性 ·········· 190
  7.4.4 河口与鱼类 ·········· 193
  7.4.5 河口与鸟类 ·········· 196
 思考题 ·········· 197
 参考文献 ·········· 197

第8章 农田生态水文 ·········· 198

 8.1 基本概念与内涵 ·········· 198
  8.1.1 基本概念 ·········· 198
  8.1.2 基本内涵 ·········· 198
 8.2 田间水量平衡 ·········· 202
  8.2.1 水田田间水量平衡 ·········· 202
  8.2.2 旱地田间水量平衡 ·········· 202
 8.3 农田小气候 ·········· 203
  8.3.1 物理基础 ·········· 203
  8.3.2 影响农田小气候的因素 ·········· 204
  8.3.3 灌溉对农田小气候的影响 ·········· 205
 8.4 田间水分动态 ·········· 206
  8.4.1 水分的下渗过程 ·········· 206
  8.4.2 不同灌溉条件下的水分下渗 ·········· 208
  8.4.3 供水不充分条件下的水分下渗 ·········· 208
  8.4.4 土壤水分再分布 ·········· 209
 8.5 植物水分条件 ·········· 210
  8.5.1 水对植物的作用 ·········· 210
  8.5.2 作物需水量及其计算方法 ·········· 216

8.6 农田需水量的计量 ··· 220
    8.6.1 作物需水量的理论依据 ··· 220
    8.6.2 作物需水量的分析计算 ··· 221
    8.6.3 灌水量的计算 ··· 222
思考题 ··· 224
参考文献 ·· 224

第1章 绪　　论

生态水文学是在淡水资源短缺、水质恶化和生物多样性减少等全球环境问题的背景下，为寻求一种环境友好、经济可行和有效的淡水资源可持续利用方式的实践中形成的一门水文学与生态学交叉应用学科。它很好地融合了当前人类社会可持续发展中面临的诸多生态安全、环境安全、水安全等方面的学科需求，近年来迅速发展并在多种生态、气候和地貌类型区域开展了应用研究[1]。

1.1　生态水文学产生的背景与意义

水是生命之源、生产之要、生态之基。水安全是人类社会资源安全的重要组成部分。在人类文明的早期，主要是干旱、洪水和河流改道等自然性的水安全问题。随着科学技术的发展，人类改造自然和征服自然的能力逐渐加强，建造水坝、跨流域调水、防洪、农业灌溉、污水处理及排放等传统水资源开发利用或管理模式几乎总是在控制水资源或竭力开发水资源，盲目追求单一的经济目标，致使水资源短缺、水污染加剧、水生态破坏等人为型水安全问题日益严重。此外，全球气候变暖通过影响降水、蒸发、径流、土壤湿度等改变全球水文循环的现状，引起水资源在时间和空间上的重新分配，加剧某些地区的洪涝和干旱灾害，引起可利用水资源的时空变化[2]。随着气候变化的加剧和人类活动影响的增强，其对水资源系统的影响对社会经济的制约作用日益突出，水安全问题也越来越受到人们的重视。自20世纪后半叶以来，可持续发展理念逐渐成为全球共识。该理念强调人类经济社会的发展与自然生态系统的保护之间必须取得平衡，才能确保人类的长期福祉和地球系统的安全运行。这一新理念的兴起与不断深化，对水资源的管理和保护在科学层面和政策法规层面都提出了新的迫切要求，特别是在水资源的开发利用中充分考虑生态环境需求，确保水资源的可持续利用。过去的水管理方法已不足以应对气候变化和人类活动给水安全带来的影响，必须基于新的思维方式采用应对措施[3-4]。人类社会急需综合的、跨学科的、有效解决问题的新科学模式解决水安全问题，以实现社会用水的可持续和水循环的科学管理。

生态水文学正是在这一时代背景下对传统水文学研究的拓展和深化，其产生与发展对于促进水资源的可持续利用、保护生态环境和生物多样性，提升灾害预防与应对能力，推动城市可持续发展绿色转型，推进社会生态文明建设，促进国际共识等方面都具有重要意义。传统水文学侧重于水资源的测量、分析和管理，主要从工程和技术角度研究水文过程与现象。然而，随着经济社会发展全面绿色转型成为新常态，水安全问题和生态系统健康日益受到全社会重视，水科学研究的视角正在发生转变[5]。这种变化一方面体现在对水文循环的深入探究，由过去的专注基本水文过程转向关注水文过程与生态系统的相互反馈作用,从而深刻揭示水-生态-社会之间复杂的联系,为水资源的可持续利用提供科学基础。另一方面,生态水文学注重水资源"量"和"质"的协同,同时强调水资源与生态系统的平衡发展,重视生态系统的功能保护与自我调节能力。我国改革开放以来取得的显著经济成就背后,往往忽视了对生态环境的重视和保护。例如长江、黄河等重要流域,流域环境保护与高质量发展面临严峻挑战。绿色发展新常态下,掌握生态水文学的理论与方法成为对水利、生态、环境等领域人才的必然要求。同时,水利工程学科需要继续保持水利人才培养的传统优势,同时不断创新和拓展学科新的增长点,特别是培养具备水文学与生态学交叉融合思维的复合型水利人才,切实服务我国生态文明建设国家战略的实施推进。

1.2 生态水文学的发展历程

1992年以前是生态水文学的萌芽阶段。这一时期的生态水文学概念仅限于湿地、河流水生生态问题,较少涉及陆地生态系统,主要研究水生生态系统对水文情势变化的响应。1987年Ingram在对泥炭湿地的生态水文过程进行分析时,第一次提出了"Ecohydrology"一词[6]。1992年在德国柏林举行的水与环境的国际会议上,生态水文学作为一门学科被独立出来,生态水文学学科正式建立。

1992—1995年间,生态水文学处于学科发展的初期阶段,在基础理论和方法研究中均取得一定的进展,如1994年Jarvis等撰写的专著 *Mires: Process, Exploitation and Conservation*[7],在此期间我国学者也在尝试引进生态水文学,如1993年马雪华撰写的《森林水文学》就对森林生态水文学的研究做了初步的探索[8]。

1996—2007年间,生态水文学进入快速发展阶段,国内外有关生态水文学的研究成果及专著大量涌现,如1997年Zalewski编写的 *Ecohydrology: A New Paradigm for the Sustainable Use of Aquatic Resources*[9];1999年Baird编著的 *Eco-hydrology. Plants and Water in Terrestrial and Aquatic Environments*[10];2001年Acreman编著的 *Hydro-Ecology: Linking Hydrology and Aquatic Ecology*[11]。在国内,1999年刘昌明等编著《土壤-作物-大气界面水分过程与节水调控》[12],武强、严登华、崔保山等也在生态水文学方面做出了积极探索和研究[13-16],这一时期的研究为生态水文学的后期发展奠定了坚实的基础。

2008年至今,生态水文学一直处于逐渐完善并发展壮大的阶段。联合国教科文组织第七阶段(UNESCO/IHP)-Ⅶ(2008—2013)主题3为"面向可持续的生态水文学",强调生态水文学的发展和研究,第八阶段(UNESCO/IHP)-Ⅷ(2014—2021)主题5为"生态水文——面向可持续世界的协调管理",同样将生态水文学的发展研究作为重中之重。*Ecohydrology* 期刊也在这一时期成立。近年来,生态水文学的研究成果极其丰富:2008年Wood等编著《水文生态学与生态水文学:过去、现在和未来》[17],Harper等编著《生态水文学:过程、模型和实例——水资源可持续管理的方法》[4],2010年国内学者程国栋等编著《中国西部典型内陆河生态-水文研究》[18],杨大文、郭劲松、张建云等也对生态水文学的发展做出了有益的贡献[19-21]。

生态水文学从孕育到提出,从快速发展到逐渐完善,经历了近30年的探索发展(表

1.1)。它已从一门新兴学科发展到如今的国内外重点关注研究的学科,同时,生态水文学也为地球水生态文明建设发挥愈来愈重要的作用。

表 1.1　　　　　　　　　　　　生态水文学各阶段发展历程

时　间	阶段特点	重要经历（或代表事件）
1970 年左右至 1986 年	生态水文学萌芽期	国际水文十年计划（1965—1974）；1970 年 Hynes 出版 The Ecology of Running Water；1971 年人与生物圈计划（Man and Biosphere Programme, MAB）及 1986 年第一阶段会议；生态水力学、土壤水文学等的重要理论探索和发现等
1987—1991 年	生态水文学术语提出与初步探索期	1987 年 Ingram 使用"Ecohydrology"一词；1990 年 Pedroli 等、1991 年 Bragg 等围绕生态水文过程开展研究；1988 年 UNESCO 组织的国际研讨会；1991 年荷兰景观生态协会（WLO）组织的水文生态预测方法会议等
1992—1995 年	生态水文学学科建立与初步发展期	1992 年联合国水和环境国际会议正式提出生态水文学概念；1993 年 Jarvis 等撰写的 Mires: Process, Exploitation and Conservation；1995 年 Kloosterman 和 Gieske 等对湿地生态系统的研究；1993 年马雪华撰写的《森林水文学》等
1996—2007 年	生态水文学学科快速发展期	1996 年 Wassen 等给出生态水文学的明确定义；ERB 第 6 次研讨会；(UNESCO/IHP)－Ⅴ（1996—2001）和（UNESCO/IHP）－Ⅵ（2002—2007）；1997 年 Zalewski、1999 年 Baird 等和刘昌明、2001 年 Acreman、2002 年 Eagleson 编著的生态水文学相关专集或著作；2001 年创办 Ecohydrology & Hydrobiology 期刊；2000 年成立的英国沃林福德生态与水文学研究中心；2005 年组建 UNESCO 欧洲生态水文学中心；Hatton 等、Rodriguez、王根绪等、Nuttle、夏军、Naiman 等大量学者针对生态水文学不同领域进行的研究等
2008 年至今	生态水文学学科完善期	(UNESCO/IHP)－Ⅶ（2008—2013）主题 3 和（UNESCO/IHP)－Ⅷ（2014—2021）主题 5；2008 年 Ecohydrology 期刊创刊和 UNESCO 海滨生态水文学中心成立；2008 年 Wood 等、Harper 等、2010 年程国栋等、2012 年杨胜天等编著的生态水文学相关专集或著作；2014 年举办国际水文及应用生态大会；Ghimire 等、Zalewski 等开展的更深入研究等

1.3　生态水文学的概念

生态水文学通常被定义为探索和揭示生态系统格局和过程的水文学机理的一门学科。但是,如果从科学基础和生态服务应用的角度,生态水文学被理解为是研究水文学与生物系作用机理,应用自然过程作为管理工具加强广义景观生态服务（如海岸、城市、农村等）的一门综合交叉学科。旨在通过对水资源、生物多样性、生态服务、气候变化弹性和文化等多维管理,增加河湖生态系统的弹性,达到维系生态和人类发展的可持续性的目的。

Ingram 在 1987 年提出"生态水文学"这一概念[6]。由于各国学者研究领域和关注焦点的不同,"生态水文学"自诞生以来一直未被赋予统一、公认的定义。

按时间顺序,给出部分学者对生态水文学的定义。

（1）生态水文学是研究所有生命及无生命组成的交互关系中的水文过程、现象及特性的科学。

（2）Hatton 认为生态水文学是指在一系列环境条件下来探讨生态水文过程,它考虑了干旱地区、湿地、森林、河流和湖泊的生态水文过程[22]。

（3）1997年俄罗斯彼德堡国立水文气象学院出版教材《水资源（陆地水）利用和保护的生态观》中提出"生态水文学（水利生态学）""水利生态系统"等概念，提出新的学科方向要研究具体"水对象"（河、湖、水库等）群体态势的定性定量的评价，研究不同层次和尺度的水体生态系统。

（4）Zalewski等提出：生态水文学是在流域的尺度上，研究水文和生物相互功能关系的科学，是实现水资源可持续利用和管理的理论基础[9]。

（5）Baird等认为生态水文学是研究植物与水的相互作用以及与植物生长相关的水文过程[10]。

（6）Rodriguez-Iturbe则定义生态水文学为研究不同生态形式及过程中的水文机制的科学。Rodriguez-Iturbe认为它是在气候-土壤-植被动态过程中研究水文机制，以便预测生物对全球变化的响应[23]。

（7）Nuttle认为生态水文学是探讨变化环境下水文过程对生态系统结构与功能影响以及生物过程对水循环要素影响的交叉学科[24]。

（8）夏军等提出：生态水文学是生态学与水文学的交叉科学，从不同尺度（全球、区域、流域）研究和揭示生态水文多要素之间的相互作用关系以及形成和制约生态系统格局及其过程变化的水文学机理[25]。

2000年前生态水文学概念演变如图1.1所示。

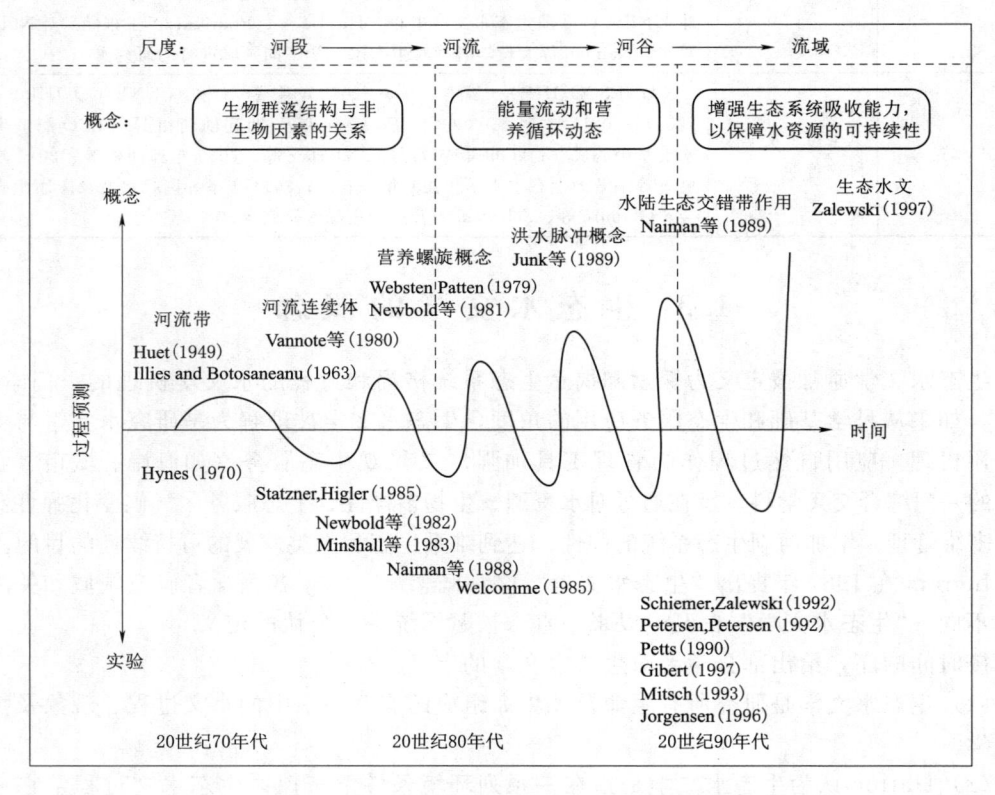

图1.1 2000年前生态水文学概念演变示意[26]

1.4 生态水文学的分类

1.4.1 按尺度分类

按尺度分类，生态水文学包括：①全球生态水文学，以全球尺度的大生态系统作为研究对象，重点研究全球陆地和海洋的生态格局及其变化（地圈、生物圈、岩石圈、水圈、大气圈、人类圈等之间的相互作用）的水文学规律、机制和认识；②区域生态水文学，以区域尺度的陆地、水域及人类活动等有关的复合生态系统为研究对象，重点研究区域生态水文的相互作用关系，区域环境变化的生态水文特征及变化规律；③流域生态水文学，以流域尺度的河流、湖泊、植被、湿地、城市等生态系统为研究对象，重点研究流域多要素的生态水文相互作用关系，形成和制约流域生态系统格局及过程变化的水文学机理[1]。

1.4.2 按生态类型分类

按生态类型分类，生态水文学包括：①森林生态水文学；②湿地生态水文学；③草地生态水文学；④河流生态水文学；⑤湖泊水库生态水文学；⑥农田生态水文学；⑦城市生态水文学；⑧滨海生态水文学[1]。

1.4.3 按地理环境分类

按地理环境分类，生态水文学包括：①干旱区生态水文学；②湿润区生态水文学；③寒区生态水文学；④热带区生态水文学；⑤温带区生态水文学；⑥荒漠区生态水文学；⑦内陆区生态水文学等。以此方法分类的生态水文学分支是以某一特定地理环境区的生态系统为研究对象，重点研究特定环境下该区域生态系统水文生态的作用关系，以及形成该特定地理环境区生态系统格局及过程变化的水文学机理[1]。

生态水文学分支学科体系如图1.2所示。

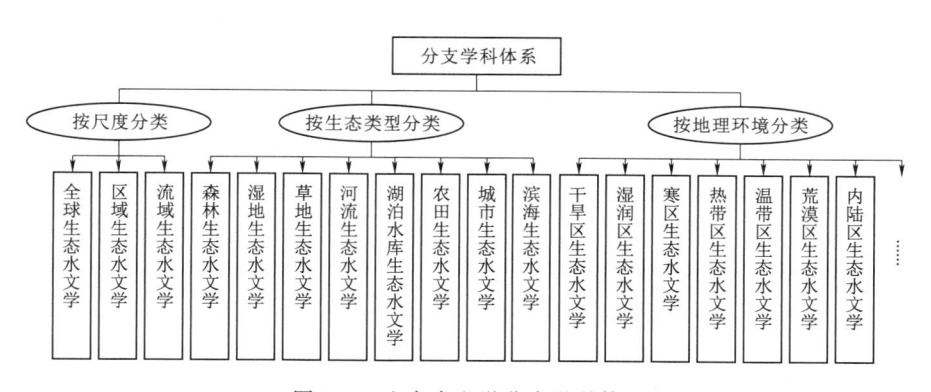

图1.2 生态水文学分支学科体系

1.5 本书主要内容

本书第1章为绪论，第2章首先从流域系统整体性出发，对流域生态水文进行介绍；从第3章到第8章分别对组成流域的河流、城市、湖泊水库、湿地、河口、农田等不同类型生态系统的生态水文进行了介绍。本书主要内容简要介绍如下：

第1章为绪论。本章简单回顾了生态水文学发展过程中历经的萌芽时期、发展初期、快速发展期及发展壮大期等典型里程碑阶段；按时间顺序，给出了部分学者对生态水文学的定义；按尺度、生态类型和地理环境分别介绍了生态水文学的不同学科分支；概述了每个章节讲述的内容，最后明确了生态水文学的未来发展方向。

第2章为流域生态水文。本章从流域系统整体性出发，以水文学和生态学交叉理论为背景，研究流域水文过程与植被生态过程的互馈耦合关系，归纳介绍了对流域生态水文过程的机理认识（包括水文循环基本过程和植被生态作用基本原理）以及流域生态水文学研究的重要基础理论（包括水量-能量耦合平衡和碳-氮-水耦合循环）。在此基础上，一方面从水资源配置角度介绍了流域生态需水特别是陆域植被生态需水的概念特征与量化方法；另一方面从机理性模拟角度概述了流域生态水文模型的现状和发展，并以本章编者开发的模型为例介绍了典型流域生态水文模型结构。

第3章为河流生态水文。本章以河流生态系统为研究对象，重点研究水生态系统结构功能变化、河流水文过程及两者的相互反馈与影响关系的学科，其研究内容可以概括为三个层次（识别并量化影响河流生态系统结构和功能的主要水文特征、揭示影响河流生态系统的水文机制、发展建立调控生态水文特性的方法）和四个方面［气候变化对河流水文生态的影响规律、水利工程的长期生态学效应、河道生态需水量及关键生物生态水文（力）过程、河流生态健康与流域层面水利水电规划的生态环境影响］。

第4章为城市生态水文。本章以城市生态系统为研究对象，明确其内涵、组成与结构、功能与特征，在厘清城市化生态水文效应（如热岛、雨岛效应，城市蒸散发、产汇流等过程）的基础上，基于城市雨洪特性及海绵城市建设目标，重点研究海绵城市建设的生态水文效应，包括海绵城市建设对蒸发、下渗、径流、水质及气温的影响；介绍了城市雨洪产汇流计算方法及模型。本章为认识和解决城市地区面临的洪涝灾害频发、水资源短缺、水环境恶化、水系萎缩等一系列生态水文问题提供基本思想、原理和方法。

第5章为湖泊水库生态水文。本章以湖泊和水库作为基本研究对象，在湖泊水库特征、分布与类型分析的基础上，应用生态水文学的原理和方法，重点研究影响湖泊水库生态过程与生态格局的水文学机制，主要包括湖泊水库的水文生态系统构成及服务功能，水文情势变化与湖泊水库生态系统之间影响与反馈机理，水库生态调度的原理与技术方法，以及湖泊生态需水量的基本思路和主要方法。

第6章为湿地生态水文。本章以湿地作为基本研究对象，在湿地定义和类型分析的基础上，应用生态水文学的原理和方法，重点研究影响湿地生态过程与生态格局的水文学机制及湿地生态保护机制，主要包括湿地水文生态系统的特征，湿地生态系统与水文系统之间的相互作用机制，湿地生态保护与恢复重建机理，以及湿地生态需水量的概念特征与计算方法。

第7章为河口生态水文。本章以河口生态系统为研究对象，在了解河口水循环基本要素的基础上，研究河口泥沙在河口生态中的作用，包括淤泥对沿海水域的生物学影响及对人类健康的影响；基于潮汐湿地水动力条件，研究潮汐湿地植被的防护作用及湿地本身的生态作用；基于河口的简单食物网，重点研究河口地区连通性及河口生态水文过程与生物类群的相互作用和反馈机制。

第8章为农田生态水文。本章以农田生态系统为研究对象，明确农田生态水文基本概念与研究对象，基于田间水量平衡，研究不同供水条件下的水分下渗过程；基于植物水分条件和需水量计算方法，计算作物需水量、农田需水量及灌水量。重点研究农田生态水文过程的相互作用和反馈机制、环境变化对农田生态过程的影响及作物耗水和产量的响应等。

参考文献

[1] 夏军，左其亭，王根绪，等. 生态水文学 [M]. 北京：科学出版社，2020.

[2] United Nations. Transforming our world：The 2030 agenda for sustainable development [R]. 2015.

[3] 夏军，石卫. 变化环境下中国水安全问题研究与展望 [J]. 水利学报，2016，47（3）：292-301.

[4] Harper D, Zalewski M, Pacini N. 生态水文学：过程、模型和实例——水资源可持续管理的方法 [M]. 严登华，秦天玲，翁白莎，等译. 北京：中国水利水电出版社，2012.

[5] Poff N L, Zimmerman J K. Ecological responses to altered flow regimes：A literature review to inform the science and management of environmental flows [J]. Freshwater Biology, 2010, 55 (1)：194-205.

[6] Ingram H A P. Ecohydrology of Scottish peatlands [J]. Earth and Environmental Science Transactions of the Royal Society of Edinburgh, 1987, 78 (4)：287-296.

[7] Jarvis P J, Heathwaite A L, Gottlich K. Mires：process, exploitation and conservation [J]. Geographical Journal, 1994, 160 (3)：341.

[8] 马雪华. 森林水文学 [M]. 北京：中国林业出版社，1993.

[9] Zalewski M, Janauer G A, Jolankai G, et al. Ecohydrology：A new paradigm for the sustainable use of aquatic resources [J]. Ency-clopedia of Earth Sciences, 1997, 60 (5)：823-832.

[10] Baird A, Wilby R. Eco-hydrology：Plants and water in terrestrial and aquatic environments [M]. London：Routledge, 1999.

[11] Acreman M C. Hydro-ecology：Linking hydrology and aquatic ecology [M]. Wallingford：IAHS, 2001.

[12] 刘昌明，王会肖. 土壤-作物-大气界面水分过程与节水调控 [M]. 北京：科学出版社，1999.

[13] 严登华，何岩，邓伟，等. 生态水文学研究进展 [J]. 地理科学，2001（5）：467-473.

[14] 严登华. 应用生态水文学 [M]. 北京：科学出版社，2014.

[15] 武强，董东林. 试论生态水文学主要问题及研究方法 [J]. 水文地质工程地质，2001（2）：69-72.

[16] 崔保山，赵翔，杨志峰. 基于生态水文学原理的湖泊最小生态需水量计算 [J]. 生态学报，2005（7）：1788-1795.

[17] Wood P J, Hannah D M, Sadler J P. 水文生态学与生态水文学：过去、现在和未来 [M]. 王浩，严登华，秦大庸，等译. 北京：中国水利水电出版社，2009.

[18] 程国栋，肖洪浪，陈亚宁，等. 中国西部典型内陆河生态-水文研究 [M]. 北京：气象出版社，2010.

[19] 杨大文，丛振涛，尚松浩，等. 从土壤水动力学到生态水文学的发展与展望 [J]. 水利学报，2016（3）：390-397.

[20] 郭劲松，黄轩民，张彬，等. 三峡库区消落带土壤有机质和全氮含量分布特征 [J]. 湖泊科学，2012，24（2）：213-219.

[21] 张建云，宋晓猛，王国庆，等. 变化环境下城市水文学的发展与挑战——Ⅰ：城市水文效应 [J].

水科学进展，2014，25（4）：594-605.
[22] Hatton T J, Salvucci G D, Wu H I. Eagleson's optimality theory of an ecohydrological equilibrium: Quo vadis? [J]. Functional Ecology, 1997, 11 (6): 665-674.
[23] Rodriguez-Iturbe I. Ecohydrology: A hydrologic perspective of climate-soil-vegetation dynamies [J]. Water Resources Research, 2000, 36 (1): 3-9.
[24] Nuttle W K. Eco-hydrology's past and future in focus[J]. Eos Transactions American Geophysical Union, 2002, 83 (19): 205-212.
[25] 夏军，左其亭，韩春辉. 生态水文学学科体系及学科发展战略 [J]. 地球科学进展, 2018 (7): 665-674.
[26] Zalewski M Lapinska M, Wagner I. River ecosystems [J]. Fresh Surface Water, Vol. II.

第2章 流域生态水文

流域作为一个自然地理单元，是描述陆地水循环系统和陆地-水生生态系统的基本单位。流域内水文过程控制着水文动态、水力情势、生物地球化学循环、沉积物和营养物质的传输与迁移转化等过程，不仅决定了流域河流系统水生生态系统的结构与格局，还主导着河口与洪泛区生态系统的演化过程。

2.1 流域水文循环基本过程

传统水文学认为流域水文循环实际上就是流域降水径流形成过程（图2.1）：降落到流域上的雨水，首先满足植被截留、填洼和下渗要求，剩余部分成为地面径流，汇入河网；截留最终消耗于蒸发，下渗到土壤中的水分在满足土壤持水量以及蒸散发需要后，将形成壤中水径流（或地下水径流），汇入河网，与地面径流一起汇集到流域出口。由此可见，传统水文学研究多集中于揭示流域水分运动的物理规律，而极大地简化了植被生态系统与水文循环之间的交互作用。

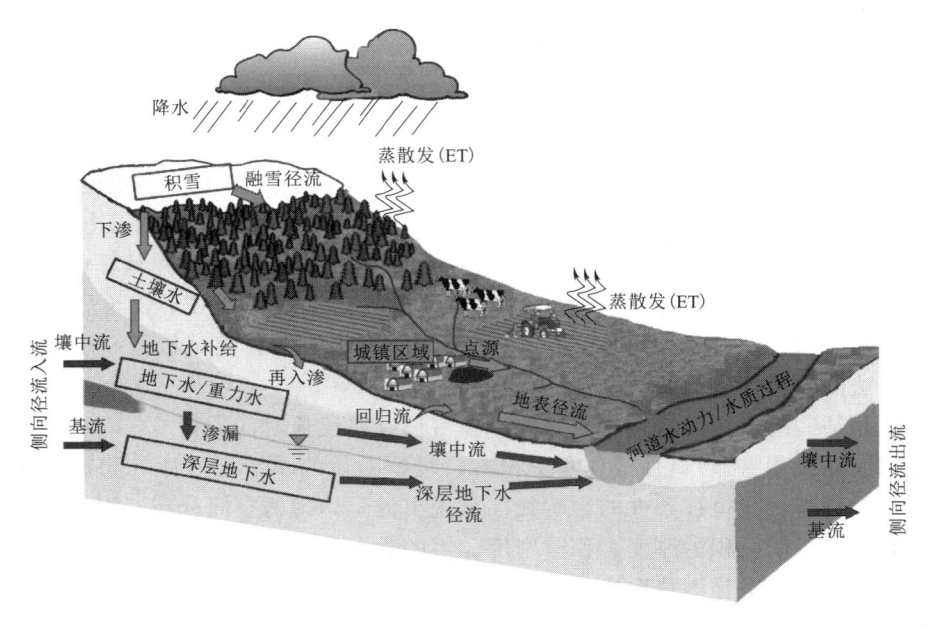

图 2.1 流域水循环与水文过程示意

2.1.1 流域水量平衡

水量平衡是流域系统乃至整个地球系统水文循环得以存在的支撑。对于某一计算时段，时段内进入系统的水量（"收入"）、从系统输出的水量（"支出"）以及系统蓄水量的变化量（"库存"变化）形成一个收支平衡关系。对流域而言，该关系可具体表达为

$$P + R_{sI} + R_{gI} = E + R_{gO} + R_{sO} + q + \Delta W \tag{2.1}$$

式中　　P——时段内流域的降水量，mm；

　　　　R_{sI} 和 R_{gI}——从地面和地下流入流域的水量，mm；

　　　　E——时段内流域的蒸发量，mm；

　　　　R_{sO} 和 R_{gO}——从地面和地下流出流域的水量，mm；

　　　　q——人为取水量或流域调出水量，mm；

　　　　ΔW——时段内流域蓄水量的变化，mm。

对于闭合流域，考虑 $q \approx 0$，多年平均 ΔW 一般很小，例如我国长江流域多年平均降水量为 1070.5mm，多年平均径流量和蒸散发量分别为 526.0mm 和 544.5mm。

2.1.2　流域降水与积、融雪

流域降水的主要形式为液态的降雨和固态的降雪，其形成机制属于气象学的研究范畴，而水文学中一般关注降水要素的描述及其时空变化特征的表示方法。以降雨为例，常用降水基本要素包括降雨量（常以 mm 计）、降雨历时和降雨强度（单位时间内的降雨量，例如以 mm/h 计）等。影响降雨的主要因素有地理位置，气象因子（气旋、台风路径等）以及下垫面条件（地形、森林、水体等），研究这些因素对降雨的影响，有利于判断降雨资料的合理性和可靠性，从而准确掌握降雨特性；同时综合考虑这些因素的影响，有利于合理布设流域雨量站点（包括单个站点的代表性以及站网分布的合理性），从而精准估算流域面雨量，把握其时空分布特征。

对于流域尺度而言，合理的面雨量估算是流域水文过程与模拟研究的首要条件。面雨量一般由点雨量测量值通过插值而来（即降雨量空间插值）。插值计算方法包括等雨量线法、泰森（Thiessen）多边形法、算术平均法和距离平方倒数法（又称反距离权重法）等一般确定性方法，也包括基于地统计学的克里金（Kriging）法及其多种变种方法[1]。上述各种方法各有优缺点，计算复杂程度以及适用条件也各有不同，实际计算中应根据流域条件、降雨影响因素特点、站网密度等情况综合权衡确定。一般对于较长历时降雨（如月、年降雨），上述方法能得到相近的结果，而在降雨历时短、流域特征高度异质的情况下，各种方法的差异会更为明显。

除两极和某些高山地区的常年积雪外，降雪只有在较长时间保持 0℃ 以下气温的地区才能形成积雪（又称雪盖），且呈现寒季积雪、暖季融化的季节性规律。积雪在流域上受气象因子、地势起伏和植被条件的影响往往呈现出极不均匀的空间分布。因此，积雪的基本特征，如积雪时间、积雪厚度、积雪密度、雪的含水量等，也存在较大的地区性差异以及年际变化。积雪的融化潜热取决于雪的结构、温度以及雪的含水量等因素，而融雪的发生通常是暖气团来临、太阳辐射和降雨的综合作用结果。融雪量一般通过基于热量平衡或空气动力学的半理论性经验公式估算。

2.1.3　流域截留与下渗

降雨初期，在植被冠层表面吸着力、承托力和水分重力、表面张力等共同作用下，降

落在植物枝叶上的雨滴会被枝叶表面所截留。在降雨过程中该截留不断增加，直至达到最大截留量（截留能力），此后水分重力超过植被表面承托力和表面张力，降落至地面形成贯穿降水，或者通过树干流下至地面。截留能力由植被本身特征因素（如树种组成、树龄、冠层结构及郁闭度等）决定，而实际截留量还与降水特性（如降水量、降水强度、降水历时）和气象因素（如风速、气温及枝叶湿润度等）有关。针对我国不同气候带及其相应的森林植被类型的研究表明，树冠截留量占同期降水量的比值（即截留率）可达 11.4%~34.3%，其中以亚热带西部高山常绿针叶林最大，亚热带山地常绿落叶阔叶林最小。一般林冠越密，截留量越大，同时林冠的几何结构（林分的空间排列与分布规律）也会对截留率产生较大影响。此外，林冠截留率随叶面积指数的增加而增大，由此导致了相同树种不同龄级间的截留率也会存在较大差异。受林冠特征、降水特性等多方面因素共同制约，林冠截留在不同季节、不同时间尺度存在明显不同，总体而言，林冠截留率随着降水量、降水历时和降水强度的增加而显著降低[2]。

考虑森林生态系统的垂直结构时，一般在林冠层以下，林下植被层（灌木和草本）、苔藓层与枯落物层也具有相当程度的降水截留能力。灌丛与草地植被的截留过程与林冠具有相似性，也主要因群落组成、冠层结构、郁闭度（覆盖程度）以及降水特性、气象因素等影响而存在较大差异。有研究指出，高寒灌丛草甸的截留率为 9.7%~36.3%[3]，与森林植被截留率变化范围基本接近。苔藓与枯落物处于林地土壤和植被层之间，是森林生态系统水循环的一个重要覆盖面，对土壤的发育、水热状况和营养元素循环具有重要影响，而且具有涵养水源、水土保持等重要功能。苔藓植物群落易形成大量毛细孔隙，因此具有吸水快、蓄水量大等特点，如我国东北长白山云杉林的苔藓蓄水量达到了其干重的 3~5 倍。枯落物持水能力与不同阶段凋落物厚度、分解程度均呈正相关关系。

下渗是指降水在满足植被截留后到达地表，在分子力、毛管力和重力的综合作用下透过地表，渗入土壤中成为土壤水的过程。下渗能力是一个重要的水文学概念，即在特定的初始土壤含水量和相同的土壤质地、结构条件下，下渗量所能达到的最大值。在各种作用力综合平衡作用下，下渗能力一般随时间呈现递减趋势，且其递减速率逐渐变小，直至达到一个较小的稳定下渗。这一下渗能力随时间的变化曲线（称为下渗曲线）是对下渗物理过程的定量描述。在均质土壤剖面假设条件下，目前主要通过非饱和下渗理论（如 Richards 下渗方程）、饱和下渗理论和基于下渗试验的经验方法（如 Green – Ampt 方程）确定。

2.1.4 流域蒸散发

蒸发是水分子从物体表面向大气逸散的现象，即水分从液态变为气态的过程，一般以单位时间从单位蒸发面积逸散到大气中净分子数量来度量（常用单位为 mm/d、mm/月和 mm/a）。蒸发过程的主要影响因素包括供水条件（蒸发面上储存的水分多少）、能量供给条件（蒸发面上水分子获得的能量多少）和动力条件（蒸发面上空水汽输送的速度）。在供水充分条件下的蒸发量称为蒸发能力。流域的主要蒸发面（水面、裸土层面和植被叶面）特征存在较大差异，因此流域蒸散发过程也往往相应地分为水面蒸发、土壤蒸发和植物散发分别予以考虑。

（1）水面蒸发属于供水充分条件下的蒸发（即按蒸发能力蒸发），因此其影响因素主要为气象因素（包括太阳辐射、温度、湿度、风速、气压等）和水体因素（如水面大小和形状、水深、水质等）。理论上可通过热量平衡法、空气动力学和水量平衡等方法确定，但考虑的因素或多或少有所欠缺。彭曼（Penman）以空气动力学方程和能量平衡方程为基础，提出了著名的彭曼公式。该方法考虑因素较为全面，且具有计算结果精度较高、所需观测资料易获取等优点，因此被广泛应用于流域蒸散发能力计算中。

（2）土壤蒸发是土壤失去水分的主要过程，大体可分为三个阶段：当土壤含水量大于田间持水量（土壤中毛管悬着水达到最大时的含水量）时，土壤水分可通过毛管作用源源不断地供给土壤蒸发；随着土壤蒸发的不断进行，土壤含水量减小至小于田间持水量，土壤毛管连续状态逐渐遭到破坏，水分向上输送至土壤表面也不断减小，此阶段的土壤蒸发随含水量的减小而减小；当土壤含水量减至毛管断裂含水量（约为田间持水量的65%）以下，水分只能依靠分子扩散以薄膜水或气态水的形式向土壤表面输移，土壤蒸发很小且比较稳定。影响土壤蒸发的主要因素除上述气象因素外，还包括土壤孔隙性、地下水水位、土壤温度梯度等。

（3）植物从土壤中吸取水分，以水蒸气的形式输送到茎和叶面，通过植物表面逸散到大气中的过程称为植物散发（或植物蒸腾作用）。植物根系从土壤中吸取的水分绝大部分（99%以上）被叶肉细胞吸收，在气腔内汽化，并通过敞开的气孔向大气中逸散。这个过程中，植物根据光合有效辐射大小，通过调节气孔开闭，从而调节其适宜的温度环境和生存环境。因此，植物散发作用是植物热量调节和热代谢的主要方式，也直接与植被的生物量有关，是地球生物圈系统能量循环和物质转化最为强烈的过程之一。针对植物散发过程机理的研究也是生态水文学较传统水文学最为鲜明的特点之一。本章2.2节将进一步介绍水文循环中植被生态作用的基本原理。

2.1.5 流域产流机制

由上述流域水循环过程可知，流域降水在满足植被截留（或融雪出水）后到达地表，将在地表下渗能力的制约下渗入土壤。当降水强度超过下渗能力时，多余部分的降水将积蓄在地表，在流域地形坡度的影响下，形成地面径流，即霍顿（Horton）超渗地面径流。下渗进入土壤的水分，在重力、吸力梯度和温度梯度的作用下继续运动，补充不同深度的土壤含水量以及蒸散发消耗。当整个非饱和带土层（地下水水位以上，土壤颗粒、水分、空气同时存在的三相系统，又称包气带）含水量达到田间持水量后（即蓄满后），自由重力水可以一直抵达地下水水面，形成地下径流。对于实际的非均质土壤，不同透水性土层之间可能形成临时的水分滞留带，当上层土壤达到田间持水量以后，土层界面上可能产生侧向流动的径流，称为壤中流。邓恩（Dunne）等揭示了土层之间的临时饱和带会随着降雨的继续不断向上发展，最终当上层土壤达到饱和含水量时，则形成了饱和地面径流。这一机制很好地解释了在表层透水性很强的包气带（如有枯枝落叶覆盖的林地）仍有地面径流产生的现象。此外，当降水降落在地面基岩、河湖水面、城市道路等不透水面积上，在满足水面蒸发需要后，产生直接地面径流；受植物根系生长、土壤中动物活动等原因影响，土壤中会形成一系列相互连通的大孔隙网络，水分及其挟带的物质会在其中优先快速流走，形成优势流（preferential flow）。

上述主要径流成分（超渗地面径流、地下水径流、壤中流和饱和地面径流）产流机制的统一性在于：径流都是在两种不同透水性物质的界面上产生的，而且界面以上介质的透水性必须好于界面以下介质的透水性。值得注意的是，在自然流域中，进一步考虑降雨强度、历时以及植被条件、前期土壤含水量情况等时变因素，其产流机制并非固定不变，而是可能发生复杂的转换关系。流域产流特征一般从流域所处气候条件、典型山坡包气带结构和水文特征、流量过程线（尤其是退水阶段规律）等方面进行论证分析。

2.1.6 流域汇流与流域滞时

流域各处产生的径流向流域出口断面汇聚的过程称为流域汇流。除直接降落在河流槽面的降水外，流域汇流一般由坡地地面水流运动、坡地地下水流运动和河道（河网）水流运动组成。位于流域不同地点的水滴，由于流速、产流机制和汇流路程不同，具有不同的流域汇流时间。传统水文学一般采用最大流域汇流时间、平均汇流时间和流域平均滞时等来反映一场降雨形成出口断面流量过程时的流域汇流时间，如流域平均滞时可由净雨中心与相应的出流过程形心之间的时差来表达。

2.2 流域水文循环中的植被生态作用基本原理

2.2.1 植物的水分代谢与输送机理

植物细胞中的水分可分为束缚水和自由水。束缚水与细胞组分紧密结合而不易自由移动、不易蒸发散失。自由水则与细胞组分之间吸附力较弱，直接参与各种代谢活动。因此当自由水与束缚水比值升高时，细胞原生质呈溶胶状态，植物代谢旺盛，生长较快。同时，水分可产生静水压，以维持细胞的紧张度，使植物保持固定的姿态。因水具有较高的汽化热和比热，植物通过蒸腾作用散热、调节体温，从而避免植物在强光高温下或寒冷低温中体温变化过大形成灼伤或冻伤。植物的水分代谢与输送包括吸收、运转、利用和散失的过程。这些过程直接关系到植物能否正常生长[3]。

植物的吸水方式主要通过渗透作用（有液泡的细胞）和吸胀作用（无液泡的细胞），由植物细胞内外的水势差引起。典型的细胞水势由溶质势、压力势和衬质势三部分组成。溶质势表示了细胞溶液中水分潜在的渗透能力，一般为负值，且值越小，细胞吸水能力越大。压力势会提高细胞内水的自由能，从而提高水势，同时限制外来水分的进入，一般为正值。衬质势是细胞中的亲水物质（如蛋白质、淀粉粒、纤维素等衬质）对自由水的束缚作用，从而使水的自由能降低，因此为负值。对于无液泡的分生组织或者干燥的种子，衬质势是细胞水势的主要成分，即细胞吸胀作用的大小取决于衬质势的大小，且该过程与细胞的代谢没有直接关系。

植物根系吸水的部位主要在根的尖端，从根尖开始向上10mm范围内，包括根冠、根毛区、伸长区和分生区，其中以根毛区的吸水能力最强。植物根部吸水可分为主动吸水和被动吸水。主动吸水是由于根系生理活动而引起的吸水过程，与地上部分的活动无关。被动吸水是根系以蒸腾拉力为动力的吸水过程。一般情况下，土壤溶液的水势很高，很容易被植物吸收，并输送至数米甚至数百米高的枝叶中。

植物从土壤中吸收的水分绝大部分通过蒸腾作用散失到大气中。蒸腾作用产生蒸腾拉力，一方面加强根系的水分吸收，另一方面促进植物内的水分流动和物质运输。气孔是蒸腾过程中水蒸气从植物体内排到体外的主要出口，也是光合作用吸收二氧化碳的主要入口。气孔蒸腾遵循小孔扩散原理，并受气孔运动规律控制，使得面积不到叶片面积1%的气孔散失水量却占整个蒸腾作用的90%以上。

植物细胞间的水分运转取决于细胞间的水势梯度，总是从高水势一端的细胞流向低水势一端的细胞。例如，叶片由于不断的蒸腾而散失水分，常保持较低水势；根部细胞因不断吸水，水势较高，因此植物体的水分总是沿着水势梯度从根输送至叶。陆生植物体内的水分运输主要靠木质部的导管、管胞等输导组织，其运输的具体途径依次为：土壤水分、根毛、根的皮层、根的中柱鞘、根茎叶的导管和管胞、叶肉细胞、叶肉细胞间隙、气孔下腔、气孔、大气。与根系吸水方式紧密相关，水分输送的动力也主要来自下部的根压和上层的蒸腾拉力。

植物根系由生理活动吸收水分并使液流从根部上升的压力称为根压。一方面，根的内皮层以外的细胞供氧较内皮层充足，呼吸作用较强，能不断吸收无机盐离子并向内转移至导管，使导管内溶液水势降低，形成水势差，水分由周围细胞进入导管。周围细胞因而失水，使得细胞间的水势差依次向外层细胞传递，并向土壤吸水补充。水分因此沿着水势梯度不断从土壤经根毛、皮层而进入导管。另一方面，由于水分经过共质体（所有细胞的原生质体，由胞间连丝相互连成一体）时阻力很大，所以实际上，水分在内皮层以外区域大多由质外体的自由空间（细胞壁、细胞隙和导管等无生命部分）传输，由于有凯氏带（Casparian strip）的阻挡，须由内皮层的细胞质最后进入中柱导管。对于一株植物，水分从众多根系汇集到中柱导管内，从而形成了强大的根压，使得水沿着茎的木质部导管向上传输。由根压引起的根系吸水与呼吸活动密切相关，需要消耗从呼吸中获得的能量，因此也称为主动吸水。

当植物叶片蒸腾失水后，叶细胞水势降低，于是从叶脉导管中吸水，叶脉导管因而向茎导管吸水，如此传递至根部，根部便从土壤中吸水。这种吸水完全由蒸腾失水产生的蒸腾拉力而引起，称为被动吸水。一般情况下，蒸腾拉力是水分上升的主要动力，同时也依赖于植物体内导管的水分必须形成一个连续的水柱（在水分子之间的内聚力和水分子与导管壁的吸附力的作用下形成）。

2.2.2 植物气孔导度与生态最优调控

植物通过控制叶片气孔的开合调节光合速率和蒸腾速率以适应环境的变化。光合-气孔导度-蒸腾的内在耦合关系使得植物的碳同化和水分传输规律成为陆地系统生态水文研究的核心内容。光合有效辐射可诱导气孔开放，促进植物的蒸腾作用和光合作用，但当光合有效辐射过大时，植物会采取气孔关闭措施，防止水分散失严重。气孔导度是植被响应环境变化的敏感性指标，受空气温度、相对湿度、光合有效辐射、CO_2浓度和土壤含水量等多个环境因子的综合影响（表2.1）。气孔导度决定了陆地生态系统植物的水碳循环过程，因此准确定量及模拟气孔导度是预测植被生存和生长的关键。目前在生态水文研究中广泛使用的气孔导度模型包括经典的Jarvis模型[4]、BWB模型[5]、BBL模型[2]。这些模型属于经验/半经验模型，考虑了气孔导度与环境因子及植物生理因子的统计关系，同时也不断在参数的生物学意义方面进行优化。

2.2 流域水文循环中的植被生态作用基本原理

表 2.1　　　　　　　　　　气孔导度对环境因子的响应

环境因子	气孔导度的响应	主要生理机制
空气温度	在一定范围内，气孔导度随空气温度升高而增大；超过阈值后，气孔导度会受到高温的抑制而减小	高温加速植物蒸腾，使得保卫细胞失水，造成气孔关闭
相对湿度	气孔导度随空气相对湿度升高而增大；但当相对湿度过高时，气孔导度出现一定程度的波动甚至下降	相对湿度过高，饱和水汽压差较小，造成气孔导度变小甚至气孔关闭
光合有效辐射	在光合有效辐射较低时，气孔导度随光强的增强而增大；超过阈值后则随光强增加而减小	强光照使得气温升高，植物蒸腾速率加快，造成植物水分亏缺，叶片水势下降，使得气孔导度下降
CO_2 浓度	CO_2 浓度较低时，气孔导度随 CO_2 浓度升高而增大，到达阈值后，在一定时间内保持稳定；当 CO_2 浓度过高时，则会抑制气孔导度	在适应生存环境后，植物能通过自身的调控机制，控制气孔的开合，维持 CO_2 吸收和水分耗散的平衡
土壤含水量	气孔导度随土壤含水量的升高而增大；过高的土壤含水量可能会使气孔导度降低	土壤含水量一方面影响土壤-叶片水势差，改变植物蒸腾速率；另一方面影响水分供给，改变植物细胞膨压，进而影响气孔开度

除上述经典模型外，一些新的气孔调控理论也先后被提出。在漫长的进化过程中，植物已经演化出适应水分亏缺的结构和机制，以达到对水分利用的最优化。据此，Cowan 和 Farquhar 提出了最优气孔调控理论[6]，认为气孔的最优化行为就是在某一时间段内，固定最多碳的同时消耗最少的水。Medlyn 等提出了基于最优气孔调控理论的气孔导度模型[7]，使得半经验和半机理模型形式上得到了统一，同时也很好地解释了不同环境条件下的气孔行为。Eagleson 提出了一个冠层最大蒸腾水汽通量的计算方法[8]，将植被冠层的状态参数（覆盖度、冠层阻抗、冠层导度）与土壤水分状态、气候因素决定的生长温度等连接在一起，能从机理上阐述冠层阻抗的内部优化与冠层生产力权衡的外部优化相连接。

2.2.3 植物水力最优调控

不同植物的不同水分利用策略可能与它们在木质部长距离水分运输的结构和功能（水力结构）的差异有关。植物的水力结构描述了植物不同部位木质部水分传导之间的关系，是影响植物的水分传输、叶片气体交换、植物空间分布等的主要因素。树木水力特征的两个重要指标为水分传导效率和抗栓塞化能力。植物木质部栓塞化是指当木质部导管内的负压降低到一定程度时，气泡通过导管侧壁上的纹孔进入导管，进而阻塞水分在导管中流动的现象，强烈的蒸腾、土壤干旱、低温（植物体内水发生冻融交替）均会引起栓塞。一般用导水率丧失 50% 时的木质部水势（P_{50}）来表征不同植物的抗栓塞化能力。有研究认为，没有植物能够进化木质部结构使其既具有较高的导水率，又具有很强的抗栓塞化能力。换言之，树木枝条导水率和抗栓塞化能力间存在一定的平衡关系（即水分运输的效率性和安全性之间存在一种权衡关系），但系统理解这种平衡关系及其随环境条件的变异规律，仍然是目前最具挑战性的难题之一[3]。

树木的水力特征往往与抗胁迫能力紧密联系。一般干旱地区树种的抗栓塞化能力比湿润地区更强，针叶树种比阔叶树种更强。为了适应变化的环境，树木会调整资源分配，改变水力结构，表现出最优的导水效率或抗栓塞化能力。例如，在干旱环境下，树木会将更多的资源分配到抵抗水分胁迫的结构，避免严重的栓塞（如减小传导组织的直径、在边材中增加传导组织的数量等改变导水效率），同时，树木也会改变自身的生长形状，进而减少水分散失（如加快径向生长，从而增大边材面积、减少对叶片和纵向生长的投入等）。这种补偿性调整虽一定程度上保持了个体水分平衡，但也使得整株植物通过叶片光合作用获得的碳通量减少。

2.2.4 植物根系水分利用策略与水力再分配

传统生态水文学认为降水入渗后与土壤水完全混合，然而通过各水体的氢氧同位素分析发现，大气降水、束缚水、土壤水的 δD 和 $\delta^{18}O$ 关系存在显著差异。这一现象被称为生态水文分离[9]（ecohydrological separation），即土壤所持有的束缚水（介于凋萎系数和田间持水量之间）与土壤自由水（田间持水量以上）是相互独立的两个水库。在此基础上，McDonnell 提出两个水世界假说[10]，认为植被利用的水和形成径流的水来自不同的土壤水库。现阶段，生态水文分离理论及其定量研究还存在较大挑战。一方面，有研究表明，束缚水和自由水的分离与连接关系存在时变性，如旱季分离而湿季连接，土壤含水量低时分离而较高时存在混合现象；另一方面，准确获取束缚水和自由水的同位素信息及分析方法仍具挑战性，如常用的测定方法利用植物茎秆木质部水替代土壤束缚水，其可靠性仍存疑。目前关于植物根系水分利用的生态水文分离机制研究主要集中在径流小区、实验小流域尺度，而植被类型、气候类型及土壤条件差异等对该机制的影响尚缺乏深入研究。因此，有必要进行更多的关于植被吸水机制研究，提升对植被生态与水文循环耦合关系的理解。

早在 20 世纪 70—80 年代，人们就发现植被根系与土壤之间存在双向水分交换。其中植物根系对土壤水分的再分配作用具有重要的生态学意义。研究发现，根系可以在湿润区吸收水分传输到任何方向的干燥土层，不局限于昼夜间的整体梯度变化影响，也不完全局限于下层土壤水分由根系提升至浅层（即水力提升概念），也存在表层土壤由根系导入下层干旱土壤的情形，这一理论称为水力再分配理论[11]。根据生态最优理论，植被对土壤水分的调控是植物的一种自利行为，其首先满足根系系统本身的生存需水，将深层湿润土层水分提升至表层大部分根系分布区域，有利于高密度根系层的健康维持；其次土壤表层一般具有较高的土壤有机质和其他养分含量，从表层获取土壤水分可有效提高根系对养分的吸收效率。现阶段普遍的认识是植被冠层-土壤和根系间的水势差决定了大气-植被-土壤间的水分交换和土壤水分再分配。影响植被根系对土壤水分再分配的因素较多，包括土壤水分、土壤质地与传导性、蒸腾作用等气候与土壤条件，也包括根系分布格局、根系生长活力与水分传导能力、夜间蒸腾作用（其越强，水利再分配程度越低）、植被冠层的储水容量等植被因素。

2.3 流域水量-能量耦合平衡

从全球陆面平均水量-能量循环过程来看，58%～65% 的降水通过蒸散发重返大气，消耗的能量占净辐射的 51%～58%。因此，陆面蒸散发是水量平衡和能量平衡中最重要的组成项,很大程度上决定了区域水量平衡和水资源的时空分布。水和能量都是生命最基本的要素,也是生态系统中最为活跃、影响最为广泛的因素。水热耦合关系体现在生态水文过程的各个环节。例如,某地区的水分储量、水汽输送以及水的相变,取决于当地的热力条件;而一个地区水分分布的变化,又会调节该地区的热状况。水热耦合关系在植被与水、辐射的关系上体现更为直接。在植被蒸腾和光合作用中,水和热均直接参与,而植被冠层的能量吸收、反射、遮阴等改变当地微气候条件,进而影响水热传输过程。

流域生态系统中水热耦合主要体现在水量平衡、能量平衡以及水热传输和能量交换(图2.2)。水量平衡是传统水文学研究的基础,详见式(2.1)。能量平衡可表示为

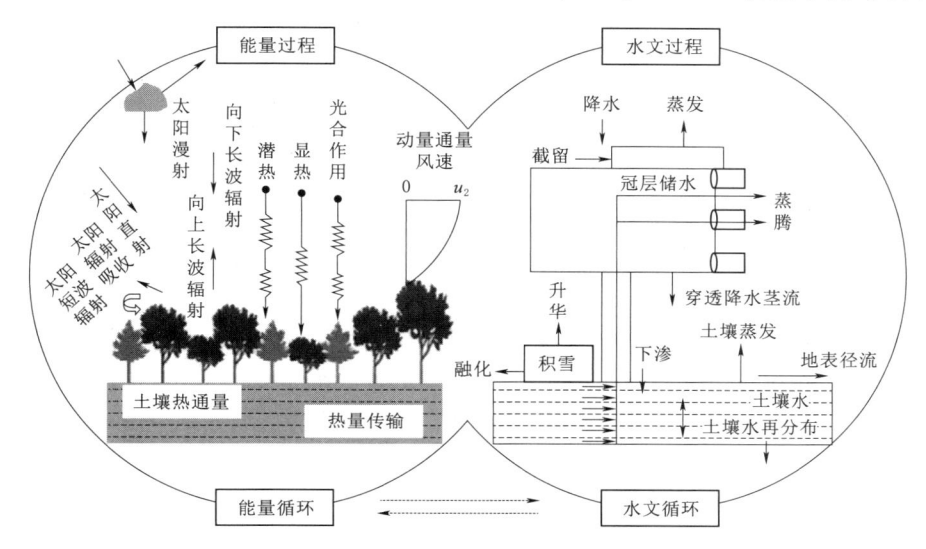

图 2.2 陆面-大气系统水分与能量耦合循环主要过程[12]

$$R_n = LE + H + G + P_0 \tag{2.2}$$

式中 R_n——净辐射,W/m²;

LE——潜热通量(蒸散发吸收的热量),W/m²;

H——感热通量(由气温升高而交换的热量),W/m²;

G——土壤热通量(由辐射导致土壤温度变化而产生的热量交换),W/m²;

P_0——植物光合作用的能量转化,W/m²。

由式(2.1)和式(2.2)显示,蒸散发是联系水量平衡和能量平衡的关键纽带,也是生态水文学研究的关注焦点之一。

如前所述,流域蒸散发涉及多种蒸发面上的水分和能量交换(包括土-气界面、土-根界面和叶-气界面),受到可供水量、可供能量、近地面湍流条件和植被特性等多因素影响。这些因素在常用的彭曼蒸发模型中均有充分体现。将潜在蒸散发(ET_0)作为给定气候和植被条件下的最大可能蒸散发量,并认为非充分供水条件下生态系统实际蒸散发(ET)与ET_0呈一定的比例关系,即

$$ET = K_c f(\theta) ET_0 \tag{2.3}$$

式中 K_c——作物系数;

$f(\theta)$——下垫面水分胁迫因子，与植物可利用水分有关。

苏联著名气候学家 Budyko 发现陆面长期平均蒸散发量主要由降水和潜在蒸发之间的平衡决定，在限定边界条件下（极端干燥条件下全部降水转化为蒸发量，极端湿润条件下按潜在蒸发量蒸发），提出了水热耦合平衡方程的一般形式

$$\frac{ET}{P} = f\left(\frac{ET_0}{P}\right) \tag{2.4}$$

Budyko 认为式中的 f 是一个普适函数，即一个独立于水量平衡和热量平衡的水热耦合平衡方程。基于这一假设的能水关系在生态水文学研究中得到了广泛发展，不同形式的解析表达式也相继被提出，如我国学者傅抱璞提出的表达式在应用中取得了很好的模拟效果[13]，推动了对能-水耦合关系及其时空分异规律的认识。

2.4 流域生态系统的碳-氮-水耦合循环

水循环和碳循环是生态系统两大关键过程，决定着生态系统结构和功能的稳定和健康，也控制着主要的生态系统服务。氮素是生态系统生产力形成与变化的重要制约因素，通过制约光合作用能力而直接影响水循环和碳循环过程。因此，生态系统的水循环、碳循环和氮交换与代谢具有密切的相互依赖和相互制约关系。

植物的碳、水交换通过光合作用实现，光合作用受植物叶片气孔行为控制，而氮代谢通过控制气孔行为和碳同化合成过程决定光合作用能力，这是生态系统碳-氮-水耦合循环的内在生理生态学基础。植物气孔调控光合速率和蒸腾速率的基本原理符合菲克定律（Fick law），气孔的开闭控制着叶片对水汽和 CO_2 的导度，因此对光合速率和蒸腾速率具有趋向一致的调控作用。同时光合速率和蒸腾速率之间存在密切的生理互馈作用。一般地，光合速率升高加大了对 CO_2 的消耗，气孔内 CO_2 浓度降低会促进气孔开放，从而增大叶片对水汽的导度而提高蒸腾速率；当蒸腾速率提高到一定程度后会使叶水势降低，引起气孔闭合，从而降低气孔导度促使光合效率下降。前述最优气孔调控理论正是在这一互馈机制基础上，认为植物在适当的水分损失水平上能获得最大量的碳同化。植物体内的碳水生化反应、气孔优化调控作用以及碳水循环的同向驱动机制，共同构成了碳-水耦合的基本作用机制。

植物叶片一半以上的氮分布在光合结构中，叶片光合能力的关键因素——最大羧化速率与叶片氮含量有很强的相关关系，因此光合作用与氮的供应状况和叶片氮含量密切相关。氮是生物化学反应酶、细胞复制和大分子蛋白质的重要组成元素，有机物的形成需要一定数量的氮，而光合器官中的氮主要依赖于植物从土壤中对氮素的吸收以及向上运输至叶片，这些过程都需要光合作用提供能量。另外，水-氮的紧密关系也体现在土壤水分对氮的运移和介导。例如，干旱土壤会抑制反硝化，导致氮素在土壤中累积。在土壤氮供应能力方面，有机质分解除受土壤状况和气候条件影响外，还受凋落物底物的碳氮比、木质素和纤维素含量等影响。陆地微生物对有机质分解的碳氮比一般约为 25∶1，碳氮比高的有机物分解矿化速度较慢，且过高时反而要消耗土壤中的有效态氮素。植物的根部和木质部呼吸也与氮素含量呈正相关关系，但 CO_2 浓度升高会降低植物的呼吸速率，这种碳氮

之间的耦合作用影响植物光合和呼吸的比例，进一步影响净初级生产力。

一般而言，气候条件是决定区域生态系统生产力空间格局的关键因子，而土壤氮素含量则是气候生产潜力转化为现实生产力的一个限制因素。在氮素相对较为贫乏的特定区域，降水量、土壤水分和有效氮素供给是控制生产力季节变化和年际变异的主要环境因素。流域/区域水氮资源供给能力与生态系统碳过程的资源需求间的动态平衡关系，是制约流域生态系统碳-氮-水耦合循环关系空间格局形成与变化的生物地理学机制[14]。近年来发展起来的生物化学计量学方法基于C、N、P等元素的比率来研究生物机体的特征或行为与生态系统过程间的相互关系。研究表明，生态系统不同组分的C：N：P化学计量比具有较强的内稳性，即生物面对外界环境变化时能够保持自身化学组成的相对稳定。这一特性是维持生态系统结构、功能和稳定性的重要机制。除此之外，Sterner和Elser指出生物机体还具有资源要素需求系数的稳定性和资源要素利用效率的保守性等特征[15]。具体体现在，不同类型植物或不同流域典型生态系统生产单位质量物质（或固定单位质量碳）的水分、氮等营养元素的需求量相对稳定，且水分利用效率和氮利用效率等都表现出相对的稳定性。这种碳-氮-水耦合关系的内稳定机制为开展流域或更大尺度生态系统物质循环及其对变化环境的响应提供了基础。

2.5 流域生态需水

生态需水是生态水文学的重要研究内容之一。广义概念上来说，流域生态需水可理解为在一定生态目标下，维持流域生态系统水分平衡（包括水热平衡、水沙平衡、水盐平衡等）所需的总水量[16]。特别地，对于水资源供需矛盾日益加剧的干旱、半干旱和半湿润地区，研究流域水循环与生态系统稳定性之间的互馈关系，量化流域生态需水是实现水资源的可持续利用、保护和改善生态与环境的关键理论与技术。一方面通过生态需水的研究，明确特定生态环境质量要求下水资源开发利用的方式和程度；另一方面则是根据生态需水的情况，给生态退化或脆弱地区的生态环境保护和建设提供水资源配置的依据。生态需水研究涉及陆地和水域生态系统，河流、湖泊、湿地等水域生态需水将在后续章节中分别介绍，本节主要介绍陆地植被生态需水的概念、特征以及量化计算方法。

根据生态学谢尔福德耐受性定律（Shelford's law of tolerance），植物对水分这一重要环境因子有一个耐受性范围，当水在数量或者质量上接近或者达到植物的耐受限度（不足或者过多）时，植物机能就会减弱，甚至无法生存。因此，从生态学角度，植被生态需水可定义为满足植被正常健康生长并能够维持天然或人工植被生态体系稳定所需要的水资源量。基于前述对流域生态水文循环过程的认识，流域植被生态需水一般受包括水分条件（大气降水、地表水和地下水）在内的环境因子影响很大，同时还与区域内系统本身的组成和结构（生态类型、植被特点等）有关。此外，从水资源配置角度，干旱和半干旱地区水资源的开发利用往往造成了对生态需水的挤占，导致的生态缺水问题为生态系统水资源配置提供了直接依据。因此，在一定生态保护和建设目标下，生态需水的量化是确定流域水资源配置方案的关键依据。

目前常用的流域植被生态需水计算方法[17]包括面积定额法、潜水蒸发法、植物蒸散发量法、水量平衡法、生物量法以及基于遥感技术的计算方法。面积定额法以流域内各种植被类型的需水定额为计算依据。然而，即使对于同一植被类型，其需水定额仍具有较大的时空变异性，因此目前的应用多集中于资料条件较好的地区或人工植被的需水量计算。潜水蒸发法主要适用于以地下水为植被用水主要来源的干旱区，通过估算潜水蒸发量间接获得植被需水量。潜水蒸发量一般根据经验公式由蒸发皿实测水面蒸发量、地下水位埋深等数据进行估算，因此有赖于相当的基础数据以及经验公式参数的适用性。生物量法针对单纯靠降水支撑的地带性植被，通过其生物生产量以及水分利用效率来确定需水量。该方法一般只考虑地上部分的生物量，且水分利用效率难以准确获取，因此在实际应用中受到一定限制。但是，随着遥感技术的发展，高精度的地表特征信息以及再分析数据（如生物量、蒸散发能力）为大范围、长时段尺度的植被生态需水量估算提供了新途径，日益受到相关学者和流域管理者的广泛关注。植物蒸散发法和水量平衡法参见本章2.1节，在此不再赘述。

2.6 流域生态水文模型简介

生态水文模型是生态水文学的重要内容。由于水文条件本身的复杂性以及影响水文行为要素时空分布的不均匀性和变异性（如离散型、周期性和随机性），增加了生态水文过程的复杂性，量化生态水文变化成为生态水文学面临的重大难题，随着实验和信息技术水平的提高，生态水文模型成为模拟生态水文物理、化学过程和生物效应的重要手段，也是奠定生态水文学理论发展的重要基础。

2.6.1 模型分类

目前，国内外对生态水文模型已开展了一定深度的研究，并取得了一些阶段性成果。根据不同的标准，流域生态水文模型有着不同的分类。以下按照模型中对流域植被与水文过程相互作用的描述，将现有模型归为两大类[18]：①在水文模型中考虑植被的影响，但不模拟植被的动态变化，为单向耦合模型；②将植被生态模型嵌入水文模型中，实现植被生态-水文交互作用模拟，为双向耦合模型。

2.6.1.1 单向耦合模型

单向耦合模型主要从水文模拟的角度出发，显式地引入了植被层，在降雨-径流过程模拟中详细描述植被的冠层截留、降水拦截、入渗、蒸散发等生物物理过程，使得模型对水文过程的模拟更符合实际，但模型仅考虑植被对水文过程的单向影响，不考虑水文过程对植被生理、生化过程及植被动态生长的影响，因此，也就不能描述植被的动态变化（如叶面积指数的季节性增长）对水文过程的影响。这一类主要模型有分布式水文-植被-土壤模型（distributed hydrological soil vegetation model，DHSVM）[19]、欧洲水文系统模型（system hydrological European，SHE）[20]、可变下渗容量模型（variable infiltration capacity，VIC）[21]。

2.6.1.2 双向耦合模型

随着生态水文研究的不断深入，学者们逐渐认识到植被的生长发育及其季节性变化对水文过程的重要影响，流域生态水文双向耦合模型开始出现。双向耦合模型中植被与水文过程的耦合体现在植被模拟为水文过程模拟提供动态变化的叶面积指数、根系深度、枯枝落叶层厚度等，水文模拟为生态过程模拟提供土壤含水量的动态变化等。根据模型中对于植被-水文过程相互作用机制描述的复杂程度，将双向耦合模型分为概念性模型、半物理过程模型、物理过程模型三大类（表 2.2）。

表 2.2　　　　　　　　　双向耦合的流域生态水文模型分类

类别	特　征	光合作用的模拟	蒸腾作用模拟	空间离散化
概念性模型	耦合经验性的植被生长模型与半分布式流域水文模型，对植物生长和植被-水文相互作用关系的描述缺乏机理性	光能利用率模型	潜在蒸发-实际蒸发计算法：先计算潜在蒸发，再根据土壤水含量等修正为实际蒸散发	多数为分布式
半物理过程模型	耦合半经验性的光合作用模型与全分布式水文模型，机理性增强，但仍不能刻画水文过程对植被生化过程的影响	半经验性光合作用模型	引入冠层气孔导度的 Penman-Monteith 方程	半分布或全分布式
物理过程模型	耦合植被生理生态过程模型与分布式水文模型，将植被的生化过程与水文过程耦合在一起，机理性强。结构复杂，植被参数要求高	Farquhar 生化模型	引入冠层气孔导度的 Penman-Monteith 方程	多数为全分布式

1. 概念性模型

概念性生态水文模型是在水文模型的基础上，耦合了参数模型（或光能利用率模型）或者经验性的作物生长模型建立起来的，主要模型有土壤和水评估工具（soil and water assessment tool，SWAT）[22]、水土保持综合模型（soil and water integrated model，SWIM）[23]、生态水文评估工具（ecological hydrology assessment tools，EcoHAT）[24]等。其特点如下：

（1）采用简单的、经验性的关系计算植被动态生长，大多通过先计算潜在生长，再引入水分胁迫、养分元素胁迫等来计算实际生产，如光能利用率模型。

（2）对于蒸散发的计算，通过先计算潜在蒸发再折算实际蒸发。

（3）这一类模型对流域空间异质性的表达，大多呈空间半分布式，各个子单元之间相互独立。

这一类模型的缺陷主要在于对植物生长和植被-水文相互作用关系的描述缺乏机理性，植被与水文过程之间只是松散的耦合关系，限制了模型对环境变化引起的流域生理生态响应的模拟能力。

2. 半物理过程模型

半物理过程模型相对于概念性模型来说，对植被动态生长过程和植被-水文相互作用的描述机理性更强，例如，对于光合作用过程的描述，采用半经验半机理的模型，如碳同化模型；对植被冠层蒸散发过程的模拟，采用 Penman-Monteith 方法，引入冠层气孔导度计算植被的实际蒸腾量。模型在空间划分上，通常是将流域离散成全分布式的空间单元，详细刻画流域的空间异质性。之所以定义为半物理过程模型，是因为模型对光合作用过程的简化，不能刻画水文过程对植被生化过程的影响。主要模型有 EcH$_2$O - iso 模型[25-27]、森林水文生产力模型（hydrologic - forest productivity model - PnET - II3SL/SWAT）[28]、TOPOG 模型[29] 等。

3. 物理过程模型

20 世纪 90 年代以来，植物生理学及生态学研究取得了重大进展，人们逐渐意识到光合作用与蒸腾作用同时受控于气孔行为，从而把植被的生化过程与水文过程耦合在一起，考虑植被生理作用和生态水文机理过程的模型不断出现。早期，Band 等[30] 在流域分布式水文模型 TOPMODEL（topography based hydrological model）的基础上耦合森林碳循环模型 Forest - BGC，建立了分布式生态水文模型 RHESSys（regional hydroecological simulation system），用以模拟森林流域侧向径流过程对土壤水空间分布的影响以及土壤水的空间分布差异对森林冠层的蒸散发以及光合作用的影响。该模型进一步改进，采用 Biome - BGC（biome bio - geo - chemical cycles model）来模拟多种植被类型的碳循环过程和 Century 模拟生态系统的氮循环过程[31]。这一类模型的主要特点是采用植被生理生态机理过程模型来描述植被的光合作用等生理过程，将植被的生化过程与水文过程耦合在一起，一方面能够刻画水文过程尤其是土壤水对于植被生化过程的影响，另一方面能够模拟植被的动态生长如叶面积指数的季节动态变化对于水文过程的影响。模型的缺陷在于计算复杂，涉及植物生理特性参数（如电子传输率、酶活性等）、植被形态参数（如冠层高度）等众多参数，且大部分参数都难以获得，限制了模型的推广与应用。

2.6.2 模型研究现状与发展

2.6.2.1 研究现状

传统的水文和生态模拟研究一直集中于建立单一模型，孤立地看待生态过程与水文过程[18]。水文模型关注流域的产汇流等物理过程，很少或没有考虑植被的生物物理和生物化学过程。生态模型则重点关注土壤-植被-大气连续体垂向机制，基本不考虑或者采用"水桶模型"简化处理土壤水运动，并且忽略水平方向上的侧向径流过程。流域生态水文模型的兴起一方面得益于地理信息技术、遥感等空间信息获取技术为流域过程模拟提供详细的流域下垫面条件的空间分布信息；另一方面流域分布式水文模型的出现，使得在各个空间单元上耦合田间尺度的生态模型成为可能。流域生态水文模型的起源有两大分支：①从水文模拟忽略植被的问题出发，在降雨-径流过程模拟中考虑植被的物理和生物化学作用，主要包括植被蒸腾、根系吸水、冠层能量传输及 CO_2 交换等过程的描述；②从植被生态过程模拟的角度出发，增加了垂向的土壤水运动和二维水文循环过程的模拟。

2.6.2.2 发展趋势

生态水文模型为人类研究、解决水文水资源问题提供了重要工具，其发展方向始终决定于社会需求，当前生态水文模型的发展趋势主要表现为以下几个方面[32]。

（1）提高模型的多源数据利用能力是生态水文模型开发的前提条件。水文模型的发展趋势是不断融合生态、气候等自然过程，最终形成一个复杂的地球模拟系统，而更多自然过程的耦合，也使水文模型对数据的需求不断提升。随着观测手段的不断进步，无人机、星载遥感、机载遥感、雷达、物联网观测系统等新兴技术不断在生态水文监测中得到应用，为生态水文模型提供了时空分辨率更高、质量更为可靠的连续观测数据。此外，水的氢氧同位素（δD 和 $\delta^{18}O$）作为天然的稳定示踪剂，能够指示水的踪迹，指征生态水文循环过程各状态量的水源，从而提供了一种与传统水文数据相互补的信息。随着同位素观测技术的发展与普及，土壤、植被水分观测数据越来越多，也越来越可靠，为深入理解土壤-植被-大气连续体水分分配与循环机理，特别是其对干旱等变化环境的响应机制具有重要的科学价值和现实意义。因此，提升生态水文模型对多源数据的利用能力，高效管理海量数据和为生态水文模拟提供数据支持，已成为生态水文模型研究的重要前提和保障。

（2）更加细致地刻画生态与水文的耦合过程是生态水文模型开发的重要环节。如上所述，植被对水文循环的诸多环节存在影响，同时其生长发育过程也很大程度上受控于水文过程。目前，能够较好模拟流域尺度生态-水文耦合过程的模型仍很少。因此，如何更好地在水文模型中刻画生态过程，将继续成为生态水文模型研究的热点和难点。在干旱半干旱区域，水分作为生态系统的胁迫因子，控制着植被生态系统的生长发育，而在水分充足区域，营养元素是否充足则制约植被的生长。因此，适用范围更广的生态水文模型还应考虑营养元素的传输模块，以更好地描述植被的生物化学过程。此外，目前的生态水文耦合模拟研究多集中于陆生生态系统与水文过程的相互作用关系的描述，已有众多研究成果表明河流水位、水温、流速等其他理化性质对水生生物群落的演替有着决定性的影响。未来的生态水文模型是否能够耦合水生生态过程，也是值得探索的重要方面。

（3）更加细致地刻画人类活动对生态水文过程的影响是生态水文模型开发的必经之路。人口的不断增加、社会经济的不断进步，使得人类对水文过程的影响不断加深，流域生态水文过程的复杂程度也不断提高。生态水文模型对农业生态系统的刻画离不开对农业灌溉、地下水抽取、水库调度等过程的考虑，仅仅包含了天然产汇流过程的生态水文模型早已不能真实描述流域水文过程。Panta Rhei 也将人类活动对水文过程的影响作为研究重点。因此，只有细致刻画人类活动的生态水文模型，才能对当前的水资源管理决策提供可靠支持，人类活动在生态水文模型中的体现是模型开发中无法回避的问题。

2.6.3 流域分布式生态水文模型 EcH$_2$O-iso 简介

本节主要以 EcH$_2$O-iso 模型为例，简要介绍典型流域全分布式、半物理过程生态水文模型的结构和功能。

EcH$_2$O 模型是由美国蒙大拿大学 Maneta 和 Silverman[25] 开发的生态水文模型，其研发的重要出发点是能够直接利用区域气候模型的输出来驱动对生态水文过程的模拟。它包含了一个简化的森林生长模块、一个能量交换模块，以及一个水文模块。Kuppel 等[26]在此模型基础上拓展开发了示踪模块 EcH$_2$O-iso（包括水的氢氧同位素和水的年龄），从而能够显性地追踪水流运动路径、水的年龄变化以及通量-蓄量的交互过程。本章编者深入开发完善了 EcH$_2$O-iso 的模型结构，拓宽了模型在不同尺度、不同特征流域的适用性，包括研发深层地下水模块、考虑农田排水管网对径流形成和作物生态水分利用的影响[27]，以及首次实现了在大中尺度流域上的生态水文-示踪剂耦合模拟[33]。模型源代码在 GitHub 平台实现了开源共享。

该模型主要包含四个模块：①能量平衡的垂直计算模块，基于通量-梯度相似性的方法模拟土壤-植被-大气的能量动态变化；②基于运动波的水文模块，提供侧向水流交换，并确保不同地貌间的水文连通性；③森林成长模块，包括碳吸收和再分配、叶和根的转化（turnover），和基于异速的树木生长；④通量追踪模块，利用水的氢氧同位素和水的年龄作为示踪剂，追踪各个生态水文过程通量变化以及蓄量-通量之间的交互。这些模块紧密地耦合在一起，以确保能够捕捉植被、水文和气候之间的主要相互反馈。图2.3所示为EcH$_2$O-iso模型基本计算单元内水分-物质交换模拟基本结构。

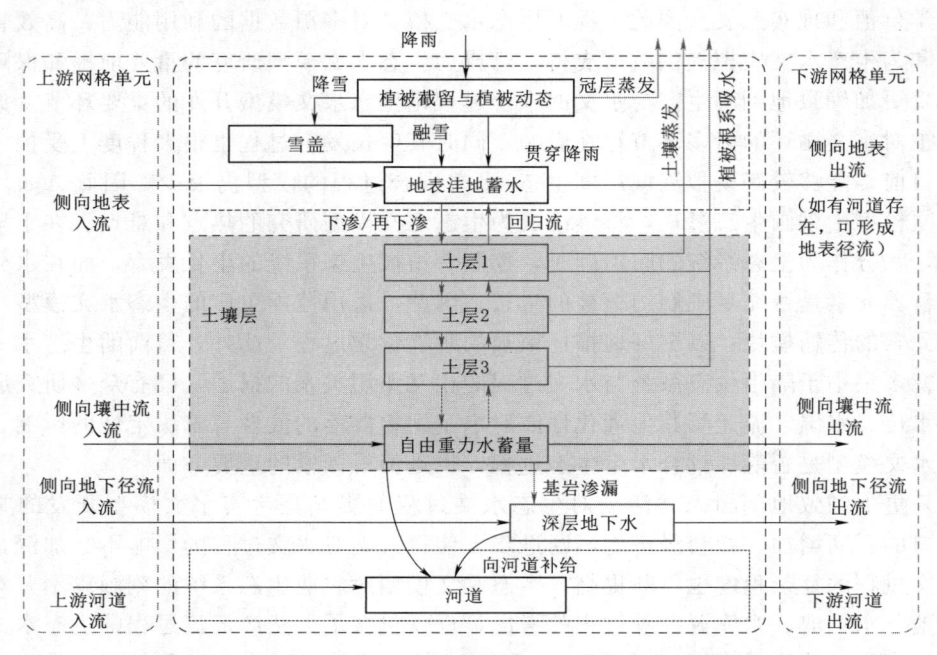

图2.3 EcH$_2$O-iso模型基本计算单元内水分-物质交换模拟基本结构

该模型的陆面过程基本计算单元基于规则网格进行划分，并通过有限差分求解控制方程。网格大小和时间步长可由用户选择，在每个网格和每个计算时间步长都必须满足质量守恒和能量守恒。每个网格内允许存在多种植被类型和土壤类型，从而使模型能够充分考虑土地利用和土壤条件的空间变异性。模型的植被类型是根据其生理特性和结构而不是物种来区分的。因此，几个特征相似的物种可以整合为一个植被类型（如针叶林、阔叶林等），或者一个物种的不同生长阶段可以划分为不同植被类型（如生长初期树苗和成熟树木）。与这一空间特征考虑相适应的是，模型植被和土壤水运动相关的参数分别被定义为与植被类型和土壤类型有关。在每一个陆面网格计算时，模型首先对该网格内出现的所有植被类型（和裸土）进行单独的植被动态、植被蒸散发计算，然后以各植被类型的面积占比为权重得到网格平均计算值；土壤水运动过程相关的模型参数则是以土壤类型面积占比为权重得到每个网格的平均参数值。此外，考虑流域产流向河道补给过程以及河网汇流过程时，EcH$_2$O-iso模型可根据实际河网位置设置一个独立的汇流网格层。只有当汇流网格层与上述流域陆面网格层重叠时（表明该网格区域内存在实际河道），才考虑流域陆面对河道的出流补给（通过地表、壤中和深层地下基流补给）以及由河网连接的河道水流运动；否则，模型只考虑陆面网格之间侧向水流交换（地面径流、壤中流和深层地下径流）。

EcH$_2$O-iso模型对流域生态水文循环物理过程以及流域特征时空异质性的考虑，使得模型能够很好地把握流域生态水文过程的时空动态特征，也提高了模型的普遍适用性。值得指出的是，该模型独特的通量追踪模块能够充分利用同位素示踪技术提供的水的运动路径信息，这些信息与传统水文信息具有互补性，因此能够有效扩大模型模拟可用信息量、提高模拟精度。同时，EcH_2O-iso 模型能够提供由同位素示踪信息指征的"水龄"信息，使人们得以从水量-水龄（指示水源组分变化）耦合响应的角度对流域生态水文动态进行模拟分析。整合基于遥感技术的多源数据，这些新兴的模拟分析手段可以深刻揭示流域生态水文系统对（自然和人为导致的）环境扰动的响应机制，从而为变化环境下流域综合治理提供理论和技术支撑。

思考题

1. 流域植被对水文过程的影响体现在哪些方面？
2. 流域水文过程对植被生长的影响体现在哪些方面？
3. 不同类型的流域生态水文模型是如何考虑水文过程与植被生态作用之间的互馈关系的？
4. 设想你作为下一代流域生态水文模型的开发者，你在多源数据利用、模型结构设计和研发技术等方面会有哪些考量？

参考文献

[1] Cressie N A C. Statistics for spatial data [M]. New York：John Wiley & Sons，Inc. 1993.

[2] Leuning R A. Critical appraisal of a combined stomatal-photosynthesis model for C3 plants [J]. Plant，Cell and Environment，1995，18（4）：339-355.

[3] 王根绪，张志强，李小雁，等. 生态水文学概论 [M]. 北京：科学出版社，2020.

[4] Jarvis P G. The interpretation of the variations in leaf water potential and stomatal conductance found in canopies in the field [J]. Philosophical Transactions of the Royal Society B，1976，273（927）：593-610.

[5] Ball J T，Woodrow I E，Berry J A. A model predicting stomatal conductance and its contribution to the control of photosynthesis under different environmental conditions [C]. Progress in photosynthesis research. Dordrecht：Springer Netherlands. 1987.

[6] Cowan I R，Farquhar G D. Stomatal function in relation to leaf metabolism and environment [J]. Symposia of the Society for Experimental Biology，1977，31：471-505.

[7] Medlyn B E，Duursma R A，De Kaauwe M G. The optimal stomatal response to atmospheric CO_2 concentration：Alternative solutions，alternative interpretations [J]. Agricultural and Forest Meteorology，2013，182/183：200-203.

[8] Eagleson P S. Ecohydrology：Dawinian expression of vegetation form and function [M]. Cambridge：Cambridge University Press，2002.

[9] Brooks J R，Barnard H R，Coulombe R，et al. Ecohydrologica separation of water between trees and streams in a Mediterranean climate [J]. Nature Geoscience，2010，3（2）：100.

[10] McDonnell J J. The two water worlds hypothesis：Ecohydrological separation of water between streams and trees？ [J]. Wiley Interdisciplinary Rewiews：Water，2014，1（4）：323-329.

[11] 王根绪，夏军，李小燕，等. 陆地植被生态水文过程前沿进展：从植物叶片到流域 [J]. 科学通报，2021，66（28-29）：3667-3683.

[12] 夏军,左其亭,王根绪,等.地球科学学科前沿丛书·生态水文学[M].北京:科学出版社,2020.

[13] 傅抱璞.论陆面蒸发的计算[J].大气科学,1981,5(1):23-31.

[14] 于贵瑞,高扬,王秋凤,等.陆地生态系统碳氮水循环的关键耦合过程及其生物调控机制探讨[J].中国生态农业学报,2013,21(1):1-13.

[15] Sterner R W, Elser J J. Ecological stoichiometry [M]. Princeton: Princeton University Press, 2022.

[16] 张丽,李丽娟,梁丽乔,等,流域生态需水的理论及计算研究进展[J].农业工程学报,2008,24(7):307-312.

[17] 胡广录,赵文智.干旱半干旱区植被生态需水量计算方法评述[J].生态学报,2008,28(12):6283-6291.

[18] 陈腊娇,朱阿兴,秦承志,等.流域生态水文模型研究进展[J].地理科学进展,2011,30(5):535-544.

[19] Wigmosta M S, Vail L W, Lettenmaier D P. A distributed hydrology–vegetation model for complex terrain [J]. Water Resources Research, 1994, 30 (6): 1665-1679.

[20] Abbott M B, Bathurst J C, Cunge J A, et al. An introduction to the European hydrological system—System Hydrological European, "SHE", 2: Structure of a physically–based, distributed modelling system [J]. Journal of Hydrology, 1986, 87 (1-2): 61-77.

[21] Liang X, Lettenmaier D P, Wood E F, et al. A simple hydrologically based model of land surface water and energy fluxes for general circulation models [J]. Journal of Geo–physical Research, 1994, 99 (D7): 14415-14428.

[22] Arnold J G, Fohrer N. SWAT 2000: Current capabilities and research opportunities in applied watershed modeling [J]. Hydrological Processes, 2005, 19 (3): 563-572.

[23] Krysanova V, Muller–Wohlfeil D, Becker A. Development of the ecohydrological model SWIM for regional impact studies and vulnerability assessment [J]. Hydrological Processes, 2005, 19 (3): 763-783.

[24] 刘昌明,杨胜天,温志群,等.分布式生态水文模型EcoHAT系统开发及应用[J].中国科学:E辑,2009,39(6):1112-1121.

[25] Maneta M P, Silverman N L. A spatially distributed model to simulate water, energy, and vegetation dynamics using information from regional climate models [J]. Earth Interactions, 2013, 17 (11): 1-44.

[26] Kuppel S, Tetzlaff D, Maneta M P, et al. EcH$_2$O–iso 1.0: Water isotopes and age tracking in a process–based, distributed ecohydrological model [J]. Geoscientific Model Development, 2018, 11 (7): 3045-3069.

[27] Yang X, Tetzlaff D, Soulsby C, et al. Catchment functioning under prolonged drought stress: Tracer–aided ecohydrological modeling in an intensively managed agricultural catchment [J]. Water Resources Research, 2021, 57 (3), e2020WR029094.

[28] Kirby J T, Durrans S R. PnET–II3SL/SWAT: Modeling the combined effects of forests and agriculture on water availability [J]. Journal of Hydrological Engineering, 2007, 12 (3): 319-326.

[29] Vertessy R A, Dawes W R, Zhang L, et al. Catchment scale hydrologic modelling to assess the water and salt balance behavior of Eucalypt plantations [J]. Technical Memorandum No.96/2, CSIRO Division Water Re–sources, 1996.

[30] Band L E, Patterson P, Nemani R, et al. Forest ecosystem processes at the watershed scale: Incorporating hillslope hydrology [J]. Agricultural and Forest Meteorology, 1993, 63 (1-2): 93-126.

[31] Mackay D S, Band L E. Forest ecosystem processes at the watershed scale: Dynamic coupling of

distributed hydrology and canopy growth [J]. Hydrological Processes, 1997, 11 (9): 1197-1217.

[32] 徐宗学, 赵捷. 生态水文模型开发和应用: 回顾与展望 [J]. 水利学报, 2016, 47 (3): 346-354.

[33] Yang X, Tetzlaff D, Müller C, et al. Upscaling tracer-aided ecohydrological modeling to larger catchments: Implications for process representation and heterogeneity in landscape organization [J]. Water Resources Research, 2023, 59, e2022WR033033.

第3章 河流生态水文

河流是地球系统中最重要、最活跃的组成部分之一。无论在自然地理系统还是在人地关系系统中，河流都扮演着举足轻重的角色。联合国教科文组织国际水文计划发布的 UNESCO-IHP-Ⅷ文件称，河流生态系统是"由水文过程调控的超有机体"[1]。在20世纪60—70年代开始的生态水文学萌芽阶段，生态学家就开始关注水生生态系统对水文情势变化的响应，水生生态系统的生物过程与水文过程的相互关系是生态水文学学科产生的最早领域[2]。河流生态水文学是河流生态学和水文学的交叉学科，它所关注的是水文过程对河流生态系统结构和功能变化的影响，以及生态系统变化对水循环过程的反馈，研究河流生态系统和水文过程的互馈机制[3]。河流生态水文学为河流生态保护提供重要理论基础和技术支撑，重点在于协调河流开发与河流生态系统保护之间的矛盾。

3.1 河流生态系统

3.1.1 河流生态系统特征

河流是一定区域内由地表水或地下水补给，经常或间歇地沿着地表狭长凹地流动的水流。河流是地理景观中最活跃的要素之一，一般发育于高山，经过山地、平原流入湖泊或海洋。河流的划分方法较多：按照河流流经的国家，可分为国内河流和国际河流；按河流的归宿划分，可分为外流河和内流河（内陆河）；按河水的来源，可分为降水补给、冰雪融水补给、地下水补给、湖泊与沼泽水补给，以及引水、排水等人工补给等类；在河床演变学中，一般将河流分为山区河流和平原河流两大类。

生态系统是在一定空间中共同栖居着的所有生物（即生物群落）与其环境之间由于不断地进行物质循环和能量流动过程而形成的统一整体。生态系统是具有一定结构和功能的统一体。就其结构来看[4]，生态系统包括六个组成部分：参加物质循环的无机物质（C、N、P等），联系生物和非生物的有机化合物（蛋白质、碳水化合物、脂类、腐殖质等），气候条件（温度、光照及其他物理因素），生产者（自养生物），大型消费者（异养生物），微型消费者（异养生物，主要指细菌和真菌）。生态系统的功能可以从6个方面来分析：①能量线路；②食物链；③时间和空间的多样性格局；④营养物循环（生物地球化学循环）；⑤发育和演化；⑥控制（通过信息的反馈而进行自我调节）。一般认为，物质循环和能量流动是生态系统最重要的功能。

河流生态系统是在一定空间中栖息的水生生物与其环境共同构成的统一有机体。河流在重力作用下从上游向下游的流动性，决定了河流生态系统有别于湖泊等其他类型水生态系统的特性，它是一个流动的生态系统，在水体流动过程中伴随着能量流动、物质输移和信息传递。河流水生生物群落是指在河流水体环境内，相互之间存在直接或间接关系的各

3.1 河流生态系统

种水生生物的集合。河流水生生物群落主要包括浮游生物（浮游植物和浮游动物）、水生植物、底栖生物、游泳动物等，每种水生生物位于河流生态系统食物链的不同位置。河流水环境是指组成河流生态系统的非生物环境，其为水生生物生存和繁衍提供了必要的生存环境。河流水生生物既适应于河流的水环境，同时也在不断地改变着水环境。

3.1.1.1 河流的四维结构特征

河流系统具有四维结构特征[5]，即表现为纵向上、横向上、垂向上和时间尺度上的四维结构，如图3.1所示。河流生态系统在时间上也是不断发展演变的。

纵向上，大多数河流的整体纵向剖面可大致分为三个分区，如图3.2所示。上游V形谷地，大多坡降陡峭，向源侵蚀、向下侵蚀最为剧烈。砂石、倒伏树木等沉积物从山坡面滚落溪谷，并向下游移动；中游U形谷地，坡度略缓，向侧侵蚀、向下侵蚀，流速明显下降，河流流经地区形成较为宽阔的谷地平原；下游河段进入宽广低缓的平原，河流变宽，坡降变小，水量大，水流缓慢。上游搬运来的砂石沉积物形成冲积扇、泛滥平原、出海口三角洲。

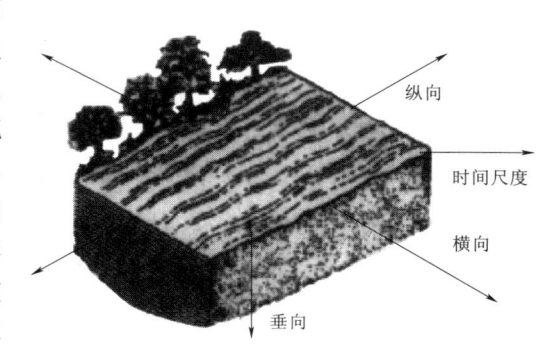

图3.1 河流四维结构示意[6]

其实上、中、下游三个分区都有侵蚀、搬运与沉积的活动，只是因地形、坡度关系，这些活动强弱在三个分区呈现不同。

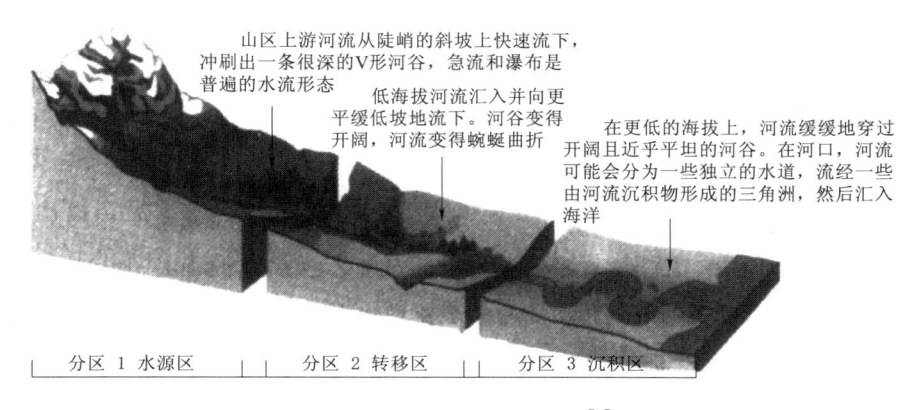

图3.2 河流纵向结构示意[7]

横向上，河流的横截面有三个主要部分，如图3.3所示。一是河道，常年有水流动的水道；二是洪泛区，河道两侧的经常淹没区，也就是高滩地，一般称为2年、5年或10年一遇的洪水淹没区；三是过渡性河谷边缘，作为洪泛区与周围景观之间的过渡区或边缘。但是平原河段为保护农田、村庄通常设置堤防防止10年一遇的洪水。

垂向上，流速、光照强度等重要环境因子是水深的函数。流速通常在水表面以及河道的中心附近，流速最大，在河床底部接近0；太阳辐射通过水层时会出现衰减。河床是连

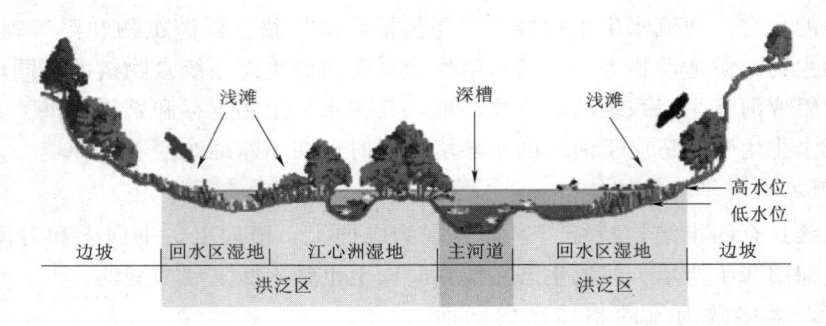

图 3.3　河流横向结构示意[8]

接地表水和地下水的通道，其基质是影响河流水生生物生存繁衍的重要环境条件。

在时间上，河流生态系统处于不断运动变化中。例如研究认为，在距今 7 亿年的元古代，长江流域绝大部分地区为海水淹没，之后，长江流域经历了距今 1.8 亿年三叠纪末期的印支造山运动、距今 1.4 亿年侏罗纪的燕山运动和距今 3000 万～4000 万年始新世的喜马拉雅运动，直至距今 300 万年前，喜马拉雅山强烈隆起等地质构造运动，在全球性气候条件作用下，形成了现在干流自西向东贯通、众川合一的长江水系[9]。在百万年、百年、月和日甚至更短的时间尺度下，河流生态系统的演化造成环境要素和生物群落组成的差异。处于古气候和古地质环境下的河流环境因子波动大，表现为温度异常、盐度变化和基底不稳定等，一些广温广适性生物大量占据河流淡水生境，物种分异程度低。河流演化进入现代后，环境条件稳定渐变，生物分异度明显提高。河流水生生物历经长时间演化，种类不断演替和进化。

3.1.1.2　河流水环境

生态学研究生物体与其周围环境（包括非生物环境和生物环境）的相互关系。尽管其他因素（包括区域范围物种间的相互作用）也影响生物的组成和多样性，但生境条件对于河流生态系统的物种分布、丰度和多样性具有重要影响。生物适应环境是生态学中被称为"生境模式"的一个基本概念，比如生物特点反映环境特性。物种的关键栖息地需求是由与其分布和丰度密切相关的某些环境因子来确定的。

水生态系统的一个显著特征是水作为生物的栖息环境。由于水的理化特性，水环境在许多方面是与陆地环境不同的。水是一种良好的溶剂，具有很强的溶解能力。因此天然水域中有很多溶解状态的无机和有机物质可被生物直接利用，这尤其给水体中大量存在的浮游生物提供了有利条件。另外，水的热容量大，导热率低，使得水环境中的温度状况比陆地上稳定，有利于水生生物的生长发育。但是，到达地球表面的太阳辐射通过水层时会出现进一步的衰减，以致天然水域中的光照强度明显低于陆地。特别是在深度很大的淡水水域中，能接收太阳辐射的"有光带"所占比例很小，其绝大部分水层都处于黑暗或光照极其微弱的状态。因此，天然水域中的光照条件，在很大程度上限制了绿色植物的分布。

流域尺度环境因子主要包括气候和地质两大类[10]。气候因子也称地理因子，具体细分为光照、温度和降水因子等；地质因子中构造因子和岩石岩性是影响流域与水系发育的主要因子；与两类因子相关的还有地形、植被、土壤因子等。

河段尺度环境因子主要包括水温、泥沙含量、离子浓度、酸碱性、水流条件、底质和断面形态等，其中水流条件、底质和水温通常是最重要的变量。水流是河流系统中的主导因子和特征因子，它影响河道形态和河道底质成分。水流对河道物理结构、河流微生境有强烈影响，并且对河流生态系统中的能量流动和物质循环有重要作用。河段尺度上的环境因子直接作用于水生生物群落，并且受生物群落反作用影响，如底栖生物能够改善河道底质条件等。河流系统是多重等级系统，体现为大尺度环境因子决定小尺度级别的边界条件和物理过程。

3.1.1.3 河流食物网[11]

食物网描绘了生物群落中从基础资源到顶极消费者的各营养级之间的横向和纵向联系。尽管各营养级之间的联系错综复杂，但在生物群落中，某些营养级上的生物贡献了大部分的生物量并保证了能量的逐级传递。有的物种在整个生物群落中是不可或缺的，发挥着重要的作用。因此，如果因人类活动如过度捕捞、栖息地破坏等干扰所致的某些关键物种缺失，会导致整个生物群落难以恢复。

在河流食物网中，所有的能量来源于初级生产。生态系统中存在两类不同的能量线路或者是两类食物链：一类是牧食食物链，从绿色植物（生产者）开始，经食草动物（初级消费者）到食肉动物；另一类是碎屑食物链，从死亡有机物质到分解者生物，然后到食碎屑动物和它们的捕食者。碎屑是各种形式的有机物，包括落叶、废弃物、动物尸体、不明来源的有机物碎片和有机化合物等。水生态系统中食物网的生物成分与陆地生态系统有明显的区别，这是与水环境的理化条件相适应的。

水生态系统中的生产者主要是个体很小的各种藻类（浮游生物），它们按照日光所能达到的深度分布于整个水域，其生产力远比陆地植物高，而生物量显著低于陆地植物。在小型水域或大型水域的浅水区（主要是沿岸带），通常还生长着一些水生高等植物（挺水植物或沉水植物），其生长情况主要决定于水层的透明度。水生态系统中的初级消费者，也主要是个体很小的各种浮游动物，其种类组成和数量分布通常随浮游植物而变动。与陆地生态系统相比，水体中初级消费者对光合作用产物利用的时滞小，并且利用率高。

水生态系统中的大型消费者，除了草食性浮游动物之外，还包括其他食性的浮游动物、底栖动物、鱼类等。这些水生动物处于食物链（网）的不同环节，分布在水体的各个层次，其中不少种类是杂食性的，并且有很大的活动范围。同时很多草食性或杂食性的水生动物，还以天然水域中大量存在的有机碎屑作为部分食物。尤其在中小型淡水水域中，有机碎屑在大型消费者的营养中起着相当重要的作用。

水生态系统中的微型消费者分布范围很广，但通常以水底沉积物表面的数量为最多，因为这里积累了大量的死亡有机物质。在合适的水温条件下，水体中的死亡有机物质会很快被微型消费者所分解，释放出简单的无机营养物质。与陆地生态系统相比，水体中营养物循环的速度更快。

3.1.1.4 河流生物群落

1. 河流生物群落的组成

河流生态系统是一种淡水生态系统，表现为水的持续流动，流速是影响河流特征和结构的一个重要物理量。河流的上游分为急流区和滞水区，至下游急流区和滞水区的区别消失,通称河道区。相应地,河流流水生物群落可分为急流区群落、滞水区群落和河道区群落[4]。

(1) 急流区群落。此区流速较大,底质为石底或其他坚硬物质,生物群落中生产者多为丝状附着藻类,动物则多为典型的溪流种,以各种昆虫幼虫为主。常见的如蠓科黑蝇,各种筑巢并结网滤食的石蛾幼虫,体形扁平的扁蜉幼虫以及石蝇幼虫等。这些动物能适应流水条件,能抵御水流的冲刷。浮游生物缺乏。

(2) 滞水区群落。滞水区是水较深但水流平缓的区域,底质一般较疏松。本区的生产者为丝状藻类及一些沉水植物,消费者在无脊椎动物方面主要为穴居或埋藏生物,包括某些蜉蝣幼虫、蜻蜓目幼虫、寡毛类等,鱼类亦常在这一带出现,或活动于急流区和滞水区接界处。

(3) 河道区群落。由于流速较小,河道区的群落与湖泊有类似处。生产者方面,在河床沿岸可生长挺水植物和沉水植物,一些流速很小或支流出口附近存在浮游生物群落。消费者方面,河流种及静水种都可出现,但据研究,河床底质变化较大,故底栖生物的分布较呈团状。鱼类亦与湖泊中的种类近似。事实上鱼类由于生殖和觅食的需要,常在江、湖间洄游。

2. 河流生物多样性

对某一地区的生物群落的研究通常假定群落仅由局地环境状况和种间相互作用决定,忽略了大尺度范围内物种的扩散、传播、进化以及历史上生物地理学分布等。事实上,某一物种的长期存在并不仅取决于某局地环境特点,也受大尺度范围内的其他因素影响,且大尺度范围内的生物多样性决定了局部地区物种库中的生物多样性。物种丰度是由物种进化时间、生境变化、拓殖的可能性以及存活等共同作用的结果。

(1) 大尺度范围内的生物多样性

1) 物种数目-流域面积关系。与生态系统的其他特性一样,决定物种丰度的因子随研究尺度的变化而改变。从全球尺度看,物种数量随着系统表面积的增大而增加,随着纬度和海拔的升高而减少。同样在全球尺度上,鱼类物种的数量随着流域面积的增大而增加,因为在这样的空间尺度下,流域面积有近四个数量级的变动,足以掩盖纬度变化对物种丰度产生的影响。目前,这一结论至少在温带和低纬度地区的流域中得到了验证。由许多小流域构成的大型流域,由于流域坡度差别很大,因而包含有河流、湖泊和湿地等类型。在大型流域的低缓斜坡中,流速缓慢的河流和广阔的湿地提供了大量不同类型的生境,使得物种容易拓殖,在干旱期或在鱼类缺氧死亡期过去后,能迅速重新拓殖这些生境[11]。

鱼类物种多样性最高的三条河流是亚马孙河、刚果河、湄公河。在河流中,鱼类物种数与流域面积紧密相关。在非洲的河流中,可以按照下式[12],用流域面积预测鱼类物种数,即

$$S = 0.449 A^{0.434} \tag{3.1}$$

式中 S——物种数;

A——流域面积,hm^2。

例如,按照公式预测尼罗河有190种鱼(实际有160种)。但是,这个公式不适用于其他大陆,因为相似大小的河流在南美洲有370种鱼,而在长江有约600种鱼。

生境多样性是用来预测内陆水域物种丰度的一个重要指标。物种数量与集水区面积之间的关系，通常可以用物种丰度与生境多样性的模型加以解释。在这种模型里，生态系统越大，生境多样性就越高。

2）随纬度变化的梯度分布。自高纬度地区至热带地区，河流生物种类增多，鱼类分布尤其如此。据不完全统计，有 3000 多种淡水鱼类生活在南美洲热带地区，主要是在河流中；而北美洲温带淡水水域鱼类约 700 种，欧洲则仅有 250 种[13]。

3）历史上的生物地理学分布。鱼类历史上的生物地理学分布及其种群进化，对各地区鱼类多样性的影响很大。在美国境内，自东向西，物种丰度逐渐降低，部分原因是更新世期间物种的灭绝速度有差异，其结果是美国西部的鱼类种数仅为东部地区的 1/4。不论是欧洲还是北美洲，冰川地区河流中的鱼类种数都较密西西比河、密苏里河等河流中少得多，能生存并生活下来的鱼类都是体型较大、运动能力更强的种类[13]。

（2）局部地区的生物多样性。导致某些地区物种相对丰富而其他地区却很少的因素有很多。首先，在历史上气候、地形和地理条件作用下形成的局部地区的生物多样性；其次，野外调查选择的样方大小有影响；再者，河流的物理环境和栖息地的变化，也会带来影响；最后，物种之间的相互作用在决定当地物种的丰度方面也发挥重要作用[13]。

3.1.2 河流生态系统研究的时空尺度

尺度问题广泛存在于水文学和生态学领域。通常意义上的时间尺度和空间尺度是指在观察或研究某一物体或过程时所采用的时间或空间单位，同时又可指某一现象或过程在时间和空间上所涉及的范围。

3.1.2.1 时间尺度

河流生态系统的演进是一个动态过程，其研究的尺度可以是日、月、年、百年或百万年甚至更长的时间尺度，确定合理的时间尺度才能正确反映系统的动态性，要基于不同的研究目标选择适当的时间尺度。对河流产生重要影响的地貌和气候变化，其时间尺度往往是数千年到数百万年，因此如果要追溯河流的演进历史，其时间尺度起码要跨越数千年，是河流古生态水文学的研究尺度。

河流生态系统的研究一般主要集中于几个月到数百年的时间范围内，是人类活动对河流生态系统施加直接或间接影响，使其发生显著可见变化的尺度。对于需要极长时间尺度内研究的气候、土壤、生物地球化学循环等因子，则一般作为外界稳定的环境变量来研究。例如从地质时间跨度（例如大于 10^5 年）来看，河道的坡度是一个变化的因变量，受气候、地质、初始地形和时间的控制。然而从多年的角度来看，河道坡度是相对不变的。

生态系统的时间延迟效应十分明显，许多生态过程需要长期的观测才能完成，生态过程的因果之间或者对自然生态系统的干扰及其引起的生态反应之间的时间常常超过一年。河流生态水文研究河流生态系统的生物过程与水文过程的渐变趋势、极端事件以及两者的互馈机制，这些特征最好通过对水文过程和生物群落的长期实验研究来揭示。

3.1.2.2 空间尺度

河流空间尺度有不同的划分方法，从大到小依次可以划分为流域、河流廊道、河段等尺度。

1. 流域

河流是径流的通道，但径流形成离不开流域。水文循环的动态过程在流域内进行，包括植被截留、积雪融化、地表产流、河道汇流、地表水与地下水交换、蒸散发等。河流不是简单地将水、营养盐和有机物质顺流输送到湖泊和湿地的运载体，而是与自己的流域相互联结的完整生态系统，所有的淡水生态系统（河流、湖泊和湿地）都有自己的流域。流域的面积大不相同，河川源头的流域可能只有 $1\sim 2hm^2$，而源头溪流所汇入的大河流域可能占地几千公顷。

流域的自然地理、气候、地质和土地利用等要素决定河流的径流、河道、基底类型、水沙特性等物理及水化学特征，这些因素对河流生态系统具有深远影响。河流生态系统的生态过程包括系统的结构、功能、景观异质性、斑块性、植被、生物量等与水文过程密切相关，生态过程所发生及涉及的范围，与水文过程的范围往往在流域尺度中重合。换言之，水文过程与生态过程在流域这种空间单元内实现一定程度的耦合。流域集水区的土壤水滋润着大部分陆生植被，无数溪流和支流成为陆生生物与水生生物汇集的纽带，从而形成完善的食物网。

流域是陆地生态系统与河流生态系统以水为媒介相互联系形成的统一整体，整合了各类自然资源与社会经济资源，具有自然-社会二元属性。人类的涉水活动多以流域为空间背景开展，在流域上进行各种土地和水资源的开发利用活动。流域尺度上的人类活动对于河流生态系统的扰动是全局性和整体性的。

2. 河流廊道

河流廊道的概念来自景观生态学。景观是处于生态系统之上、区域之下的中间尺度，是由不同生态系统组成的地表综合体。景观生态学是一门新兴的交叉学科，主要研究空间格局和生态过程的相互作用及尺度效应。景观要素主要包括常见的景观斑块、廊道、基质以及偶见的附加结构。

廊道指为生物提供的线状或带状的生存空间和通道。生态廊道指具有线状或带状的景观生态系统空间类型。景观生态学中把与河流联系密切的河岸带和洪泛区这个复杂的生态系统，包括陆地、植物、动物及其内部的河流网络，称为河流廊道。河流廊道的重要生态功能包括栖息地、通道、过滤、屏障、源和汇等。河流廊道的宽度变化，具有十分重要的生态功能意义。

在水域系统和邻近的陆地系统之间的过渡区域被称为河岸带，是生态交错带（ecotone）的一种类型[14]。生态交错带是相邻生态系统之间的过渡带，其特征由相邻的生态系统之间相互作用的空间、时间及强度所决定。生态交错带的特殊之处是具有边缘效应。边缘效应是极其普遍的自然现象。边缘带由于环境条件不同，可以发现不同的物种组成和丰富度，即边缘效应。边缘效应在性质上有正效应和负效应。正效应表现出效应区（交错区、交接区、边缘）比相邻的群落具有更为优良的特性，如生产力提高、物种多样性增加等；反之则称为负效应，负效应主要表现在交错区种类组分减少、植物生理生态指标下降、生物量和生产力降低等。

3. 河段

河段是相对较小的栖息地与生物群落的组合，关键生境因子是河流地貌形态及其对应的水流流态。比如河流纵坡、蜿蜒性、河床断面材质和几何形状等所相应的流速、水深、脉动压力等水力学条件，由此产生不同的栖息地空间异质性。而生物群落多样性则与空间异质性条件具有正相关关系。河段的特征往往用急流、缓流、静水区等描述，结构元素中包括深潭、浅滩、池塘、河滩水生植物区等。从河流利用角度，也常按照物理、化学、生物等属性划分河段，如水功能区、自然保护区等。

3.1.3 河流生态学中的一些重要概念

1970 年，著名的淡水生态学家 Hynes 出版了 *The Ecology of Running Waters*，该书系统地收集了到 1966 年为止的全球河流生态文献。在 20 世纪 70 年代早期，另外两部重要的河流生态学著作也问世了，一部是 Oglesby 等编著的 *River Ecology and Man*，另外一部是 Whitton 的 *River Ecology*。同期代表性著作还有 Macan 的 *Freshwater Ecology*，Hynes 的另外一部著作 *The Biology of Polluted Waters*[15]。在 20 世纪 70 年代后期至 80 年代，河流生态学从研究个体发展拓展到生态系统的层面，提出了河流生态学中的一些重要概念，包括养分螺旋概念、河流连续体概念、系列不连续体概念、洪水脉冲概念、自然水流范式等。尽管这些概念各自有其局限性，但是它们提供了从不同角度理解河流生态系统的概念框架。

3.1.3.1 河流连续体 (river continuum concept，RCC)

来自河流上游或周边消落区的有机物如枯枝落叶、动植物残骸等进入河流，成为重要的碎屑能源。碎屑包括颗粒物和溶解有机物 (dissolved organic matter，DOM)。各种形式的有机碳为食物网提供了重要的能源，在河流生态系统中更是如此。河流中颗粒碎屑和 DOM 进入腐食食物链，被分解者或称腐食者利用。根据颗粒大小，可将碎屑分为三类：粗颗粒有机物 (CPOM)、细颗粒有机物 (FPOM) 和溶解有机物。

河流中的水生昆虫属于底栖动物，根据动物的摄食对象和摄食方法的差异来分，底栖动物可主要分为七类不同的功能摄食类群，包括撕食者、收集者、刮食者、捕食者、食腐者、钻食者和寄生者。其中撕食者（例如蟹类）摄食粗颗粒有机质如树叶等；收集者消耗有机质碎片，如树叶碎片或河底的其他物质；刮食者以附石藻类等附着植物、附石物质和沉水物体为食；捕食者摄食其他的底栖动物，如蜻蜓目稚虫；食腐者也称清道夫，一般不偏食，可同时摄食死的和活的有机物质；钻食者通过刺吸其他底栖动物的结构组织来摄食；寄生者是可以与其他动物（即寄主）共生或伤害寄主的动物。

生态系统的总初级生产力 GPP 与总呼吸消耗量之比 P/R 可指示河道内初级生产产物与陆地植被输入的外源有机物量对河流生态系统的相对影响，河流生态系统可分为两大类：自养型和异养型。一般来说，当 $P/R>1$ 时河流属于自养型；当 $P/R<1$ 时河流属于异养型。

1980 年，Vannote 以水生昆虫为基础对河流生物群落结构和上下游递变提出了一个新理论，即河流连续体概念（图 3.4）[16]。河流连续体提供了一个理想化但有用的北温带林区和未受破坏河流的结构概念。河流连续体描述的是北温带地区相对小型的（低级别的）但具有比较高的森林覆盖率的河流。根据外源性物质（如植物碎屑）进入河流后的变化，即上游为粗有机质颗粒，至下游降解为细小或超微颗粒这一事实，认为群落中的优势类群因利用相应颗粒亦自上而下依次为利用 CPOM 的撕食者、利用着生生物的刮食者和

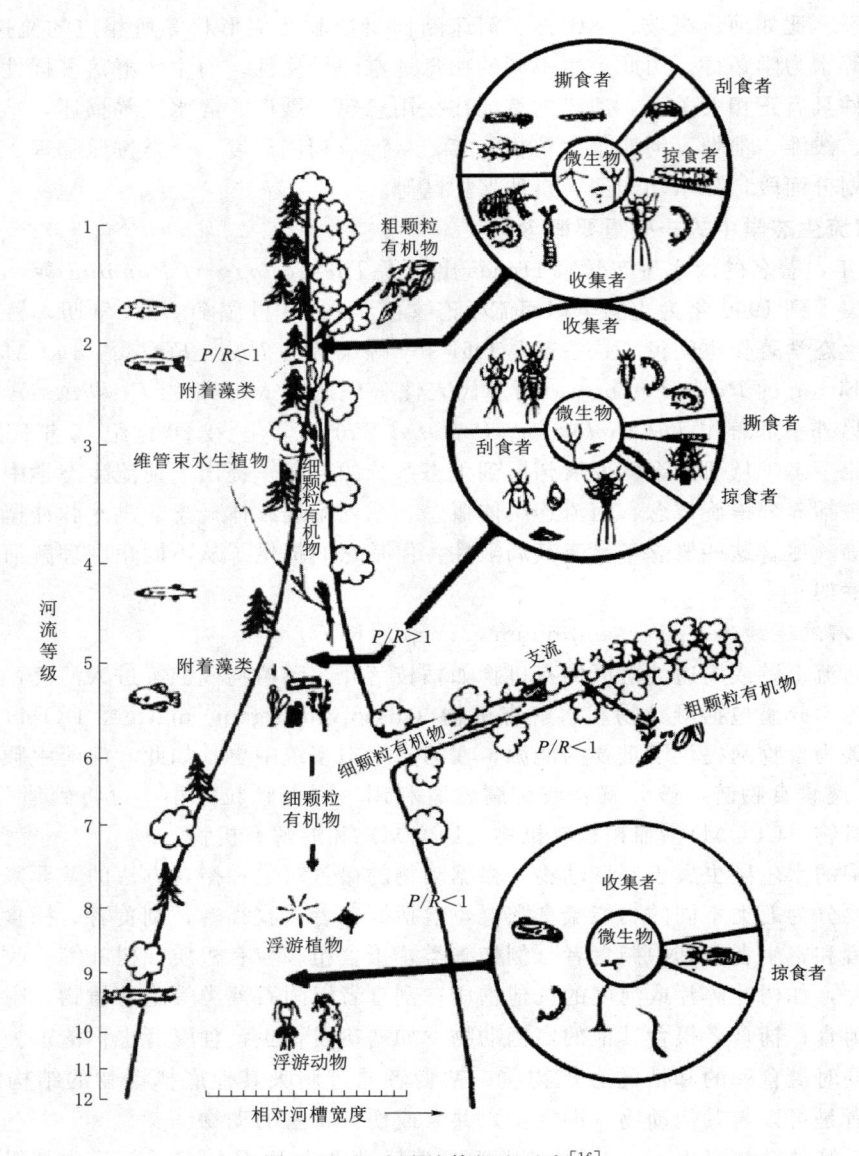

图 3.4　河流连续体概念示意[16]

利用粗有机质颗粒和细小或超微有机质颗粒的收集者，收集者又可分利用悬浮颗粒的过滤收集者和利用沉积颗粒的直接收集者。目前这一理论已为较多学者接受。我国的河流群落亦有上述现象，以鱼类为例，长江上游有较多喜食粗大颗粒、功能相当于撕食者的铜鱼以及刮食者如墨头鱼和爬岩鳅，中下游则有不少收集者，如专营过滤收集的鲢、鳙。

在北方温带森林覆盖地区，外来有机物质是原始低级别（1～3级）河流的主要能量来源。来自这些集水区和邻近森林的外来有机物质大大超过了内源性初级生产量，导致$P/R<1$。在众多中等级别（4～6级，$P/R=3$～5）的系统中，由于缺少相对封闭树冠的

茂密森林，附着藻类、着生在卵石和基岩上的苔藓类及固着的大型被子植物得以生长，从而增加了河流的初级生产量。

3.1.3.2 洪水脉冲概念

由于河流连续体概念在亚马孙河的应用受到限制，Junk 等于 1989 年提出了洪水脉冲概念（flood pulse concept，FPC）[17]。在 FPC 中，洪水脉冲是一个广义的概念，指水文情势的年周期变化。而狭义的洪水脉冲概念指河流在洪水期间水量的骤然涨落。Junk 认为洪水脉冲是河流-洪泛滩区系统生物生存、生产力和交互作用的主要驱动力。如果说河流连续体概念重点描述沿河流流向的生态过程，洪水脉冲概念则更关注洪水期水流向洪泛滩区（floodplain）侧向漫溢所产生的营养物质循环和能量传递的生态过程，同时还关注水文情势特别是水位涨落过程对于生物过程的影响。因此可以说，洪水脉冲概念是对河流连续体概念的补充和发展。

洪泛滩区指河流水域与陆地交界区，包括湖泊、水塘、沼泽、湿地和河滩等，在生态学中属于过渡带。洪泛滩区是由于河流洪水向侧向漫溢引起周期性泛滥的地带。其生物群落既具有滩区自身特征，又兼有相邻的河流生物群落特征。生物群落对于洪水脉冲的响应在很大程度上决定了滩区的生态系统结构。洪水脉冲概念强调洪泛滩区与河流是一个整体，两者不能分割。在水文学一般用洪峰流量、洪峰水位、洪水历时、洪水过程线、洪水总量和洪水频率等因子描述洪水。在研究洪水对于生态过程影响方面则更多关注洪峰水位、水位-时间过程线、洪水频率、洪水历时以及洪水发生时机。其中洪峰水位决定了洪水漫溢的范围。水位-时间过程线则决定了河流-滩区系统栖息地动水区与静水区互相转换的动态特征。洪水频率决定了洪水的规模和对生态系统的干扰程度并且可以判断是否属于极端情况。洪水历时则决定了河流与滩区营养物质交换的充分程度。洪水发生的时机关系到水文-气温的耦合关系，即洪水脉冲与温度脉冲的耦合问题。这些因子对于河流-滩区系统中营养物质的循环和能量传递产生了重要影响。

3.1.3.3 自然水流范式

Poff 等于 1997 年提出的自然水流范式[18]，认为未被干扰状况下的自然水流对于河流生态系统整体性和支持原生物种多样性具有关键意义。自然水流用五种水文因子表示：水量、频率、时机、延续时间和过程变化率，认为这些因子的组合可以描述整个水文过程。动态的水流条件对河流的营养物质输移转化以及泥沙运动产生重要影响，这些因素造就了河床-滩区系统的地貌特征和异质性，形成了与之匹配的自然栖息地。在河流生态修复工程中，可以把自然水流作为一种参照系。

3.1.4 河流水文情势及河流连通性

3.1.4.1 河流水文情势

河流水文情势是指河流的水文特性和变化规律，包括河水的补给来源、河流各水文要素随时间和空间的变化情况。河流水文要素包括水位、流速、流量、泥沙、水温与冰凌，以及河流水化学等。

1. 河流径流特性

（1）河水的来源。河流水量补给是河流的重要特征之一。了解河水的补给形式，有利于了解河流的水情特征及其变化规律[9]。河水的基本来源是大气降水。降落在地表的雨水,除部分被植物截留、下渗和蒸发以外,其余的形成地表径流,补给河流。此外,冰川、积雪、地下水、湖泊和沼泽都可以构成河流的水源。

不同地区的河流,从各种水源中得到的水量是不相同的,即使同一条河流,不同季节的补给形式也不一样。这种差别主要是由流域的气候条件所决定的,同时也与流域下垫面情况有关。例如,热带地区没有积雪,降水成为主要的水源;冬季较长而积雪深厚的寒冷地区,积雪在补给中起着主要的作用;发源于巨大冰川的河流,冰川融水是首要的补给形式;下切较深的大河能得到地下水的补给,下切较浅的小河,则很少或完全不能得到地下水补给;发源于湖泊、沼泽或泉水的河流,主要依靠湖水、沼泽水或泉水补给;此外,从水量多的河流或湖泊中,把水引入水量缺乏的河流,或向河流中排放弃水,也可以给河流创造新的补给条件,这种情况称为人工补给。

(2) 河流径流的变化特点。河流径流情势的差异主要表现为水量大小和水文节律的变化。

1) 河流径流的年际变化。影响河流径流的因素多而复杂,因此,河流年径流量每年不同,年际间变化较为复杂。例如,可能有的年份为丰水年,有的年份为枯水年,丰、枯水年交替出现;也可能是丰水年或枯水年呈连续系列出现,或丰水年系列与枯水年系列循环交替出现,但循环周期不同,丰枯的量值也不同。

2) 河流径流的年内变化。河流径流在年内是变化的,即在同一年内,径流有洪水期、枯水期的区分。不同的年份,洪水期、枯水期的长短和起止时间不同,而且每年出现的洪峰流量和最小流量也往往差别很大。径流的年内变化特点,不仅不同的年份有所不同,即使是年径流量相近的年份,也可能有很大的差别。

3) 河流洪水及其特征。河流洪水是指短时间内大量来水超过河槽的容纳能力而造成河道水位急涨的现象。洪水发生时,流量剧增,水位陡涨。河流洪水从起涨至峰顶到退落的整个过程称为洪水过程。在水文学中,常将洪峰流量(或洪峰水位)、洪水总量、洪水历时(或洪水过程线)称为洪水三要素。

4) 河流枯水及其特征。枯水流量是河川径流的一种特殊形态。枯水流量的广义含义是枯水期的径流量。枯水期的流量尽管总趋势平稳,但仍然是缓慢变化的。枯水期流量可以是日平均最小流量、月平均最小流量等。

2. 河流水力条件

河流是一个流动的生态系统,河流水力条件的特征值包括水流特征值(流速等)、河道特征值(水深、湿周等)和无量纲量(弗劳德数 Fr、雷诺数 Re)[19]。流速高的河段,物质交换频繁,水流曝气效果好,溶解氧含量高。河道水流流态复杂,尤其山区河流因河床形态极不规则,常有回流、横流、泡水、漩涡、跌水、水跃、剪刀水等各种奇异流态出现。

河流水力学条件影响河流物种分布的微观与宏观格局。许多物种对流速十分敏感,这是因为流速大小关系到提供食物和营养物质的方式,同时也界定了生物在河段停留与生存的能力,例如漂流性鱼卵需要一定的流速,才能漂浮到下游孵化;流态是指急流和缓流等流场特征,不同鱼类对于急流和缓流显示出不同的偏好;水深可以反映鱼类自由游动的空间特征,水深过浅,会阻碍鱼类游动和觅食;大量研究发现,底栖动物多度和弗劳德数 Fr 之间存在很好的正相关关系。

3. 河流水温

河流水温随气候和季节而变，河岸植被覆盖、地下水补给等也会影响河流水温。河流水温随上下游的位置、海拔和纬度不同而异，河流水温的季节性变化类似于气温的季节性变化，但春季水温升温速率较气温慢，冬季水温不会降至0℃以下。

河流水温随时空发生变化，是决定水生生物体代谢速率、空间分布及种群演替的一个重要环境变量。

4. 河流泥沙

河流的含沙量反映了流域的产流过程与侵蚀过程的综合结果，受下垫面因子中的植被、地表物质组成和气候因子中的降水特征的共同控制，前者决定了地表抵抗侵蚀的能力，后者则决定了降水及流水的侵蚀力。天然河流中的水与沙，在年内一般有相对集中、峰峰相应的规律。即在一个水文年中，汛期水大沙也大，非汛期水小沙也小。

5. 河流水质

河流的化学组成可以分为溶解态和悬浮态、有机态和无机态，具体而言，包括水、悬浮无机物、溶解态阴阳离子（Ca^{2+}、Na^+、Mg^{2+}、K^+、HCO_3^-、SO_4^{2-}、Cl^-）、溶解营养物质、悬浮态和溶解态的有机物质、气体、溶解态和悬浮态的微量金属。

许多因素影响河水的成分，因此其化学成分变化很大，各地的变化主要取决于可用于风化的岩石类型、降水量和雨水成分。河流的离子浓度一方面取决于流域化学剥蚀强度，另一方面也受到径流特征的控制。

人为产生的污染物可通过降水和干沉降、雨水输送等以及直接排放进入河水。

3.1.4.2 河流连通性

在景观生态学中，存在景观连通性这一概念[20]。景观连通性是景观的重要特征。Forman和Godron将景观连通性定义为：描述景观中廊道或基质在空间上如何连接和延续的一种测定指标。Taylor等给出了另外一个定义：景观连通性是景观有利于或者妨碍（生物）在资源斑块间运动的程度。

最早的水文连通性概念研究起源于Vannote等学者于1980年提出的"河流连续体"。此后，国外不同学科领域的学者不断尝试界定水文连通性内涵。如，Tischendorf和Fahrig于2000年和Malard等于2002年从景观生态学角度将连通性定义为廊道景观促进或阻碍了生物体在资源斑块间的流动度。Western等和Freeman等基于水文学角度认为水文连通性是指径流及其作为载体携带的物质或能量从源区经水系网络到流域出口的迁移效率。Pringle在2003年从水生生态学角度将水文连通性定义为在水文循环要素内部各要素之间，物质、能量和生物体以水为媒介进行迁移和传递的能力。Turnbull等则从流域生态学角度指出，水文连通性是一个用水文过程描述的区域相互连接的动态属性[21]。

河流生态系统显示出高度的纵向、横向和垂向连通性。纵向上，在河流连续体概念中，河流被看作一个连续的整体系统，强调河流生态系统的结构功能特征与流域特性的统一性。横向上，河道与河漫滩、湿地、静水区、河汊等形成了复杂的系统，河流与横向区域之间存在能量流、物质流、信息流等多种联系。河流与滩区、湖泊、水塘、湿地的连通性是洪水脉冲效应的地貌学基础。垂向上，大部分河流的河床底质由卵石、砾石、沙土、黏土等材料构成，都具有透水性和多孔性，适于水生植物、湿生植物以及微生物生存。同时透水的河床又是连接地表水和地下水的通道。

以河流连通性对鱼类洄游活动的影响为例，鱼类的生活场所按其功能可以分为三大类，即产卵场、索饵场和越冬场。有些鱼类在同一地方完成这三项功能，称为定居鱼类。有些鱼类则需要在不同的地点完成这些生命活动，称为洄游鱼类。鱼类的洄游是鱼类长期历史进化过程中形成的，是历史的产物。洄游是一种有一定方向、一定距离和一定时间的变换栖息场所的运动。依据洄游的地点变化特点可以分为溯河洄游、降海洄游、江河洄游等，可见河流连通性是满足鱼类洄游活动的必要环境条件。

3.2 河流水文情势的生态效应

3.2.1 河流水文情势的生态学意义

流域水文过程是调控河流生态系统水生生物多样性和分布的重要环境变量。流域水文过程的改变往往导致流域沉积物和生源要素等传输过程的变化，影响水生生境的形成过程及其特征，针对这些变量和过程的变化，水生生物往往做出行为适应，甚至某些物种的生活史也会受到影响。

河流水文情势是河流生物群落重要的生境条件之一，是河流生态过程的主要驱动力。每一条河流就是一条信息流，携带着生物的生命节律信息。河流径流模式决定并影响河流生态系统的物质循环、能量过程、物理栖息地状况和生物相互作用。

河流径流量的年际变化不仅能反映养分供给、藻类生物量和河流生态系统的有机质供应以及流域输入的沉积物量，还能反映出河流流量及流域大小等重要信息[11]。河流径流年内周期性的变化与水温、流量、光周期、水质、泥沙及水生生物生活史的更替过程之间存在天然匹配的契合关系，见图3.5，该图反映了长江宜昌水文站2000年的流量过程与生物过程关系。鱼类和其他一些水生生物依据水文情势的丰枯变化，完成产卵、孵化、生

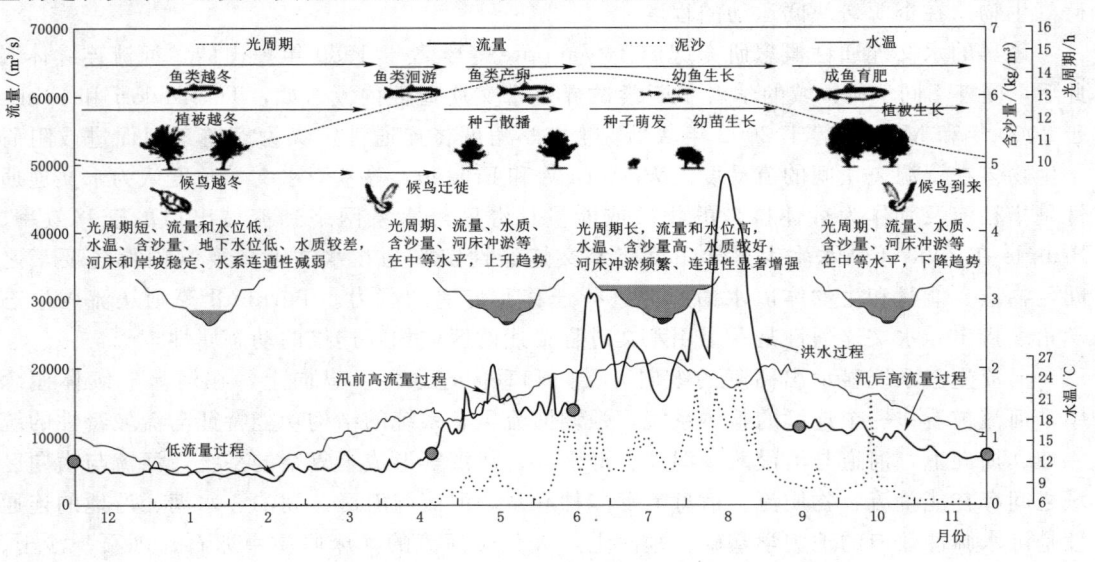

图3.5 水文过程的生态响应[22]

长、避难和迁徙等生命活动。一些河漫滩植物的种子传播与发芽在很大程度上依赖于洪水脉冲，即在高水位时种子得以传播。美国密西西比河的观测资料显示，洪水脉冲是白杨树种子传播的主要驱动力。

以河流水文过程对青、草、鲢、鳙这四种我国特有的四大家鱼的繁殖的影响[23]为例。通常情况下，鱼类是水生生态系统中的顶极群落，在水生生态系统中起着重要作用。我国的淡水鱼类区系是在东亚季风气候的自然条件下形成的，适应于江河夏涨冬枯的径流变化过程。四大家鱼是长江水系鱼类天然资源的主要组成部分，它们在长江水系中繁殖、生长、肥育，构成长江流域淡水鱼类捕捞生产的主要对象，有江河间洄游的习性，当春末夏初江河发生洪水时，性腺发育成熟的亲鱼到江河中繁殖，产出的鱼卵吸水膨胀，在漂流过程中发育。仔鱼被水流带入沿岸泛滥的低洼地通江湖泊，在饵料丰富的湖泊中生长。

1. 家鱼产卵的主要外界因素

（1）水位。水位条件即水流条件，因为水位涨落是流量增减的结果。流量加大，流速即相应加大，流速加大的过程刺激成熟的亲鱼，促使产卵排精。水位急剧升高，随之而导致流速迅速加大，是刺激家鱼产卵的一个必要条件，如图3.6所示。

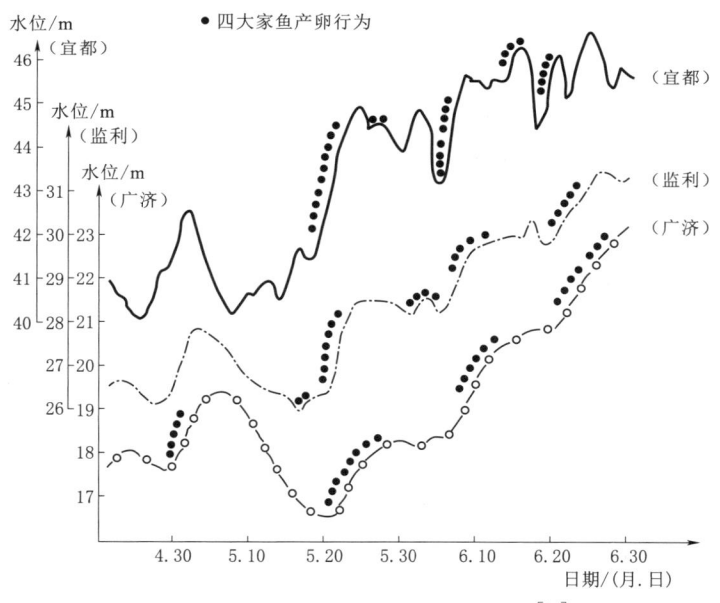

图3.6 四大家鱼产卵与水位的关系[24]

（2）水温。水温对于鱼类的生长发育和产卵孵化都是重要的外界条件之一，一般认为青、草、鲢、鳙四大家鱼的生殖水温不能低于18℃，最适宜的水温是20～24℃。

（3）透明度。江水的透明度主要取决于所含泥沙量的多寡，泥沙量的多寡与水位及降雨量有关。通常是水位上升，江水泥沙含量随之增大，透明度变小。江水透明度的大小与家鱼产卵活动没有明显的关系，不能作为一个必要的外界因素，至多只能作为估计江水涨落的一个粗略概念。

2. 家鱼产卵场的环境特征

家鱼产卵场一般位于河道弯曲多变、江面宽狭相间、河床地形复杂的区域，或江心有沙洲与石礁，或江边有沙滩与石滩。这种地区的流向和流速多变，流态极为纷乱，在沙洲或石滩的尾部，有回流、缓流和急流；由于江底矗立许多礁岩，一股股水流自江底向上翻滚。特殊的环境条件形成复杂多样的水流特征，为家鱼产卵提供所需的环境因素。产卵场有平原河谷型，由于沙洲、矶头而形成流态纷乱的水流；也有山区峡谷型，由于深槽急滩交错，石滩礁岩隐现，形成极为纷乱的流态，造成时缓时急的水流。可以认为，这些环境的复杂多变特征是家鱼产卵场所的特点，是形成家鱼产卵所需的主要外界因素的基本条件。

再以洪泛区生产力为例[25]，苏联水文学家对在同一气候区域的两条大河（鄂毕河和叶尼塞河）进行对比。研究结果表明：在频率为50%水位保证率条件下，叶尼塞河的滩地淹没不显著，而鄂毕河几乎淹没整个洪泛区，为生物的生存和繁衍创造了良好的条件。结果是鄂毕河滩地水鸟数量是叶尼塞河滩地的13倍，干草储量是它的20倍，虽然叶尼塞河的污染比较小，但捕鱼量只有鄂毕河的1/10。

洪泛区的发展系数可以衡量一个河流系统的生态价值与经济价值。该系数被定义为最高水位时（频率为1%）淹没表面的平均宽度与主河道宽度的比值。

$$K_p = \frac{K_{p1}l_1 + K_{p2}l_2 + \cdots + K_{pn}l_n}{L} \tag{3.2}$$

式中　　　　　K_p——沿河洪泛区发展系数的估计值；

K_{p1}，K_{p2}，$\cdots$，K_{pn}——各个河段的洪泛区发展系数；

l_1，l_2，$\cdots$，l_n——河流各地貌特征之间河段的长度；

L——从源头到河口的总长度。

各河段洪泛区发展系数按式（3.3）计算：

$$K_{pn} = \frac{B_0}{B_b} \tag{3.3}$$

式中　B_0——频率为1%的高水位期间给定地点淹没洪泛区的宽度；

B_b——河道的平均宽度，$B=f(H)$，其中B和H是河道宽度和水位的实测值。

3.2.2　人类活动干扰对河流水文情势的影响

3.2.2.1　干扰

干扰是自然界的一种频发现象，直接影响生态系统的演变过程[20]。Pickett和White（1985）认为干扰是一个偶然发生的不可预知的事件，是在不同空间和时间尺度上发生的自然现象。按干扰产生来源可以分为自然干扰和人为干扰。自然干扰是指无人为活动介入的、在自然环境条件下发生的干扰，如洪水泛滥、干旱、火灾、风暴等。人为干扰是在人类有目的的行为指导下，对自然进行的改造或生态建设，如森林砍伐、农田施肥、修建堤防及大坝、土地利用改变等。在本质上，自然干扰与自然灾害相类同，但灾害是从人类社会的角度出发，是所有不利于人类社会经济发展的自然现象；而发生在渺无人烟地区的火灾、洪水等，常常被认为是一种自然的演替过程，由于它们没有对人类造成危害，并没有被看作一种灾害。干扰既可以对生态系统或物种进化起到一种积极的正效应，也可以起到一种消极的负效应。

3.2.2.2 干扰的四个特征

(1) 持续时间。持续时间指一个事件持续多长时间。一场火可能只持续几分钟,持续水淹可能需要三年才能杀死淡水草本沼泽的大多数挺水湿地植物。

(2) 规模和强度。强度指一个事件的影响程度。强度的一个简单指标是被"杀死"或移除的生物量的比例。移除的生物量越大,干扰强度越大。例如,火烧可以移除所有的地上生物量。一些事件,如冰蚀和飓风,不仅移除了生物量,还会产生更严重的影响,因此它们的强度相对更高。对一类生物体具干扰作用的因子,可能不会干扰另一类生物体。

(3) 频率。频率指单位时间出现干扰的次数,有些干扰可能多年出现一次。不同类型的事件具有不同的重复发生频率,一般而言,干扰的强度越大,它的频率越低。

(4) 面积。不同的事件影响不同面积大小的景观。例如飓风可能影响数千平方千米。

干扰的规模、频率、强度和季节性与时空尺度高度相关[12]。通常,规模较小、强度较低的干扰发生的频率较高,而规模较大、强度较高的干扰发生的周期较长。前者对生态系统的影响较小,而后者的影响较大。

许多研究表明,适度的干扰作用下生态系统具有较高的物种多样性。中度干扰假说,认为:一个生态系统处于中等程度(强度及频率)干扰时,其物种多样性最高。在干扰程度太强时,导致大多数的物种难以生存,只有少数繁殖力强或扩张力强的拓殖者能生存;在干扰程度太低时,优势的竞争者会极度强盛,排斥处于劣势的物种,物种多样性不高。因此只有在适度的干扰下,拓殖者和竞争者能够共存,因而有最高的物种多样性,使干扰和多样性之间关系呈现驼峰状关系(hump-shaped relationship)。这个假说在学术界存在争议。

3.2.2.3 人类活动干扰对河流天然水文情势的影响

人类活动的影响始于全新世的森林砍伐、土地耕作和放牧,随着人口增长和技术的发展,目前人类通过很多直接和间接活动使得河流系统发生变化,对河流径流、泥沙、水温等水文要素的变化过程产生极大的影响。

以引水工程、流域下垫面的变化、水库调度等人类活动对河流天然径流情势造成的改变为例。引水工程减少了被取水河流的流量,导致枯水期流量降低,甚至河道断流,汛期的洪峰过程减弱;流域下垫面的变化,如大规模的城市建设、地面硬化导致土地利用方式改变,影响流域内的陆地水文循环过程,可能会增强洪水过程的洪峰流量,使洪水过程的出现时间提前等;不同类型的水库也对河流水文过程造成改变,见表3.1。

表3.1　　　　　　　　不同类型的水库对河流水文过程的改变[14]

水库类型	对河流水文过程的改变
日调节水库	下游流量和水位的日内变化频繁;水库水位发生一定的日波动
周调节水库	周内水文过程锯齿化或均一化;涨落水速率发生变化
季调节水库	洪峰削减;枯水期流量增加;水库蓄水期流量减少;极大、极小流量发生时间推移;涨落水速率和次数改变
年调节水库及多年调节水库	洪峰过程平坦化;低流量大小增加;年水文过程趋向均一化;洪水脉冲、高流量和低流量事件的发生时间、持续时间、频率和变化率可能均发生改变

河流水文情势变化的生物响应与适应是河流生态水文学研究的重点。有学者通过综述文献指出水文情势的变化可导致栖息地改变或丧失、生活史中断、河流横向和纵向连通性消失以及外来物种入侵,从而对河流水生生物多样性造成影响。河流生态水文学的核心任务是分析水文过程变化对水生生物群落结构、水域生态系统功能的影响及水生生物群落的反馈机制,解析多因子交互作用及对水域生态系统的影响,探索河流生态系统可持续管理的生态理论与应用。

3.2.3 河流生态水文情势变化的生态效应评价

河流水文情势变化的生态效应评价的核心是如何量化河流生态水文特征[26-27]。自 20 世纪 80 年代,国外学者提出了多种量化自然水文过程的水文指标体系。Poff 等[18] 定量了水流情势的指标表征,包括幅度(magnitude)、频率(frequency)、历时(duration)、时间(timing)和水文条件变化率(rate of change of hydrological condition)。评价方法的研究从开始的单一指标、综合指标,发展到生态水文指标体系[27-30]。Richter 等、Growns 等相继提出刻画河流生态水文特征的指标及指标集,从整个生态系统的角度出发,通过分析与生态相关的流量过程的幅度、频率、历时、时间和变化率的变化,选用指标表征河流生态水文特征及其变化。Richter 等建立的一套评估生态水文变化过程的 IHA(indicators of hydrologic alteration)方法[28],指标共有五类,见表 3.2。澳大利亚 Growns 等则建立了一套分为七类指标的指标体系,包括长期指标、高流量指标、低流量指标、极值指标、零流量指标、涨水落水指标和月流量指标。Olden 等[31] 从文献中总结了 171 个水文指标,并对美洲 420 个河流站点的水文资料进行统计分析,对这些指标进行了冗余分析。

表 3.2　　　　　　　　　　IHA 水文参数及其生态学意义[27]

指标种类	水 文 参 数	生 态 学 意 义
月流量	各月流量中值或均值	水生生物栖息地的可利用性;植被对土壤水分的利用;陆地动物对水资源和食物的需求及筑巢地的可达性;影响水温、溶解氧、光合作用等
年极端流量及历时	年最小 1d 流量、年最小 3d 流量、年最小 7d 流量、年最小 30d 流量、年最小 90d 流量、年最大 1d 流量、年最大 3d 流量、年最大 7d 流量、年最大 30d 流量、年最大 90d 流量、断流天数、基流指数	平衡生物之间竞争与耐受性;提供植物繁殖场所;通过生物和非生物因素构建水生生态系统;重塑河道形态和自然栖息地;土壤水分、缺氧环境对植物的胁迫;营养素在河流与洪泛平原之间的交换;水生生境中低氧和化学物质聚集的持续时间;湖泊、池塘和洪泛平原的植物群落分布;洪水对净化水体、产卵河床曝气等作用的持续时间
年极端流量出现时间	年最小流量出现时间、年最大流量出现时间	生物体生命循环的兼容性、对生存压力的可预见性或躲避性;在繁殖期或避免被捕食而进入特殊栖息地的可达性;鱼类洄游产卵;生存策略和行为机制演化
高低流量发生频率和历时	低流量年内发生次数、低流量年内平均历时、高流量年内发生次数、高流量年内平均历时	土壤水分、缺氧的发生频率、强度及历时对植物的胁迫;水生生物对洪泛平原栖息地的需求;河流与洪泛平原之间的营养素和有机质交换;土壤矿化程度;水禽对食物、生长和繁殖场所的需求;高流量对河床碎石输移、沉积物质地以及基底扰动时间的影响
流量改变率和频率	上升率、下降率、流量逆转次数	干旱对植物的胁迫;岛屿和洪泛平原上的生物捕食;缺水对河岸周边低移动性生物的胁迫

3.3 河流生态需水及计算

生态需水研究始于20世纪40年代美国鱼类及野生动植物管理局对河道内流量对鱼类产量影响的关注，但迄今生态需水的概念仍未得到统一，在实际应用中存在不同的理解。诸多学者根据研究对象的具体情况对其进行界定，出现不同的定义[32]。1993年，Covich强调了在水资源管理中要保证恢复和维持生态系统健康发展所需的水量。1996年，Gleick明确给出了基本生态需水的概念，即提供一定质量和一定数量的水给自然生境，以求最少改变自然生态系统的过程，并保证物种多样性和生态完整性。在其后续研究中将此概念进一步升华并同水资源短缺、危机与配置相联系。Falkeiunark将绿水的概念从其他水资源中分离出来，提醒人们要注意生态系统对水资源的需求而不仅仅只满足人类的需求。在国内，研究的生态需水更广泛，涉及水域（河流、湖泊、沼泽湿地等）、陆地（干旱区植被）、城市等诸多生态系统，不同研究者的研究侧重点不同，生态需水的定义也不同。2001年钱正英等在《中国可持续发展水资源战略研究综合报告及各专题报告》中提出，从广义上讲，生态需水是指维持全球生态系统水分平衡包括水热平衡、水盐平衡、水沙平衡等所需用的水。狭义的生态环境需水是指为维护生态环境不再恶化，并逐渐改善所需要消耗的水资源总量。

我国水利部2021年第5号文批准了SL/T 712—2021《河湖生态环境需水计算规范》，于2021年10月1日开始实施。本节主要根据该规范，介绍河流生态需水的基本概念、分析方法和典型应用案例。

3.3.1 河流生态需水的基本概念

河流生态需水（ecological flow for rivers）指为维系河流水生态系统的结构与功能，需要保留在河流内符合水质要求的流量（水量）及其过程，包括基本生态流量和目标生态流量。

基本生态流量（basic ecological flow）指为维持河流给定的生态保护目标所对应的生态环境功能不丧失，需要保留的基本水流过程。基本生态流量是河流生态流量的下限目标，一般是根据维系河流基本形态、基本栖息地、基本自净能力等要求，需要保留的水流过程。基本生态流量包括生态基流、敏感期生态流量、年内不同时段流量（水量）、全年流量（水量）及其过程等表征指标。生态基流（ecological base flow）指为维持河流水生态系统功能不丧失，需要保留的底线流量（水量），是基本生态流量过程中的最低值。敏感期生态流量（sensitive ecological flow）指有敏感保护对象的河流在敏感期需要的生态流量，是为维系河流生态系统中某些组分或功能在特定时段对于水流过程的需求。

目标生态流量（optimal ecological flow）指为维护河流良好生态状况或维持给定生态保护目标，需要保留的水流过程。目标生态流量包括年内不同时段流量（水量）、全年流量（水量）及其过程等表征指标。目标生态流量是确定河湖地表水资源开发利用程度的控制指标。

3.3.2 河流生态需水计算的原则和规定

河流、湖泊生态需水计算应遵循下列原则。

（1）尊重自然原则。应遵循河湖自然规律，按照河湖天然水文条件和生态特点，合理确定河湖生态保护目标,科学确定生态需水。

(2) 统筹协调原则。应协调平衡维持河湖生态健康和经济社会发展的用水需求,统筹生活、生产和生态用水配置,合理确定生态需水。

(3) 分区分类原则。应结合不同区域、不同类型河湖的自然条件、生态保护目标、开发利用状况等差异性以及生态环境用水保障的可行性,分区分类确定生态需水。

河流、湖泊生态需水计算应遵循下列规定。

(1) 应将河流水系作为整体,综合考虑流域水资源条件、生态保护需求以及水资源开发利用现状与需求,统筹协调河湖不同功能以及生活、生产和生态用水配置,科学合理计算确定河湖生态需水。

(2) 河湖生态需水计算应包括河流、湖泊、沼泽以及河流水系的生态流量计算,先计算河流、湖泊、沼泽的生态需水,进而计算河流水系的生态需水,应按图3.7所示进行。

(3) 河湖生态需水应按照河湖生态保护目标的用水需求分析计算,河湖生态保护目标根据河湖生态保护对象确定。河湖生态保护对象包括维持河湖基本形态、基本栖息地、基本自净能力,以及保护要求明确的重要生态敏感区、水生生物多样性、输沙、河口压咸等。

(4) 河湖生态保护目标的用水需求,应通过能反映流量变化与生态环境功能和生态状况相互关系的水文过程表示。

(5) 河湖生态需水应明确设计保证率。设计保证率应根据河湖水文情势和水资源条件、生态保护目标重要性、工程调控能力以及河湖

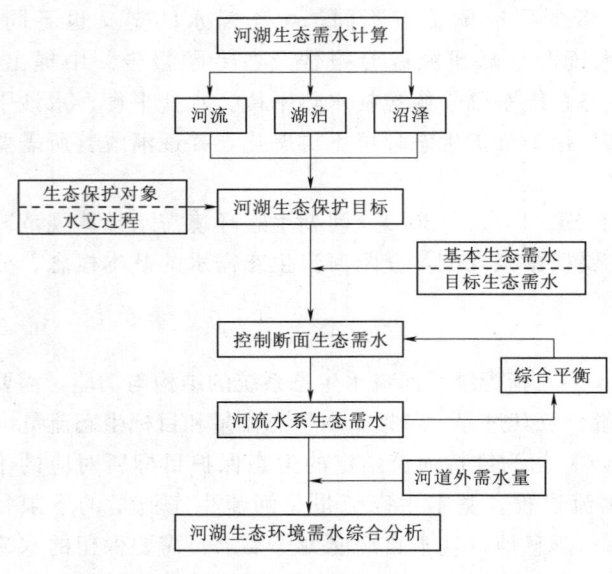

图3.7 河湖生态需水计算体系

设计生态流量保障的可能性等因素合理确定。生态基流设计保证率应不小于90%;敏感期生态流量保证率应根据敏感对象的功能要求,结合区域水文变化规律和生态特点确定;基本生态流量的年内不同时段值和全年值保证率原则上应不低于75%;目标生态流量设计保证率原则上不应低于50%。

(6) 河湖生态需水应明确计算时长。生态基流的计算时长可为时、日、旬、月、不同时段和年,计算时长应根据工作目标以及资料的可获得性和一致性确定。敏感期生态流量的计算时长应根据敏感保护对象的生理学、生态学特征和水文情势确定。基本生态流量和目标生态流量的计算时长可为月、不同时段和年。不同时段可分为汛期、非汛期等,对于河湖封冻期较长的地区还应区分冰冻期。在调度管理中,应注意不同时段的转换,并注意计算时段和评价时段的差异和相互匹配。

(7) 河湖生态需水计算应采用天然径流系列。对于人类活动干扰较大的河流水系，应对实测径流系列进行还原计算。对于下垫面变化对径流影响较大的河流水系，还应对天然径流系列进行一致性分析修正，反映现状下垫面条件。

(8) 河湖生态需水根据需要可用流量、水量、水位、水深、水面面积等指标表示。河流宜用流量、水量等指标，湖泊、沼泽宜用水位、水面面积等指标，河流水系宜采用流量、水量等指标。

(9) 河湖生态需水应在科学计算、统筹协调、综合平衡的基础上综合确定。应根据不同区域、不同类型河湖生态保护目标、水资源条件、水文情势、生态演变规律、开发利用压力等，并结合资料条件，选择适宜的水文学法、水力学法、栖息地模拟法等方法进行分析计算；应对计算结果进行流域上下游与干支流水量平衡、生态保护目标与水源条件匹配、生活生产生态用水协调等协调平衡分析；应对协调平衡结果，进行可达性分析，综合确定河湖生态需水。

(10) 河湖生态需水计算，应根据江河流域和区域水资源调查评价，水利综合、专业和专项规划编制，水工程规划设计调度管理，江河流域水量分配方案编制，水资源调度管理以及河湖生态保护治理修复与管理等工作对河湖生态需水计算的不同要求，并结合资料条件，合理确定工作深度。

3.3.3 河流生态需水计算的主要方法

维系水生态系统的结构与功能所需水量的计算方法大致有水文学法、水力学法、栖息地模拟法、整体分析法等类型。水文学法常用的代表方法有 Qp 法和 Tennant 法等，水力学法主要有湿周法和 R_2-Cross 法等，栖息地模拟法中 IFIM 法较为常用，整体分析法以 BBM 法为代表。

1. Qp 法

Qp 法又称不同频率最枯月平均值法，以节点长系列（$n \geqslant 30$ 年）天然月平均流量、月平均水位或径流量（Q）为基础，用每年的最枯月排频，选择不同频率下的最枯月平均流量、月平均水位或径流量作为节点基本生态需水量的最小值。

频率 P 根据河湖水资源开发利用程度、规模、来水情况等实际情况确定，宜取 90% 或 95%。实测水文资料应进行还原和修正。不同工作对系列资料的时间步长要求不同，各流域水文特性也不同，因此，最枯月也可以是最枯旬、最枯日或瞬时最小流量。

对于存在冰冻期或季节性河流，可将冰冻期和由于季节性造成的无水期排除在 Qp 法之外，只采用有天然径流量的月份排频得到。

2. Tennant 法

Tennant 法依据观测资料建立的流量和河流生态状况之间的经验关系，采用历史天然流量资料确定年内不同时段的生态流量，使用简单、方便。河道内不同生态状况对应的多年平均天然流量百分比见表 3.3。

从表 3.3 第一列中选取生态保护目标对应的生态环境功能所期望的河道内生态状况，第二列、第三列分别为相应生态状况下年内水量较枯和较丰时段（或非汛期、汛期）生态流量占多年平均天然流量的百分比。两个时段包括的月份根据计算对象实际情况具体确定。

表 3.3　　河道内不同生态状况对应的多年平均天然流量百分比

不同流量百分比对应河道内生态状况	占天然流量百分比/%	
	年内水量较枯时段	年内水量较丰时段
最佳	60~100	
优秀	40	60
很好	30	50
良好	20	40
一般或较差	10	30
差或最小	10	10
极差	0~10	0~10

Tennant 法主要适用于北温带较大的常年性河流，作为河流规划目标管理、战略性管理方法。使用时，丰枯时段的划分，可根据多年平均天然月径流量排序确定；也可根据当地汛期、非汛期时段划分确定，汛期和非汛期时段应根据南北方气候调整。

基本生态流量取值范围应符合下列要求：水资源短缺、用水紧张地区河流，可在表 3.3 "良好"的分级之下，根据河流控制断面径流特征和生态状况，选择合适的生态流量百分比值。水资源较丰沛地区河流，宜在表 3.3 "很好"的分级之下取值。

目标生态流量取值范围应符合下列要求：水资源短缺、用水紧张地区河流，宜在表 3.3 "良好"和"优秀"的分级范围内，根据水资源特点和开发利用现状，合理取值。水资源较丰沛地区河流，宜在表 3.3 "很好"及以上分级合理取值。

不同地区、不同类型、不同开发利用程度的河流生态流量取值范围，宜参考不同类型河流水系生态流量参考阈值，结合表 3.3 分级，合理确定不同时段生态流量。

3. 湿周法

湿周法是水力学法中最常用的方法，主要适用于河床形状稳定的宽浅矩形和抛物线形河道。利用湿周作为水生生物栖息地指标，通过收集水生生物栖息地的河道尺寸及对应的流量数据，分析湿周与流量之间的关系，建立湿周-流量的关系曲线，如图 3.8 所示。

基本生态流量可按下列三种方法分析。

方法 1：选取湿周-流量过程曲线中的斜率为 1 曲率最大处的点，该点对应的流量作为河道的基本生态流量。有多个拐点时，可采用湿周率最接近 80%的拐点。

方法 2：选取湿周-流量过程曲线的转折点，将该转折点对应的流量作为河道的基本生态流量。

方法 3：选取河流平均流量作为基准点，其对应的湿周为 R，将该湿周 R 的 80%对应的流量作为河道的基本生态流量。

其中，方法 3 为平均流量的百分比，方法 2 中转折点很难确定并且误差较大，

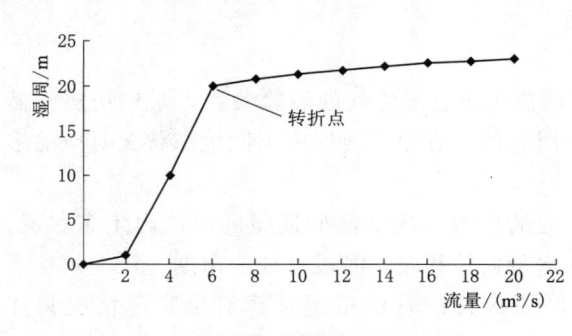

图 3.8　湿周-流量关系曲线示意

方法1的应用性相对较广。

4. R_2 - Cross 法

R_2 - Cross 法采用河流宽度、平均水深、平均流速以及湿周率等指标来评估河流栖息地的保护水平,从而确定河流生态流量。其中湿周率指某一过水断面在某一流量时的湿周占多年平均流量满湿周的百分比。利用曼宁公式,计算特定浅滩处的河道最小流量代表整个河流的最小流量。R_2 - Cross 法确定最小流量的标准见表3.4。

表3.4　　　　　　　　　　R_2 - Cross 法确定最小流量的标准

河宽/m	平均水深/m	湿周率/%	平均流速/(m/s)
0.3~6.3	0.06	50	0.3
6.3~12.3	0.06~0.12	50	0.3
12.3~18.3	0.12~0.18	50~60	0.3
18.3~30.5	0.18~0.30	≥70	0.3

5. IFIM 法

IFIM 法 (instream flow incremental methodology) 为河道内流量增加法。一般选择鱼类作为指示物种,将大量水文实测数据与特定水生态生物物种在不同生长阶段的生物学信号相结合,考虑的主要指标有水深、流速、底质等,通过水力学模型和生物信息模型的结合,定量地反映流量变化对目标物种栖息地的影响,将目标物种所需的生态流量与栖息地生态状况的关系转换为流量与适宜栖息地面积之间的关系。

6. BBM 法

BBM 法 (building block methodology) 为建筑堆块法。组成多学科专家小组,根据实地调查结果,通过情景模拟和水文流量分析,将河道内的流量划分为四个部分,即最小流量、栖息地能维持的洪水流量、河道可维持的洪水流量和生物产卵期洄游需要的流量,分别确定这四个部分的月分配流量、生态状况级别和生态管理类型。

3.4　大型水利工程建设运行的生态水文效应

全球河流系统由于土地利用/覆盖变化、灌溉、调水以及大坝的建设与运行等高强度的人类活动影响发生了重大变化。根据不完全统计,全球最大的300个河流系统中,有一半以上受到大坝的控制或影响。截至2019年,全球已经建造了约280万座大坝(水库面积大于$10^3 m^2$),并且全球范围内正在计划或正在建设的水力发电大坝超过3700座。大坝或水库在为居民和农业提供水资源、维持交通走廊以及实现发电和工业生产方面发挥着重要作用的同时,它们也影响了健康河流的许多基本过程和功能特征,例如流量变化、泥沙状况和水温特性等[33-37],从而导致水生生物多样性和生态系统基本服务功能的快速衰退及河流生态风险增加。

3.4.1　大型水利工程对水文情势的影响

人类为了满足社会经济发展的需要,不断加大对河流的开发利用和改造力度,引发了河流自身和周边环境的一系列问题。我国近几十年来以空前的速度和规模进行水利建设,取得了巨大效益，但也在一定程度上影响了河流的自然功能和永续利用。水库大坝的修建与运行割裂了河流天然连续性，改变了自然河流径流的时程分配，洪水过程、历时、频率，水流流速，而这些对水库下游动、植物群落至关重要。水库滞留携带大量营养物质的泥沙，这对水库下游河道、洪泛区及河口三角洲的形态产生影响，从而导致鱼类及其他物种的水生栖息地消失。水库运行也改变了库区及其下游水温和水化学特性的变化，某些鱼类产卵对特定的水温范围具有适应性，如果水温超出了适宜的范围，卵的发育和幼体的生存能力可能会受到影响。下面以长江干流上的葛洲坝-三峡梯级水库为例，分析大型水利工程修建与运行对水文情势的影响。

以寸滩、宜昌、汉口、大通四个水文站为研究对象，以葛洲坝及三峡水库关闸蓄水时间划分研究时段，分析了建坝前后长江年、月输沙量和径流量变化特性[33-34]。

3.4.1.1 泥沙特性

寸滩、宜昌、汉口和大通的年泥沙负荷呈现类似的变化模式，上游的泥沙负荷高于中下游的泥沙负荷，如图 3.9 所示。这表明下游的年泥沙负荷与上游密切相关，而长江中下游地区的大部分泥沙负荷来源于长江上游地区。四个站点的年泥沙负荷波动与其年径流变化相吻合，并且汉口和大通的波动程度比宜昌小，这是由于宜昌—汉口和汉口—大通河段起到调节河流泥沙负荷的作用。由于建造了大量的大坝，实施了水土保持措施，并且上游长江流域嘉陵江高含沙量流域的降水减少（从 20 世纪 80 年代开始），过去 30 年来四个站点的年泥沙负荷显著减少。1953—1980 年和 1981—2002 年期间，宜昌的年泥沙负荷都高于寸滩。由于葛洲坝为径流式水库，其泥沙截留作用并不显著。汉口的年泥沙负荷变化取决于宜昌站和宜昌—汉口区间流域的泥沙负荷变化。与宜昌相比，葛洲坝对汉口和大通的年泥沙负荷影响要小得多。在 2003 年三峡水库开始运行之前，宜昌的年泥沙负荷明显高于寸滩、汉口和大通。然而，在 2003 年之后，宜昌、大通和汉口的年泥沙负荷显著减少，其中宜昌的减少幅度最大，如图 3.9 所示，说明三峡水库在泥沙截留方面起到了重要作用，同时年泥沙负荷的减少幅度与距离水库下游的距离有关。计算表明在 2003—2008 年期间约 50% 泥沙被拦蓄在库区内。按照该沉积速率，三峡水库的容量将在 180 年内被泥沙填满。值得注意的是，泥沙沉积通常在水库运行的初期最严重，并且随着时间的推移，泥沙堆积速率可能逐渐减少，最终达到一个平衡。

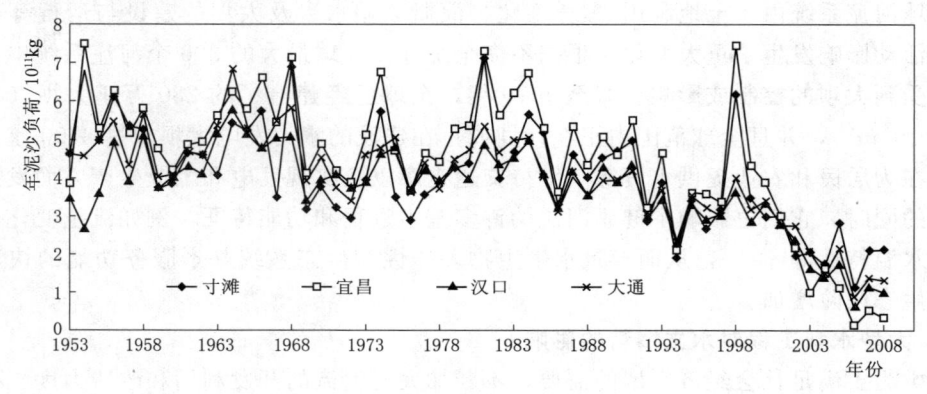

图 3.9 年泥沙负荷时间变化

3.4 大型水利工程建设运行的生态水文效应

葛洲坝的运行导致其下游月泥沙负荷分布更加不均匀,由于葛洲坝采用了"动水冲刷"的运行方式,导致宜昌在 7 月的泥沙负荷百分比增加,如图 3.10(a)、(b)所示。图 3.10(c)显示,三峡水库对宜昌的月沉积物负荷分布影响显著,使分布更加不均匀,8 月和 9 月的泥沙负荷百分比显著增加,而 10 月和 6 月的百分比明显下降。水库运行不仅改变了流量特性,还改变了下游的泥沙生成。为了比较水库运行引起的泥沙负荷和下泄流量的变化,图 3.11 展示了 7 月泥沙负荷和径流的变化情况,其中 7 月泥沙负荷达到峰值,宜昌 7 月的泥沙负荷通常高于寸滩,但在 2003 年后急剧下降,并显著低于寸滩。与泥沙不同,宜昌 7 月的径流量与寸滩的关系在水坝运行前后期间变化有限。径流量的小幅变化和泥沙浓度的显著降低可能导致下游侵蚀和河床的不稳定。与宜昌相比,葛洲坝对汉口和大通的月泥沙负荷分布影响非常有限。由于三峡水库的拦沙作用,宜昌、汉口和大通的泥沙浓度显著降低,尤其在汛期。这种现象被称为"清水下泄","清水下泄"会影响下游河流的形态。三峡水库的运行使下游泥沙浓度的月分布更加均匀,其影响程度随着下游距离水库的距离增大而减小,宜昌受到的影响最大。与三峡水库相比,葛洲坝对下游泥沙浓度的月分布影响非常有限。

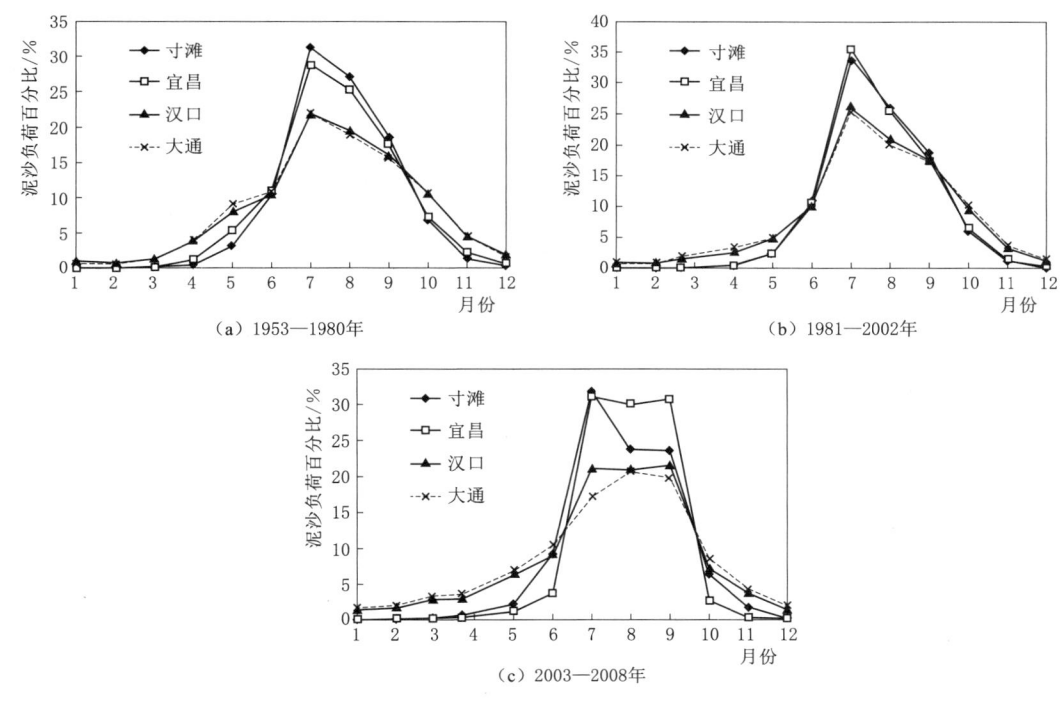

图 3.10 月泥沙负荷百分比

3.4.1.2 径流特性

宜昌和寸滩年径流升降趋势基本同步和一致,表明宜昌的年径流与寸滩的年径流密切相关,且葛洲坝和三峡水库的运行并没有改变它们之间的关系,如图 3.12 所示。Mann-Kendall 趋势检验表明,无论是宜昌还是寸滩的年径流都呈现出缓慢下降趋势,在 95% 的置信水平下并不显著,且没有发生突变。这表明,尽管在长江上游地区建造了大量的水库

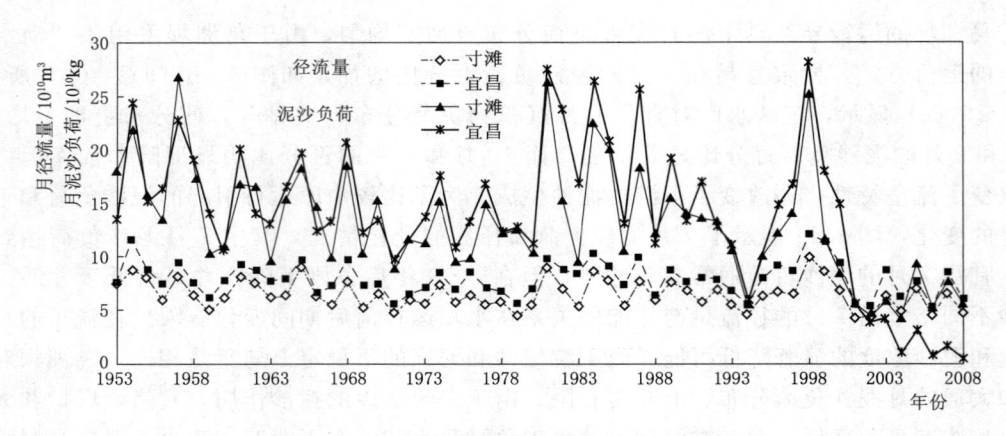

图 3.11　7 月泥沙负荷与径流量时程变化

或水坝，但这四个站点的年径流并未像年泥沙负荷那样受到影响。以上分析揭示了葛洲坝和三峡水库对下游年径流影响很小，这主要由于三峡水库为季调节水库，而葛洲坝是径流式水库。

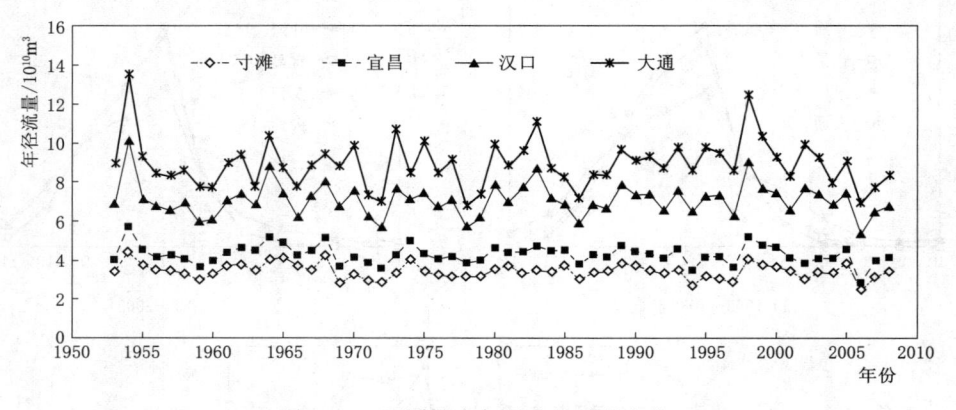

图 3.12　不同站点年径流量时程变化

图 3.13 示出了寸滩、宜昌、汉口和大通的径流量年内分配情况。从图 3.13（a）、（b）可以看出，由于葛洲坝水库的储水能力相对较小，对其下游径流量的年内分配影响非常有限。1981—2002 年期间，宜昌站 7—9 月径流量占年径流量的百分比为 50.5%，寸滩站值为 53.1%，如图 3.13（b）所示；然而，在 2003—2008 年，由于三峡水库采用了"动水冲刷、蓄清排浑"的运行模式，宜昌的百分比值变为 49.0%，更接近寸滩的 50.1%，如图 3.13（c）所示。这表明三峡水库对宜昌月径流分布的影响比葛洲坝更为显著。葛洲坝和三峡水库对汉口和大通的月径流分布影响较小。这是因为汉口和大通距离这两个水库较远，区间支流来水在汉口和大通的月径流中起到比较重要的作用。

3.4.1.3　水沙关系

年累积水量与年累积泥沙负荷的双累积曲线可以检验水沙关系的不一致性。从图 3.14 可以看出，宜昌曲线在 2001—2002 年开始轻微弯曲，并在 2003 年蓄水后显著弯曲，即三峡水库开始蓄水的那一年，但寸滩曲线没有出现这种情况。由于曲线的斜率表示泥沙

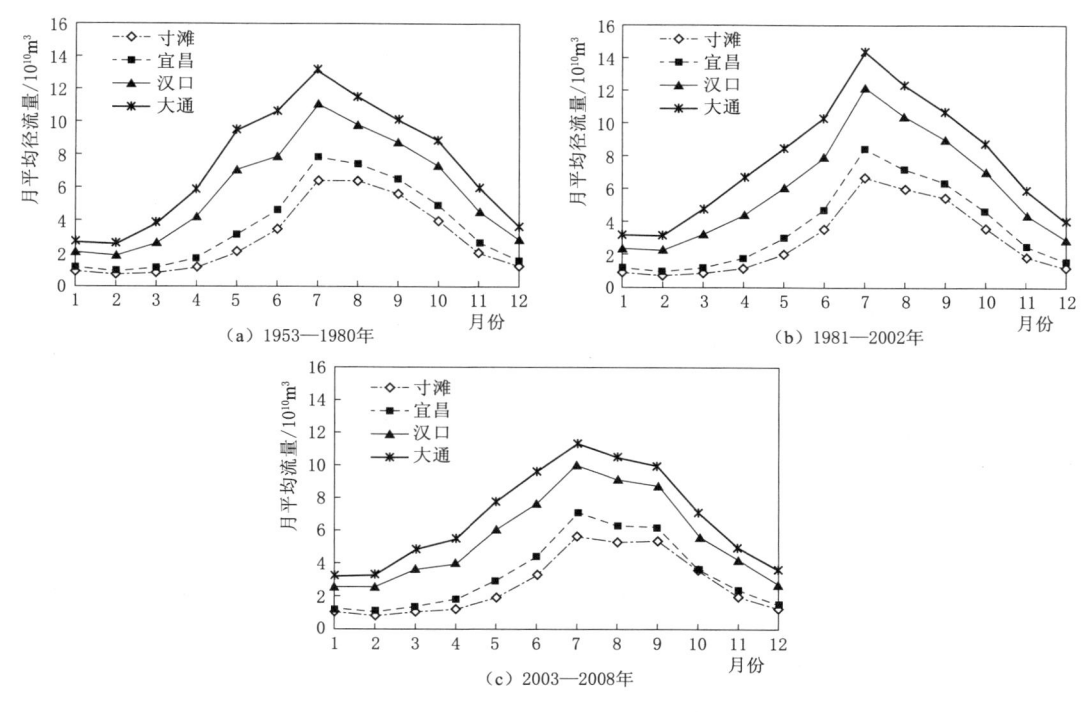

3.4 大型水利工程建设运行的生态水文效应

图 3.13 不同时期径流量年内分配

浓度，可以明显看到，三峡建坝前宜昌的泥沙浓度明显高于三峡建坝后。由于汉口和大通距离水库较远，双累积曲线也没有显示出明显的拐点。以上现象表明，三峡水库的运行改变了其下游的水沙关系，而这种改变随着距离水库的下游距离而异。水沙关系的改变揭示了大坝建设通过库区拦截泥沙改变下游的输沙特性。

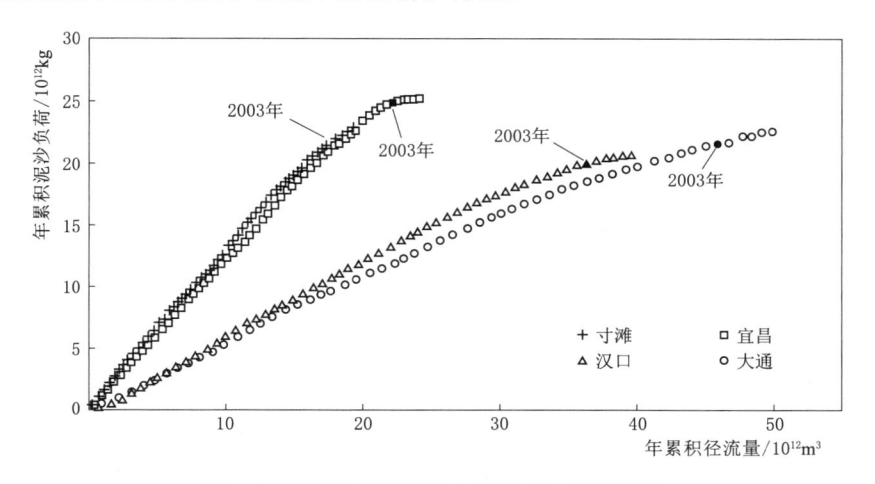

图 3.14 三峡建坝前后水沙关系双累积曲线

3.4.2 大型水利工程对水生关键物种生境要素的影响

大坝的运行对其下游的水文、水力、水质等要素特性产生影响，一定程度上破坏了水生生物特别是鱼类栖息地环境，降低了生境质量。很多淡水鱼类有江河间洄游产卵的习性，大坝阻断了水生生物运动路径，造成了大坝上下游物种构成的改变，甚至物种的消失。每个物种的顺利繁殖和后代最大化具有"最佳环境窗口"，自然河流条件的改变将影响物种的关键习性。对于大多数鱼类来说，产卵期是一个至关重要且敏感的时期，这个时期的行为常被视为鱼类代表性关键习性，该习性与水文因素密切相关，对流量大小、流量涨落幅度、流速、泥沙浓度、水温范围都有严格要求。但其运行势必导致下游生物赖以生存的生境条件发生变化。下面以长江上特有的四大家鱼和濒危物种中华鲟为例，分析三峡水库建设和运行对水生关键物种产卵生境要素的影响。

三峡水库长江干流上最大的水库，也是迄今全球最大的水力发电项目。三峡水库于2003年6月开始运行，正常蓄水位为135m；随着大坝加高水库蓄水位升至175m，世界对长江的关注度也不断增加。中华鲟和四大家鱼是长江流域的两种重要生物资源，它们的繁殖和育苗栖息地主要位于长江中游。如中华鲟的产卵地点就位于三峡水库下游。无论是四大家鱼还是中华鲟，它们产卵对河流环境要求均非常严格。由于四大家鱼和中华鲟的种群状况反映了长江生态系统的健康状况，在三峡水库的试运行阶段，长江上的这两大水生关键物种受到极大关注。从水沙热多角度，重点研究产卵时期葛洲坝-三峡梯级水库群运行对长江特有的四大家鱼和濒临灭绝的中华鲟两个重要类群产卵条件的影响[35]。

3.4.2.1 适宜产卵条件满足度变化

基于监利河道断面四大家鱼和中华鲟长系列历史产卵资料，统计发现四大家鱼产卵的适宜流量、流速和水温区间分别为 7500~12500m³/s、0.2~0.9m/s、18.6~25.5℃；中华鲟适宜流量、流速、泥沙浓度和水温区间分别为 10000~15000m³/s，1.0~1.2m/s、0.1~0.3kg/m³、18~20℃。适宜满足度（SD）定义如下：$SD = \dfrac{N_{suitable}}{N_{total}}$。对于四大家鱼，$N_{suitable}$ 表示逐日流量或水温在 7500~10000m³/s、18.6~25.5℃ 范围内的天数，而 N_{total} 表示 5—6 月的总天数；对于中华鲟，$N_{suitable}$ 表示逐日流量、泥沙浓度或水温在 10000~15000m³/s、0.1~0.3kg/m³ 或 18~20℃ 范围内的天数，N_{total} 表示 10—11 月的总天数。

针对四大家鱼的适宜流量而言，与 1950—1980 年相比，1981—2002 年期间相对满足度增加，而在 2003—2005 年期间大幅减少。相较于 2003—2005 年，2006—2008 年水库下泄水量增加，适宜流量满足度再次提高，原来低于 7500m³/s 的日流量逐渐增加。2009—2017 年期间适宜流量满足度持续增加。低值流量继续增加，最终落在 7500~10000m³/s 范围内。

有意思的是，中华鲟产卵适宜流量相对满足度的变化与四大家鱼正好相反。满足度在 1981—2002 年期间略有减少，但在 2003—2005 年期间有显著提高。说明水库蓄水使得某些高值日流量降低到 10000~15000m³/s。然而，在 2006—2008 年期间满足度再次下降。尽管三峡水库运行降低了高于 15000m³/s 的日流量，但同时也减少了适宜范围内的一些流量。不幸的是，适宜流量的减少天数超过了高流量减少至适宜流量范围内的增加天数。因此，2009—2017 年期间适宜流量的相对满足度显著下降，见表 3.5。

3.4 大型水利工程建设运行的生态水文效应

表 3.5 不同时段四大家鱼和中华鲟产卵适宜流量满足度统计值

物种	站点	1950—1980 年	1981—2002 年	2003—2005 年	2006—2008 年	2009—2017 年
四大家鱼	寸滩	0.390	0.329	0.404	0.470	0.432
	宜昌	0.341	0.326	0.311	0.415	0.177
	宜昌/寸滩	0.875	0.991	0.770	0.884	0.406
中华鲟	寸滩	0.298	0.292	0.273	0.404	0.350
	宜昌	0.348	0.312	0.339	0.410	0.271
	宜昌/寸滩	1.168	1.069	1.240	1.014	0.776

鉴于没有公认关于四大家鱼产卵适宜泥沙浓度信息可供参考，只对中华鲟产卵的适宜泥沙浓度进行研究。结果见表 3.6，在 1981—2002 年期间，泥沙相对满足度与 1950—1980 年相比下降，在 2003—2005 年期间持续显著下降。更糟糕的是，在 2006—2008 年和 2009—2012 年期间，适宜泥沙浓度满足度甚至降为零。

表 3.6 中华鲟产卵适宜泥沙浓度满足度统计值

物种	站点	1950—1980 年	1981—2002 年	2003—2005 年	2006—2008 年	2009—2012 年
中华鲟	寸滩	0.751	0.775	0.699	0.645	0.451
	宜昌	0.724	0.701	0.060	0.000	0.000
	宜昌/寸滩	0.964	0.905	0.086	0.000	0.000

四大家鱼产卵的适宜水温相对满意程度在 1981—2002 年与 1950—1980 年相比保持相对稳定，而在 2003—2005 年开始下降，这种下降趋势在 2006—2008 年和 2009—2012 年期间持续存在，见表 3.7。对于中华鲟而言，1981—2002 年相对满意程度明显下降，并在接下来的两个时期进一步下降；然而，在 2009—2012 年期间出现增加。2009—2012 年这种显著增加可能归因于三峡水库在 10—11 月期间的强烈滞冷效应：如该时期宜昌水温均升至 18℃ 以上，而寸滩的较低温度在同一期间进一步降低。总体上，三峡水库建坝后三个时期的适宜水温平均满足度仍明显低于 1981—2002 年期间的水平。

表 3.7 四大家鱼和中华鲟产卵适宜水温满足度

物种	站点	1950—1980 年	1981—2002 年	2003—2005 年	2006—2008 年	2009—2012 年
四大家鱼	寸滩	0.993	0.997	1.000	1.000	0.996
	宜昌	0.985	0.996	0.989	0.940	0.717
	宜昌/寸滩	0.992	0.999	0.989	0.940	0.720
中华鲟	寸滩	0.387	0.397	0.546	0.339	0.348
	宜昌	0.387	0.348	0.426	0.208	0.328
	宜昌/寸滩	1.000	0.876	0.780	0.613	0.941

3.4.2.2 流量涨落特征变化

流量涨落特征包括涨（落）次、涨（落）幅和涨（落）时。涨（落）次的定义如下：$\Delta Q_i = Q_{t+i} - Q_{t+i-1}$。如果 ΔQ_i 在连续三天中保持正值（负值），则记录一个涨（落）

次；与此相关的涨（落）幅度定义为 $\sum_{i=1}^{m}\Delta Q_i$，其中 m 天定义为该次上涨（回落）的持续时间。

葛洲坝建坝前后时期相比，每年流量落次数量明显增加，流量涨落时和涨次略微增加，而涨落幅明显减少，如图 3.15 所示。T 检验表明，在 95% 的置信水平下，只有落幅和落次在统计上显著。由于落幅和落次呈相反的变化趋势，可以认为这两个因素的变化对下游中华鲟的产卵产生了相互抵消的影响。然而，后葛洲坝时期回落持续时间有一定增加，因此似乎葛洲坝对下游中华鲟繁殖产生了负面影响。由于涨幅明显减少，而涨时和涨次增加轻微，葛洲坝对下游四大家鱼产卵繁殖也产生了负面影响。上述结论是基于涨/落幅、涨/落次和涨/落时对四大家鱼/中华鲟的产卵具有相等的贡献。

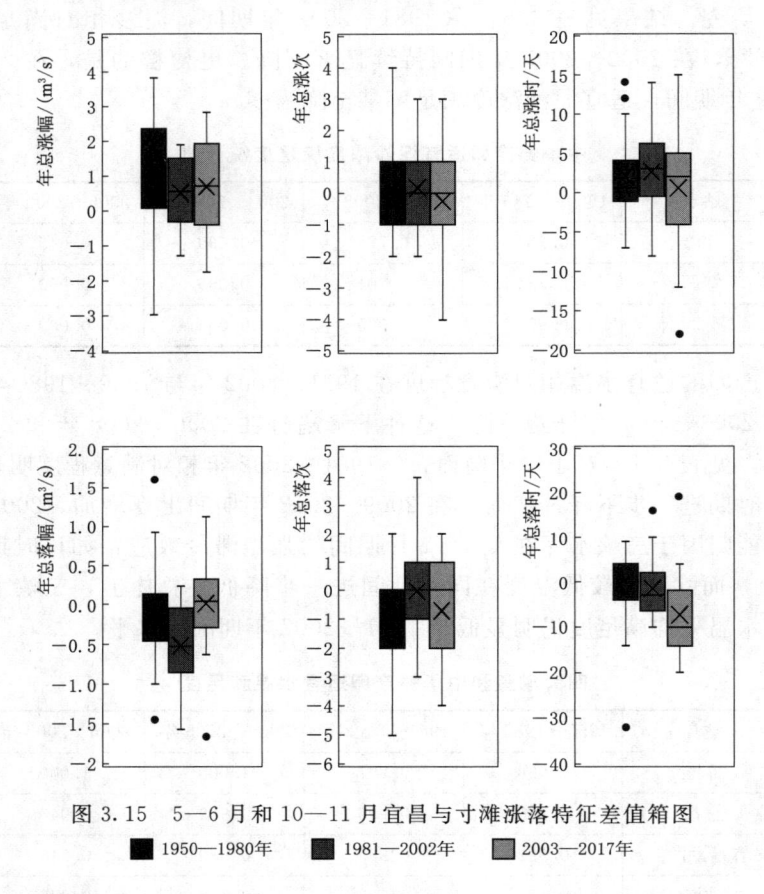

图 3.15　5—6 月和 10—11 月宜昌与寸滩涨落特征差值箱图
■ 1950—1980 年　■ 1981—2002 年　■ 2003—2017 年

成年中华鲟的数量直接反映了其产卵条件的生态健康程度。从 1981—2002 年到 2003—2005 年，葛洲坝下游平均成年中华鲟头数从 1131 头显著减少至 295 头；该数量在 2006—2008 年持续减少为 153 头，并在 2009—2014 年进一步下降至 111 头，其中 2013 年达到历史最低点 57 头，如图 3.16 所示。此外，农业部还报告称，2013 年和 2014 年未发现中华鲟的产卵活动。这些证据表明，由于大坝建设和运行导致的流量、泥沙和水温情势的综合变化严重影响了中华鲟产卵地和栖息地生境，导致中华鲟种群数量显著减少。为

3.4 大型水利工程建设运行的生态水文效应

了减缓三峡大坝调度运行产生的不利影响，自 2011 年起，三峡大坝每年在四大家鱼产卵季节进行促进流量增加生态试验调度，尽可能地模拟产卵季节的自然流量。

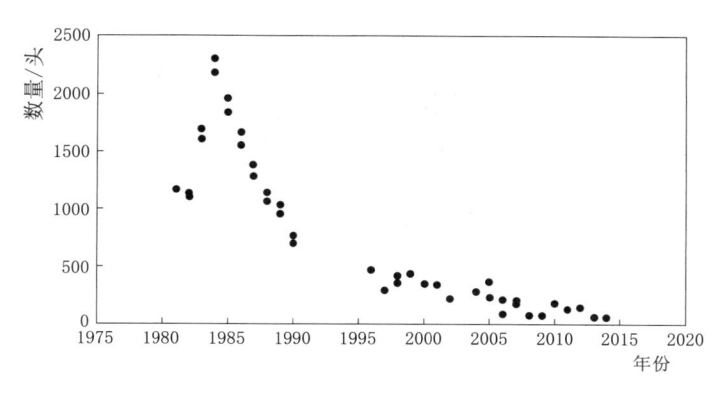

图 3.16 成年中华鲟数量随时间变化

3.4.3 大型调水工程对其下游生态风险的影响

由于水生系统与河流自然状态或受影响前的状态相适应，河流自然流态的显著改变可能会影响相关物种的栖息地或产卵生境。每个物种都可能有一个"最佳环境窗口"，在此条件下，该物种会有最优的种群补充和繁殖成功。大型调水工程的建设与运行，势必改变相应流域的径流特性，从而导致下游生物赖以生存的生态需水环境发生变化。下面以南水北调中线水源地丹江口水库为例，开展大型调水工程运行对河流系统生态需水、生态风险的影响研究。

丹江口水库是汉江上最大的水库，于 1967 年投入使用。水库于 2012 年进行了坝高加高工程，库容从原来的 174 亿 m^3 增加为 290 亿 m^3，水库调节类型也由季调节改为多年调节。作为南水北调中线水源地，丹江口水库坝高加高向我国北方引水后，对汉江中下游生态系统生物多样性如何影响，生态风险如何变化，基于长系列白河、黄家港、皇庄、仙桃站最新流量资料，开展了大型调水工程影响下的河流生态需水、生态风险研究。其中白河为水库上游参考站，根据水库运行的不同阶段，将研究系列分为建坝前 1950—1966 年（Ⅰ）、坝高加高前 1967—2012 年（Ⅱ）及坝高加高后 2013—2017 年（Ⅲ）三个时段[37]。

生态盈余和生态赤字时程变化（图 3.17）表明，丹江口水库建设和运行对其下游河流生态流量需求保障产生了显著影响。由于黄家港站位于水库下游，在四个水文站中，黄家港站出现生态赤字的频率和累积量最高。2012 年汉江中下游水文站的生态赤字随着大坝高度和水库容量的增加而显著增加。随着汉江上游持续干旱，水库入库水量减少。此外，丹江口水库由季节性调节水库转变为多年调节水库后，水库蓄水量增加。大部分水量用于支持南水北调中线工程。2015 年是汉江上游极度干旱的年份，为保证南水北调中线的供水，丹江口水库 10 月下泄量降至 $450m^3/s$，该水量甚至低于汉江中下游计划的生态流量（$490m^3/s$）。1987—1999 年，皇庄站和仙桃站记录的生态赤字明显高于白河站所记录的，这一点显著表明流域下游区域生态赤字在频率和规模上的增大，也表明汉江中下游 218 个水闸和 1461 个泵站也可能是导致皇庄和仙桃生态赤字增加的原因。

生态赤字发生次数与频率的增加表明丹江口水库下游的生态流量需求无法得到满足。

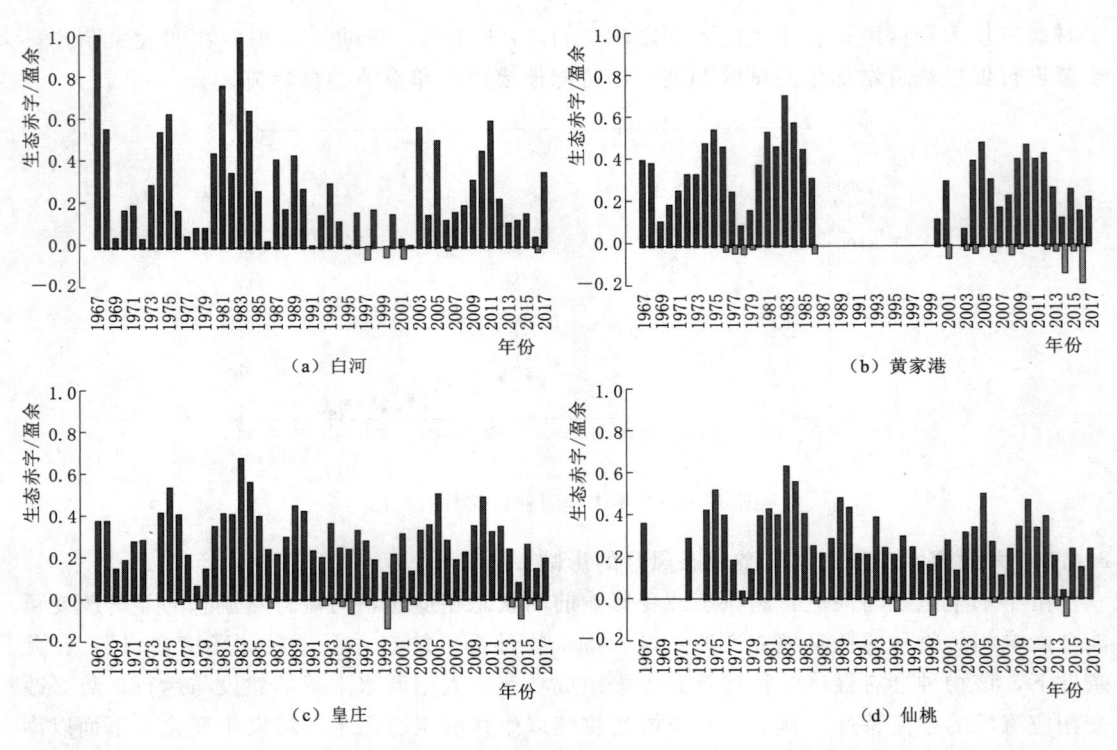

图 3.17 1967—2017 年生态盈余（横坐标上方）和生态赤字（横坐标下方）的时程变化

这可能威胁到汉江中下游地区的原生水生动植物。此外，低流量和低流速可能加剧汉江流域中下游的泥沙淤积和水污染效应。对当地河流生物多样性的负面影响可能导致更高生态恶化和退化风险。

由表 3.8 可以看到，在阶段Ⅱ，黄家港的河流生态健康处于高度风险，而皇庄和仙桃的河流生态健康处于中度风险。在阶段Ⅲ，黄家港仍处于高度风险，皇庄生态风险增加，并增至 4 类（高生态风险），而仙桃仍处于中等风险。然而，在皇庄和仙桃处的总影响值都增加了。在阶段Ⅱ和阶段Ⅲ白河的中风险影响表明，水库上游的人为影响对生态健康构成中度风险。生态风险类别分析表明，在阶段Ⅱ，丹江口水库对于流域的生态健康形成了较大的风险，其中水库下游的黄家港水文站生态风险最高；在阶段Ⅲ，随着大坝高度的增加，丹江口大坝对汉江流域中下游的影响更大，其中黄家港和皇庄属于高生态风险。

表 3.8   丹江口水库对汉江流域中下游河流系统生态风险的影响

站点	水文改变度指标	改变百分比/%				影响点数				Ⅰ vs Ⅱ	Ⅰ vs Ⅲ
		Ⅰ vs Ⅱ		Ⅰ vs Ⅲ		Ⅰ vs Ⅱ		Ⅰ vs Ⅲ		风险等级	风险等级
		均值	C_v	均值	C_v	均值	C_v	均值	C_v		
白河	1	14	31	27	40	0	1	1	1	3	3
	2	19	44	37	50	0	0	0	0		
	3	4	18	24	24	0	0	2	0		

3.4 大型水利工程建设运行的生态水文效应

续表

站点	水文改变度指标	改变百分比/% Ⅰ vs Ⅱ 均值	改变百分比/% Ⅰ vs Ⅱ C_v	改变百分比/% Ⅰ vs Ⅲ 均值	改变百分比/% Ⅰ vs Ⅲ C_v	影响点数 Ⅰ vs Ⅱ 均值	影响点数 Ⅰ vs Ⅱ C_v	影响点数 Ⅰ vs Ⅲ 均值	影响点数 Ⅰ vs Ⅲ C_v	Ⅰ vs Ⅱ 风险等级	Ⅰ vs Ⅲ 风险等级
白河	4	70	30	130	50	2	0	3	1	3	3
白河	5	49	59	85	27	1	1	2	0		
黄家港	1	51	34	51	27	2	1	2	0	4	4
黄家港	2	70	73	63	45	1	0	0	1		
黄家港	3	2	86	9	120	0	3	1	3		
黄家港	4	50	86	84	113	1	2	2	1		
黄家港	5	86	69	111	20	2	1	2	0		
皇庄	1	37	21	39	34	1	0	1	1	3	4
皇庄	2	57	37	53	74	1	0	1	0		
皇庄	3	4	10	21	5	0	0	0	0		
皇庄	4	39	57	128	139	1	1	3	3		
皇庄	5	65	53	87	10	1	0	1	0		
仙桃	1	37	20	37	34	1	0	1	1	3	3
仙桃	2	54	30	43	68	1	0	1	0		
仙桃	3	4	17	5	27	0	0	0	0		
仙桃	4	48	39	102	113	1	1	3	2		
仙桃	5	42	53	73	13	0	1	1	0		

注 Ⅰ vs Ⅱ 指第一时段与第二时段比较，Ⅰ vs Ⅲ 表示第一时段与第三时段比较。

可见1950—2017年汉江上、中、下游水域生物多样性可能受到了水文改变程度施加的越来越大的压力；自丹江口水库建设以来，中下游地区的响应更为显著。随着丹江口大坝容量和高度增加（阶段Ⅲ），水文情势产生了较大波动，如丹江口水库周围改变的水流速率以及流速模式。水流模式对许多鱼类的产卵至关重要，特别是对那些依赖卵在水体内漂流的鱼类。汉江四大家鱼对产卵条件有非常严格的要求。在丹江口水库上游，水库的回水效应被延长，鱼卵可漂移距离被缩短，因此大多数鱼卵在孵化之前就会下沉。由于水位升高和流速降低，产卵地可能消失或发生剧烈变化。在丹江口水库下游，许多产卵地在20世纪70年代至21世纪初消失。四大家鱼幼鱼数量由1978年的4.7亿尾显著下降至2006年的0.27亿尾。许多鱼类的产卵活动对水温也很敏感。有研究发现，丹江口坝高加高导致水温有季节性改变，鱼类产卵期滞后，最佳产卵地点向下游移动。自2014年南水北调中线投产以来，截至2017年5月，南水北调向北方调水100亿 m^3。预计今后几年将增加到设计水量。除了丹江口，汉江上游还有许多水电站和大型引水工程正在建设中，如龙羊峡引水工程。流域上游径流量也呈现出明显的下降趋势。渔业资源很可能会进一步严重减少，因为更多的鱼被限制在主要河道，但在调水期间流量会增加。尽管已经提出了一些支持南水北调工程水库运行的优化模型，但研究主要集中在丹江口水库。因此，为保证未来河流健康和汉江水资源可持续发展，迫切需要制定考虑未来整个汉江流域生态需水的梯级水库系统整体运行优化框架和策略。

思考题

1. 请说明河流生态系统的四维结构。
2. 洪水脉冲和河流连续体的生态学意义是什么？
3. 什么是干扰？干扰的特征是什么？
4. 请举例说明人类活动对河流水文情势的改变及其生态影响。
5. 请举例说明河流生态水文特征的评价指标。
6. 请简述河流生态需水的内涵。
7. 请简述对河流生态需水计算原则的理解。
8. 请简述 Tennant 法的基本原理及其适用性。
9. 请简述湿周法的基本原理及其适用性。

参考文献

[1] 刘昌明，门宝辉，赵长森，等. 生态水文学：生态需水及其与流速因素的相互作用 [J]. 水科学进展，2020，31（5）：765-774.

[2] 王根绪，张志强，李小雁，等. 生态水文学概论 [M]. 北京：科学出版社，2020.

[3] 夏军，左其亭，王根绪，等. 地球科学学科前沿丛书·生态水文学 [M]. 北京：科学出版社，2020.

[4] 刘建康. 高级水生生物学 [M]. 北京：科学出版社，1999.

[5] Ward J, Standford J. The four-dimensional nature of lotic ecosystems [J]. J N Am Benthol Soc, 1989, 8: 2-8.

[6] 孙东亚，赵进勇，董哲仁. 流域尺度的河流生态修复 [J]. 水利水电技术，2005，36（5）：11-14.

[7] Miller G T. Living in the Environment: An Introduction to Environmental Science [J]. Journal of Animal Ecology, 1992, 60 (3): 1101.

[8] Richard E. Sparks, Need for Ecosystem Management of Large Rivers and Their Floodplains [J]. Bioscience, 1995, 45 (3): 168-182.

[9] 熊治平. 河流概论 [M]. 北京：中国水利水电出版社，2011.

[10] 倪晋仁，高晓薇. 河流综合分类及其生态特征分析Ⅰ：方法 [J]. 水利学报，2011，42：1009-1016.

[11] Kalff J. 湖沼学——内陆水生态系统 [M]. 古滨河，刘正文，李宽意，等，译. 北京：高等教育出版社，2011.

[12] Paul A Keddy. 湿地生态学——原理与保护 [M]. 兰志春，黎磊，沈瑞昌，译. 北京：高等教育出版社，2018.

[13] Allan J D, Maria M C. 河流生态学 [M]. 黄钰铃，纪道斌，惠二青，等，译. 北京：中国水利水电出版社，2017.

[14] 董哲仁. 河流生态修复 [M]. 北京：中国水利水电出版社，2013.

[15] 余新晓，等. 生态水文学前沿 [M]. 北京：科学出版社，2015.

[16] Vannote R L. The river continuum concept [J]. Canadian Journal of Fisheries and Aquatic Sciences, 1980, 37: 130-137.

［17］ Junk W J, Bayley P B, Sparks R E. The flood pulse concept in river floodplain systems ［J］. In Canadian special publication Fisheries and Aquatic Sciences, 1989, 106: 110 - 127.

［18］ Poff N L, Allan J D, Bain M B, et al. The natural flow regime: A paradigm for river conservation and restoration ［J］. BioScience, 1997, 47 (11): 769 - 784.

［19］ 段学花, 王兆印, 徐梦珍. 底栖动物与河流生态评价 ［M］. 北京: 清华大学出版社, 2010.

［20］ 傅伯杰, 陈利顶, 马克明, 等. 景观生态学原理及应用 ［M］. 北京: 科学出版社, 2011.

［21］ 高常军, 高晓翠, 贾朋. 水文连通性研究进展 ［J］. 应用与环境生物学报, 2017, 23 (3): 586 - 594.

［22］ 王俊娜, 董哲仁, 廖文根, 等. 基于水文-生态响应关系的环境水流评估方法——以三峡水库及其坝下河段为例 ［J］. 中国科学 (技术科学), 2013, 43 (6): 715 - 726.

［23］ 长江四大家鱼产卵场调查队. 葛洲坝水利枢纽工程截流后长江四大家鱼产卵场调查 ［J］. 水产学报, 1982 (4): 287 - 305.

［24］ 易伯鲁, 余志堂, 梁秩燊, 等. 葛洲坝水利枢纽与长江四大家鱼 ［M］. 武汉: 湖北科学技术出版社, 1988.

［25］ Wood P J, Hannah D M, Sadler J P. 水文生态学与生态水文学: 过去、现在和未来 ［M］. 王浩, 严登华, 秦大庸, 等, 译. 北京: 中国水利水电出版社, 2009.

［26］ Chen Q H, Zhang X, Chen Y Y et al. Downstream effects of a hydropeaking dam on ecohydrological conditions at subdaily to monthly time scales ［J］. Ecological engineering, 2015, 77: 40 - 50.

［27］ 程俊翔, 徐力刚, 姜加虎. 水文改变指标体系在生态水文研究中的应用综述 ［J］. 水资源保护, 2018, 34 (6): 24 - 32.

［28］ Richter B D, Baumgartner J V, Powell J, et al. A method for assessing hydrologic alteration within ecosystems ［J］. Conservation Biology, 1996, 10 (4): 1163 - 1174.

［29］ Richter B, Baumgartner J, Wigington R, et al. How much water does a river need? ［J］. Freshwater Biology, 1997, 37: 231 - 249.

［30］ 陈启慧, 夏自强, 郝振纯, 等. 计算生态需水的 RVA 法及其应用 ［J］. 水资源保护, 2005, 21 (3): 4 - 5.

［31］ Olden J D, N L Poff. Redundancy and the choice of hydrologic indices for characterizing streamflow ［J］. River research and applications, 2003, 19: 101 - 121.

［32］ 崔瑛, 张强, 陈晓宏, 等. 生态需水理论与方法研究进展 ［J］. 湖泊科学, 2010, 22 (4): 465 - 480.

［33］ Li Q, Yu M, Lu G, et al. Impacts of the Gezhouba and the Three Gorges reservoirs on the sediment regime of the Yangtze River ［J］. Journal of Hydrology, 2011, 403: 224 - 233.

［34］ Yu M, Li Q, Lu G, et al. Investigation to the impacts of the Gezhouba and the Three Gorges reservoirs on the flow regime of the Yangtze River ［J］. Journal of Hydrologic Engineering, 2013, 18 (9): 1098 - 1106.

［35］ Yu M, Yang D, Liu X, et al. Potential impact of a large - scale cascade reservoir on the spawning conditions of critical species in the Yangtze River, China ［J］. Water, 2019, 11 (10): 2027.

［36］ Li Q, Yu M, Zhao J, et al. Impact of the Three Gorges reservoir operation on downstream ecological water requirements ［J］. Hydrology Research, 2012, 43 (1 - 2): 48 - 53.

［37］ Yu M, Wood P, van de Giesen N, et al. Enhanced potential ecological risk induced by a large scale water diversion project ［J］. Stochastic Environmental Research and Risk Assessment, 2020, 34 (12): 2125 - 2138.

第4章 城市生态水文

4.1 概 述

城市生态系统是以人为中心的自然、社会和经济复合型开放生态系统。城市生态系统中消费者密集,自然生产者和分解者少,自然资源严重不足,须依据外界物质和能量供给,才能维持其高速运转状态。随着城市化进程的加快,土地利用方式快速变化导致城市生态系统具有强烈的空间异质性和时间变异性。城市化作为衡量一个国家发展水平的重要标志,在一定程度上增强了人类社会与生态环境之间的相互作用,使得社会、经济和自然子系统之间的关系更加错综复杂,导致城市生态系统经常处于非平衡状态。

城市生态系统物质和能量输入/输出,以及土地利用/覆被、生产和生活方式、水资源开发利用等的变化改变了城市生态水文过程,使城市生态水文过程的自然属性减弱,社会经济属性增强,呈现出"自然-社会"二元水循环特征。一方面,随着城市规模的不断扩大,城市人口快速增加,经济高速发展,城市居民生活和生产经营活动通过高度人工化的城市基础设施改变了取水、用水、排水,影响了水源地和受纳水体的水量与水质,而水量与水质的变化也会反过来影响城市居民生活和生产经营活动的取水、用水、排水过程。另一方面,城市下垫面的改变和城市引水、蓄水、排水设施建设改变了城市降水、下渗、蒸散、产流、汇流等自然水循环过程,城市自然水循环过程改变造成的城市热岛效应、雨岛效应、洪涝灾害频发、水环境恶化、水资源短缺、水生态系统结构与功能退化等问题,反过来影响城市的总体规划和城市的引水、蓄水、排水设施建设。自然水循环和社会水循环在城市生态系统内高度耦合,共同决定了水资源在城市生态系统内的流动、储存和利用方式。同时,以水资源为载体,城市生态系统的水循环系统也承载了其他物质(营养元素和重金属等)和能量的迁移、转化与循环。这些复杂的耦合关系既影响城市生态系统水资源及其他物质的利用效率,也影响水循环系统外部的环境质量和生态安全。由此可见,城市化在促进社会发展的同时引发了一系列不利的生态水文效应,主要表现为城市洪涝灾害频发、水资源短缺、水环境恶化等问题,不仅影响城市居住环境质量,而且事关城市社会经济的可持续发展,因此既是城市发展面临的主要问题,也是水利、城建、环保等相关部门面临的巨大挑战。因此,要解决城市化产生的负面生态水文问题,亟需专门设置城市生态水文一章,主要内容包括城市生态系统、城市化生态水文效应、海绵城市建设的生态水文效应、城市雨洪模拟等,为认识和解决城市生态水文问题提供基本思想、原理和方法。

4.2 城市生态系统

4.2.1 城市生态系统内涵

城市生态系统是以人为中心的自然、社会和经济复合型开放生态系统,包含城市居民

4.2 城市生态系统

赖以生存的生物和非生物系统。城市居民作为生物系统的重要组成部分,也影响城市生态系统的结构和功能。如图4.1所示,生物系统包括城市居民、家养生物和野生生物,非生物系统包括人工物质系统、环境资源系统和能源系统。对城市生态系统的理解,因学科重点、研究方向等不同而有一定差异。我国生态建设研究者马世骏提出"城市生态系统是一个以人为中心的自然、经济与社会复合人工生态系统";生态学家金岚等指出"城市生态系统是城市居民与其周围环境组成的一种特殊的人工生态系统,是人们创造的自然-经济-社会复合体";按《环境科学词典》定义,"城市生态系统是特定地域内的人口、资源、环境通过各种相生相克的关系建立起来的人类聚居地或社会、经济、自然的复合体"。在城市生态系统中,人起着重要的支配作用,这一点与自然生态系统明显不同。在自然生态系统中,能量的最终来源是太阳能,在物质方面则可以通过生物地球化学循环而达到自给自足。城市生态系统是不完整的生态系统,需要从其他生态系统(如农田生态系统、森林生态系统、草原生态系统、湖泊生态系统、海洋生态系统)人为地输入。同时,城市中人类在生产和生活中所产生的大量废物,由于不能完全在本系统内分解和再利用,必须输送到其他生态系统中去,必然会对其他生态系统造成强大的冲击和干扰。由此可见,城市生态系统对其他生态系统具有很大的依赖性,因而也是非常脆弱的生态系统。城市生态系统物质和能量输入/输出,土地利用/覆被以及生产生活方式的变化、水资源开发利用等改变了城市生态水文过程,生态水文过程改变造成的城市热岛、城市内涝、城市水环境污染和水生态退化等问题,反过来影响城市的总体规划和城市"渗、滞、蓄、净、用、排"等工程设施建设。只有以城市生态水文的理论和方法为基础,认识、量化和调控城市生态系统的结构、功能、过程、格局和反馈机理,提出解决城市化产生的不利生态水文问题的手段和技术,才能真正意义上实现老百姓能"衣食无忧、安全健康、体面有尊严和实现个人价值"的宜居城市的建设目标。

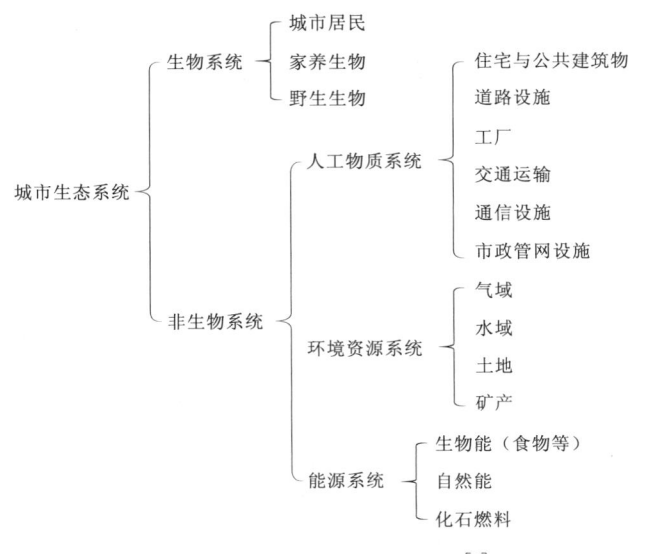

图4.1 城市生态系统的组成[1]

4.2.2 城市生态系统组成与结构

城市生态系统（图4.2）是城市空间范围内居民与自然环境和社会环境相互作用形成的统一体，是人类在适应和改造自然环境基础上建立起来的人工生态系统，是一个自然、经济、社会复合生态系统。自然生态系统是城市居民赖以生存的基本物质和能量基础，它以资源环境为中心，以生物和环境的协调共生以及环境对城市生活的支持、容纳、缓冲和净化为主要特征。自然生态系统主要包含自然能源子系统、水环境子系统、大气气候子系统、土地子系统、动植物子系统、矿产子系统等。经济生态系统以生产问题为中心，涉及生产、分配、流通和消费等各个环节，很大程度上决定城市物质的运转和能量的集聚。经济生态系统包含工业生产子系统、农业生产子系统、交通运输子系统、建筑子系统、人工能源子系统等。社会生态系统以人口问题为中心，涉及城市居民及其物质生活和精神生活的诸多方面，以高密度的人口和高强度的消费为特征。社会生态系统主要包含人口子系统、住宅子系统、防灾减灾子系统、公共安全子系统、污染治理子系统等[2]。

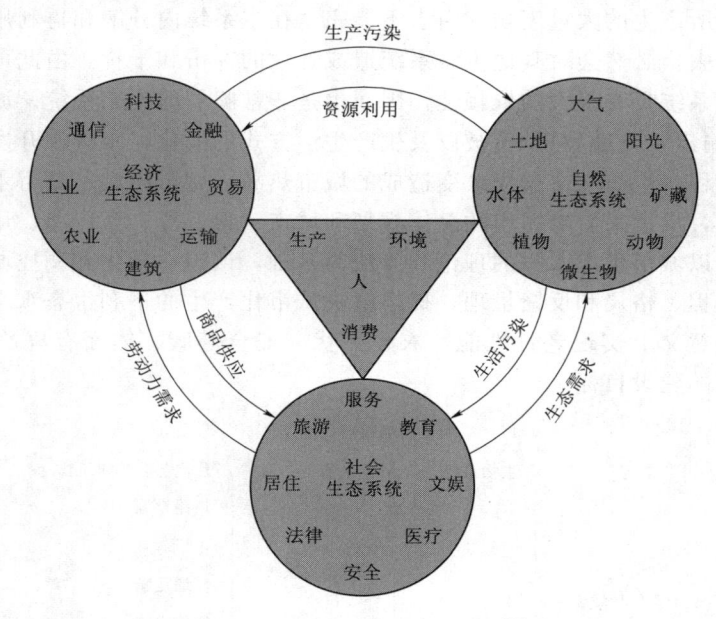

图4.2 城市生态系统的结构[2]

4.2.3 城市生态系统的特征

城市生态系统是一个结构复杂、功能多样、开放的复合人工生态系统，与自然生态系统相比，具有以下鲜明的特征。

1. 高度人工化

人是城市生态系统的核心和决定因素，不仅使原来的自然生态系统结构和组成发生了"人工化"倾向的变化，而且大量的人工技术物质（建筑物、道路、公用设施等）在很大程度上改变了原有的自然生态系统的物理结构。城市生态系统的变化规律是由自然规律和人类影响叠加形成的，人类社会因素的影响在城市生态系统中具有举足轻重的作用，而且这种作用也影响人类自身的健康发展。在城市生态系统中，人类是兼具生产者与消费者两种角色的特殊生物物种。

2. 不稳定性和脆弱性

自然生态系统中能量与物质能够满足系统中生物生存的需要，其基本功能能够自动建立、自我修补和自我调节，以维持其本身的动态平衡。而在城市的出现和发展过程中，基本上是从自然生态系统转变到以人类为主体、人工化环境为客体构成的复杂系统，在城市生态系统中能量与物质要靠其他生态系统（如农业和海洋生态系统）人工的输入，同时城市生活所排放的大量废弃物，远远超过城市范围内自然净化能力，也要依靠人工输送到其他生态系统。如果这个系统中任何一个环节发生故障，将会立即影响城市的正常功能、居民生活和生产经营活动。从这个意义上说，城市生态系统是一个十分脆弱的系统，自我调节和自我维持能力很薄弱。城市生态系统是一个不完整的、不能完全实现自我稳定的生态系统。

3. 不完整性和开放性

城市中自然生态系统为人工生态系统所代替，动物、植物和微生物都失去了原有的环境，致使生物群落不仅数量少且结构变得简单。城市生态系统缺乏分解者或者功能减弱。城市生态系统中的废弃物（工业与生活废弃物）不可能由分解者就地分解，几乎全部都需要输送到化粪池、污水厂或垃圾处理厂（场）由人工设施进行处理。城市生态系统"生产者"（绿色植物）不仅数量少，其作用已变为美化景观、消除污染和净化空气。因此，城市生态系统是一个不完整和开放的生态系统，依赖外部系统提供能源和物质及人力、资金、技术、信息等输入，同时对外部系统也具有强烈的辐射力，向外部输出人力、资金、技术、信息以及废物等。

4. 高"质量"性

城市在自然界中的用地面积只占全球面积的0.3%左右，却集中了大量的能源、物质和人口。有统计表明，城市生态系统中能量转化率为 $(42\sim126)\times10^7/(m^2 \cdot a)$，是所有生态系统中最高的。另外，城市生态系统是迄今为止最高层次的生态系统，人们具有巨大的创造、安排城市生态系统的能力，城市生态系统的物质构成体现了当今科学技术的最高水平。

5. 复杂性

城市生态系统可划分为以下三个层次：生物（人）-自然（环境）系统、工业-经济系统、文化-社会系统。各层次子系统内部都有自己的能量流、物质流和信息流，各层次之间又相互联系，构成不可分割的整体。随着城市生产的不断发展和人民生活水平的提高，对于资源、能源的需求越来越多，人们在对能源和物质的处理能力上不仅有量的扩大，而且不时发生质的变化。同时也有大量的产品和需要处理的废弃物排出。特别是在生产力高度集中的大城市，随着内外关系的变化，在形成新的生态系统的同时，其覆盖面也越来越大。与自然生态系统相比，城市生态系统的发展和变化要迅速很多倍。因此，城市生态系统作为一个人工生态系统，必然要满足人们不断增长的需要，所以就必须形成一个多功能的复杂系统，包括政治、经济、文化、科学、技术及旅游等多项功能。

4.2.4　城市生态系统的功能

城市生态系统具有生产功能、能量流动功能、物质循环功能和信息传递功能等。

（1）生产功能是指城市生态系统能够利用城市内外系统提供的物质和能量等资源生产出产品的能力，包括生物生产与非生物生产。城市生态系统的生物生产功能是指城市生态系统所具有的，包括人类在内的各种生物生长、发育和繁殖的过程。城市生态系统的非生物生产是人类生态系统特有的生产功能，是指城市制造物质与精神财宝以满足城市人类的物质消费与精神需求的功能。自然生态系统在生产过程中所需的物质与能量均来自系统内部，而城市生态系统则彻底不同，城市生态系统中的物质和能量的储备不能满足城市生产的需要，因此，城市生态系统生产所需的物质和能量有相当部分依靠外部的输入，表现出显著的依靠性。另外，城市生产过程除受非人为因素的影响外，受人为的影响非常显著，具有显著的人为可调性。这是城市生态系统生产功能不同于自然生态系统的最大特点[3]。

（2）能量流动功能反映了城市在维持生存、运转、发展过程中，各种能源在城市内外部、各组分之间的消耗、转化，城市经济结构及能源消耗结构相当程度上对城市环境质量具有较大的影响。城市生态系统能量流动功能具有以下特征。

1）在能量使用上，能量来源不仅仅局限于生物能源，还包括大量的非生物能源。能量流动和交换同时存在于生物与生物、生物与人类、生物和人类与非生物（如人类所制造的各种机械设备等），以及非生物与非生物之间。随着城市的发展，它的能量、物资供应地区越来越大，从城市所在的邻近地区到整个国家，直至世界各地。

2）在传递方式上，城市生态系统的能量流动方式要比自然生态系统多。自然生态系统主要通过食物传递能量，而城市生态系统通过农业部门、采掘部门、能源生产部门、运输部门等传递能量。

3）在能量流运行机制上，自然生态系统能量流动是自发的，而城市生态系统能量流动以人工为主。

4）在能量生产和消费活动过程中，除造成热污染外，还有一部分物质伴随着以"三废"形式排入环境，使城市环境遭受污染。如我国每燃烧1t煤排放二氧化硫4.9kg，烟尘1～45kg，氧化物3.6～9.2kg，一氧化碳0.2～22.7kg。

5）能量在流动中不断有损耗，不能构成循环，具有明显的单向性。

6）除部分能量是由辐射传输外（热损耗），其余的能量都是由各类物质携带。

（3）物质循环功能是指维持城市人类生产、生活活动的各项资源、产品、货物、人口、资金等在城市各个空间区域、各个系统、各个部分以及城市与外部地区之间的反复作用过程。与能量流动功能的单向活动不同，物质循环功能是一种周而复始的循环。物质循环功能涉及生物的和非生物的动因，受到能量的驱动，并且依赖于水的循环。城市生态系统中的物质流可分为两大类型：①气相循环，如氧、二氧化碳、水、氮等的循环，把大气和水紧密联结起来，是一个相当完善的循环类型；②沉积循环，主要经过岩石的分化作用和岩石本身的分解作用，将物质变为城市生态系统中可利用的营养物质，这种转换过程相当缓慢，可能在较长的时间中不参与循环，是一个不完善的循环类型。物质循环的功能从根本上说，是维持城市生态系统的生产功能以及生产、消费、分解、还原过程的开展。

（4）信息传递功能是城市生态系统维持其结构完整性和发挥其整体功能必不可少的特殊因素。自然生态系统中的"信息传递"指生态系统中各生命成分之间存在的信息流，主要包括物理信息、化学信息、营养信息及行为信息几个方面。生物间的信息传递是生物生存、发展、繁衍的重要条件之一。城市生态系统中信息流的最基本功能是维持城市的生存和发展，是城市功能发挥作用的基础条件之一。正是因为有了信息流的串结，系统中的各种成分和因素才能被组成纵横交错、立体交叉的多维网络体，不断地演替、升级、进化、飞跃。城市信息的流量大小反映了城市的发展水平和现代化程度，信息流的质量则反映了信息的准确性、时效性、影响力、促进力等各种特征。

4.2.5 城市生态系统空间异质性

空间异质性是影响各种规模生态系统结构和过程的最重要特征之一。空间异质性产生了物质和能量流动的障碍，从而影响了生态系统的物质循环和能量流动。生态系统中异质性的自然来源包括物理环境、生物因子以及干扰和压力过程。物理环境基本上由气候、地质、地貌和土壤等决定。气候和土壤是环境异质性最重要的来源之一，因为它们直接影响生态系统的结构和功能。异质性的生物来源包括生物体的生长、相互作用和遗留物。自然扰动是一种物理力量对系统结构的突然破坏，是异质性的主要来源，如飓风、火灾和洪水等。生态学中的扰动是任何在空间和时间上相对离散的事件，它扰乱生态系统、群落或种群结构。在城市生态系统中，人类是异质性的主要来源，人类主要通过资源提取、新生物引入、地貌和排水网络改造、自然扰动因子控制或改造以及大规模基础设施建设，创造或改变生态系统中的物理异质性。

城市生态系统内部的空间异质性主要由不同的土地利用方式造成。林地、草地、水域、道路、广场、居住区及商业中心等性质各异，发挥的生态和社会功能也各不相同。植被、建筑和铺路材料以及城市景观的形态存在异质性，城市景观中较低的植被覆盖率改变了反射率、热容量和热导率，导致建筑和道路系统的气温比周围的绿地系统更高，造成温度的空间异质性。下垫面的变化、灰色不透水面积比例的增加，除了造成温度的空间差异外，也会引起城市区域蒸散和下渗过程空间变化。同时，城市核心区土地利用的异质性一般较低，而城市郊区作为城区与农村之间的过渡地带，其土地利用的异质性较高。

4.2.6 城市生态系统时间变异性

城市生态系统时间变异性主要体现在城市化进程中的城市区域扩展，而城市化进程具有与社会经济发展相对应的阶段性特征，如城市建设用地增长规模、速率与当地的经济发展、人口流动等密切相关。有学者将我国城市空间结构的演化过程划分为离散、极化、扩散和成熟四个阶段，依次对应于农业发展时期、工业迅速增长时期、工业结构高度化时期以及信息化时期[4]。目前，我国多数城市的空间扩展总体处于由极化阶段向扩散阶段过渡的时期，其中，位于东、中部社会经济发达的大都市已经步入了扩散阶段，表现为广大郊区地域建设空间的快速拓展。

4.2.7 城市生态系统平衡与调控

城市生态系统是一个多变量、多功能、大容量、高效率的开放系统。由于社会、经济和自然子系统之间的关系错综复杂，城市生态系统平衡是暂时的、相对的、有条件的和偶然的动态平衡。城市生态系统强烈的开放性和各要素之间非线性关系，使得城市生态系统可以在远离平衡的状态下，出现稳定有序的结构，即耗散结构[1]。

城市生态系统的失衡主要体现在城市化过程中土地利用的变化、资源能源消耗以及"三废"排放对自然生态系统的负面影响上，如地下水位下降、土壤污染、淡水短缺、城市水污染、热岛效应、大气污染和气候变化等。城市生态系统的调控目标是在有序、低耗、高效、和谐的基础上，为城市居民创造优良的自然环境、经济环境、社会环境，以满足人们美好生活质量的需求。

城市生态系统的调控应遵循以人为本、城市生态位、食物链、最小因子、环境承载力和系统整体功能最优化等原理。食物链原理表明，人类居于城市生态系统食物链的顶端，是城市各种产品的最终消费者。生存环境污染的后果最终会通过食物链的富集作用而影响人类自身，使人类自身成为污染的最终受害者。最小因子原理是指在城市生态系统中，影响其结构、功能行为的因素很多，但往往有某一个处于临界量（最小量）的生态因子对城市生态系统功能的发挥具有最大的影响力，只要改善其量值，就会大大增加系统功能。在城市发展的各个阶段，总存在影响、制约城市发展的特定因素，当克服该因素时，城市将进入一个全新的发展阶段。环境承载力的变化会引起城市生态系统结构和功能的变化。当城市活动强度小于环境承载力时，城市生态系统就有条件、有可能向结构复杂、能量最优利用、生产力最高的方向演化。城市各子系统都具有自身的发展目标和趋势，各子系统之间与系统整体之间的关系不一定总是一致的，有时会出现相互牵制、相互制约的关系状态，对此应该以提高系统整体功能和综合效益为目标，局部功能与效益服从整体功能和效益，以实现系统整体功能最优化。

依据以上城市生态系统基本原理，城市生态系统只有在其整体高度有序化时，才能趋于动态平衡状态。调控城市生态系统应遵循以下原则[5]。

（1）循环再生原则。注重物质的综合利用，采用生态工艺、建立生态工厂和城市生态系统废物处理厂，把废物变成能够再次利用的资源，如再生纸、垃圾焚烧发电和污水净化回用等。

（2）协调共生原则。城市生态系统中各子系统之间、各元素之间在调控中要保证它们的共生关系，达到综合平衡。共生可以节约能源、资源和运输，带来更多的效益，如公共交通网的配置。

（3）持续自生原则。城市生态系统整体功能的发挥，只有在其子系统功能得以充分发挥时才能实现。

以上三个原则是生态系统控制论中最重要的原则，也是生态系统调控中必须遵循的原则。

4.3 城市化生态水文效应

城市化改变了下垫面条件，不透水面积急剧增加，进而使得城市蒸散、降水、产流、汇流与下渗等水循环过程发生变化，地表径流系数加大。城市化也改变了局部气候，城市热岛效应、阻碍效应、凝结核效应导致城区降雨模式和分布发生显著变化，加剧了城市洪涝风险。随着城市规模的不断扩大，城市人口大量增加，经济高速增长，水资源过度消耗，城市缺水问题越发突出。同时，因高强度城市化而显著增加的地表径流携带城区各种污染物流向受纳水体，加剧了城市水生态环境恶化，全国绝大多数城市地表水域受到不同程度的污染。由此可见，城市化在促进社会发展的同时引发的不利生态水文影响也越来显著，主要表现为城市洪涝灾害频发、水资源短缺、水环境恶化等问题，不仅影响城市居住环境质量，而且事关城市社会经济的可持续发展。本节主要介绍城市化可能产生的负面生态水文效应。

4.3.1 热岛效应

1818年英国化学家Luke Howard首先发现伦敦城市和郊区的气温温差现象，并将此发现公布于《伦敦气象》杂志。Manley于1958年首次提出城市热岛（urban heat island, UHI）的概念[6]。之后世界许多研究人员对城市气候变化特征的研究都发现了城区气温比郊区高的现象，使得城市热岛效应研究逐渐成为研究中的一个热点。现在普遍认为，城市热岛效应是指当城市发展到一定规模，由于城市下垫面性质的改变、大气污染以及人为热排放等原因，城区温度明显高于郊区，而在中心城区形成高温孤岛的城市气候现象。

城市热岛还可分为城市大气热岛和城市地表热岛，大气热岛又可以分为冠层热岛和边界层热岛[7]。城市冠层热岛主要是指从地表到平均城市建筑物高度内的热岛效应，一般基于固定的地面气象站观测或者移动的车载传感器来获取大气实际温度；城市边界层热岛（城市冠层以上）则需要通过观测塔、热气球或者航空测量等特殊观测平台获取大气温度。通过热红外遥感影像反演的地表温度来描述城市表面热状况的称为地表热岛。考虑到数据获取的便利性，大多数城市热岛研究集中在城市冠层热岛和城市地表热岛[8]。

随着全球特别是中国城市化进程的加快，城市地区热岛效应日益受到人们的关注和重视。Grimm等[9]认为，城市热岛效应与土地利用格局、城市规模（通常与人口规模有关系）、不透水地面的增加（低反照率）、植被覆盖度和水域减少、吸收太阳辐射的表面积增加（多层建筑、城市谷的形成）等因素有直接关系。城市中大面积的不透水人工表面（水泥、沥青等）取代了透水、湿润的自然地表，从根本上改变了地表的物理属性，同时人类的生产生活活动进一步改变了城市区域的物质与能量循环，从而导致了以城市热岛为代表的热环境问题[10]。城市热岛效应使得城市人居生态环境以及城市可持续发展受到严重威胁，极大地影响了社会和谐发展以及城市生活宜居性。

城市热岛效应改变了城市热环境，引发了一系列生态环境问题。城市热岛效应使城市地区形成有别于郊区的局部气候特征，包括较小的城区凝露量、结霜量、霜冻日数、下雪频率和积雪时间。城市热岛效应还改变着其他城市气象，如云和雾的发展、闪电的频率等。城市热岛效应能够改变云的形成和运动，并且对局地降水及降水机制产生影响，使城市区域水文特征发生变化。城市热岛还会增加城区的降水量，但增加的区域集中在市中心及其下风向范围。城市热岛效应使城市与郊区之间形成闭合环流圈，造成城郊之间污染物的恶性循环，引起人类生活环境的恶化。

城市热岛效应还会增加城市的能源消耗。夏季降温能耗的增加导致温室气体和空气污染物的排放增加，同时人为热排放增大，进一步恶化城市热环境。持续的高温会加速某些特定的大气化学循环，提高地面的臭氧浓度，危害城市居民的身体健康，甚至会引起人体不舒适乃至死亡率显著增加。

"热环境恶化—能耗增加—热环境进一步恶化"的恶性循环，已成为城市发展过程中的一大难题。伴随着日益严峻的城市热岛问题，另外一个值得关注的问题是全球升温和城市化带来的叠加效应。在全球气候变暖与快速城市化的双重影响下，全世界城市中都不同程度地存在城市热岛现象且有逐年增强的趋势。截至目前，学术界和政府部门对这个话题的关注远远不够。据联合国专家估计，人口增加（城市化）和环境变化（全球升温）的叠加效应不仅会极大地影响人类在城市的生活舒适度，而且会对目前的城市公共卫生系统和健康管理系统产生挑战，极有可能导致人道主义和环境灾难，挑战人类的生存。

城市热岛效应的研究对于改善城市居民的舒适性具有重要意义，至今已有200年的研究历史。城市热环境的研究历史可分为三个阶段。第一阶段是1820—1920年，以特定城市的典型代表点为研究对象，对单一气象因素，如温度、雾日数等进行观测和记录。第二阶段是1920—1960年，使用气象站等工具对城市典型区域进行连续观测，观测指标包括城市大气状况、辐射、温度、风速、湿度及降水等多方面因素，奠定了城市气象气候研究的基础。第三阶段是1960年至今，使用卫星遥感和航空测量等技术，从城市土地利用、土地覆盖类型等方面认识城市空间热场的分布特征。在此基础上，城市热环境模拟模型逐渐发展，如建筑物能耗仿真模型（building energy simulation model）DEO-2和计算流体动力学模型（computational fluid dynamics，CFD），并被用于改善城市热环境的措施探究。基于以上研究手段，各国学者围绕城市热岛的形成原因、形态与结构、过程与变化、机制与模拟四个方面展开了大量研究。研究发现，城市化建设改变了城市中大气动力学特征和下垫面热交换性质，造成了地表覆盖和土地利用的迅速改变，对城市热岛的形成具有促进作用。城市规模越大，人口越多，城市热岛强度也就越强。一个城市热岛的形成和发展与其所处的地理位置及其几何形状关系密切。城市中厂矿、企业、机关单位及城市居民生活等人为热的释放，也能促进城市热岛的形成。不少研究表明，城市热岛的形成与天气条件有较大的关联，城市热岛不仅与风速关系密切，热岛强度的强弱也随云量的多少而改变。天气晴朗少云、静风、气压梯度小等气候条件，能进一步促进城市热岛效应的形成和加剧。很多研究还表明，土地利用及植被覆盖变化是城市热岛效应形成、演变的主要因素。因为每种土地利用类型的热学特征、辐射特征、人为热不同，表现为水泥、瓦片结构的建筑物、广场、居民地、桥面、道路等城市用地类型人为释放热量大、温度高，而以土壤为主的裸地、植被以及水体等温度低。因此，随着城市的扩张，土地利用类型的变化，城市热岛效应会产生相应的变化。

彭保发等[11]以上海市为例，从土地利用规模和强度的变化、类型和布局的变化、利用方式的变化三个方面揭示其对热岛效应的影响机理，结果如下。

（1）上海城市热岛强度的变化具有时间上的波动性。如图4.3所示，从上海热岛强度的年际变化来看，其长期变化存在跃变的波动性特征；而且，在平稳升高的阶段，热岛效应强度的波动与区域气温的波动呈现正相关关系，即区域气温升高的年份，热岛效应也变强；区域气温降低的年份，热岛效应相对变弱。

（2）上海城市热岛强度的变化也具有空间上的差异性。土地利用和城市发展模式的差异导致了城市热岛效应的空间差异；高温区主要对应工业仓储、道路广场、交通、居住等用地类型；低温区主要为耕地、绿地、林地和园地、水面等用地类型。高而密的城镇化蔓延扩张模式一般较低而密的城镇化模式更易产生城市热岛效应。

（3）土地城市化是上海城市热岛强度的主要影响因素。就建成区扩张对热岛强度的具

4.3 城市化生态水文效应

图4.3 上海市年均热岛强度及其各季热岛强度变化[11]

体影响而言，累积效应大于其增量效应，如图4.4所示。

（4）经济发展、能源消耗、人口增长、房地产开发、高层建筑对上海城市热岛强度均具有较大的影响，如图4.5~图4.12所示。就经济发展和能源消耗对城市热岛强度的具体影响而言，密度效应通常大于其规模效应；就人口增长对城市热岛强度的具体影响而言，密度效应与规模效应大体相近；就房屋建筑对热岛强度的具体影响而言，累积效应小于增量效应。

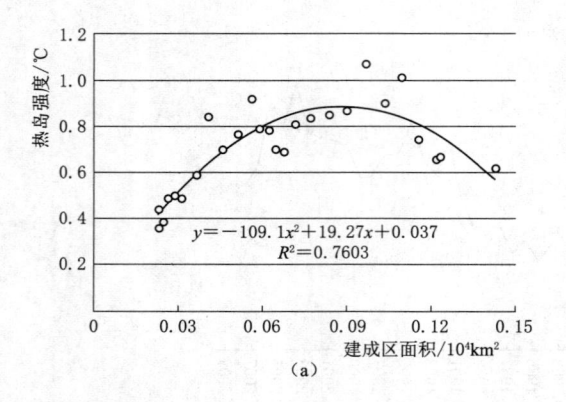

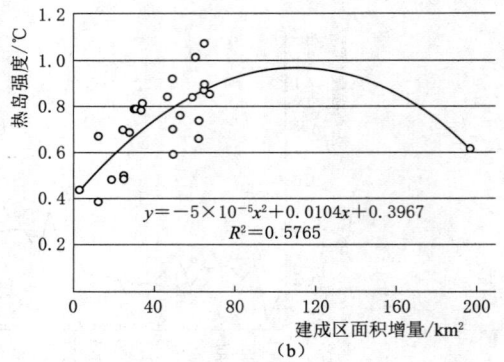

图 4.4　上海市建成区面积与热岛强度的关系（1985—2010 年）[11]

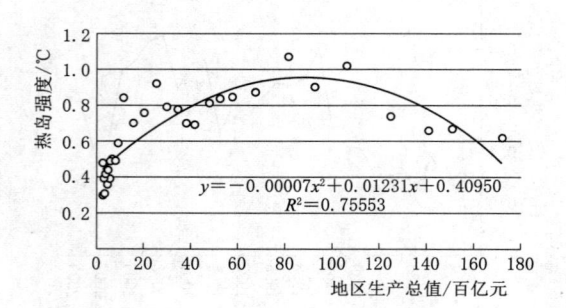

图 4.5　上海市热岛强度与经济规模（地区生产总值）的关系（1961—2010 年）[11]

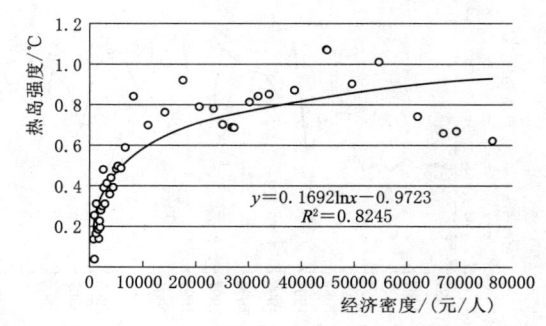

图 4.6　上海市热岛强度与经济密度的关系（1961—2010 年）[11]

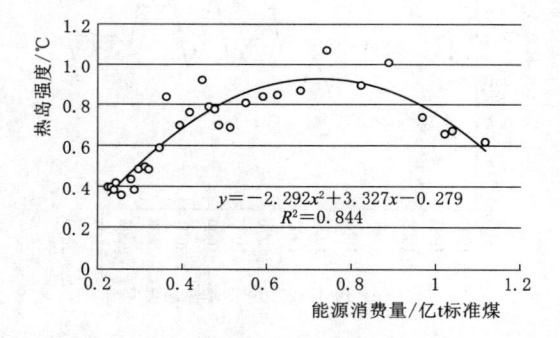

图 4.7　上海市热岛强度与能源消耗量的关系（1985—2010 年）[11]

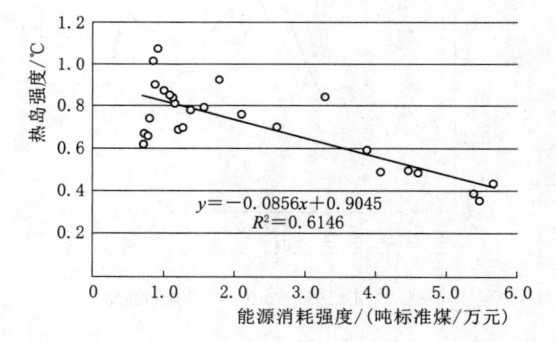

图 4.8　上海市热岛强度与能源消耗强度的关系（1985—2010 年）[11]

4.3.2　雨岛效应

城市化影响降水的主要机制尚不完全清晰，现阶段认为可能包括以下三个方面。

1. 城市热岛效应对城市降水的影响

城市热岛效应促使城区上空的大气层结构变得不稳定，易于产生热力对流，若此时空气中水汽充足，极易产生对流性降雨，这也是局地、短时暴雨越来越多的原因，也是暖区

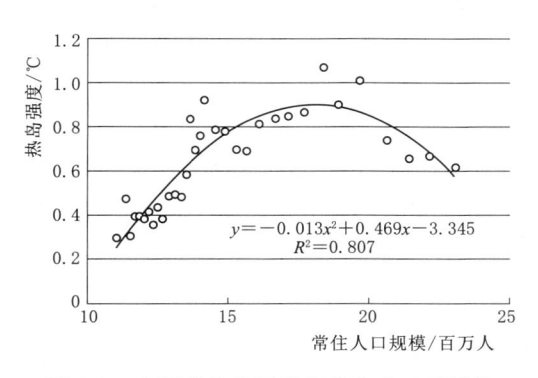

图 4.9 上海市热岛强度与常住人口规模的关系（1978—2010 年）[11]

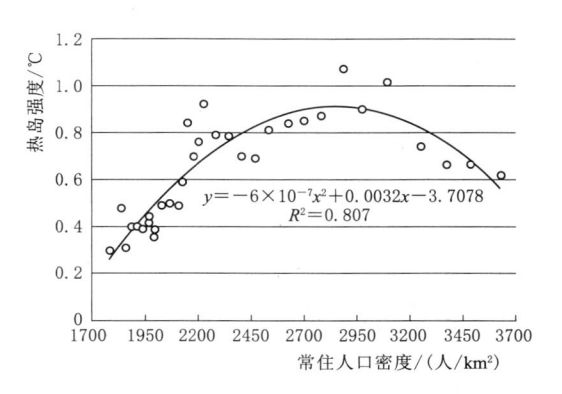

图 4.10 上海市热岛强度与常住人口密度的关系（1978—2010 年）[11]

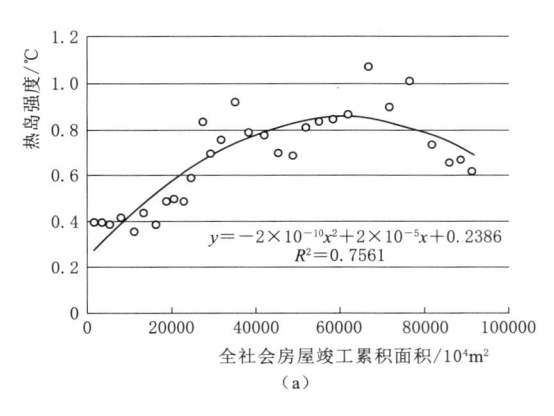

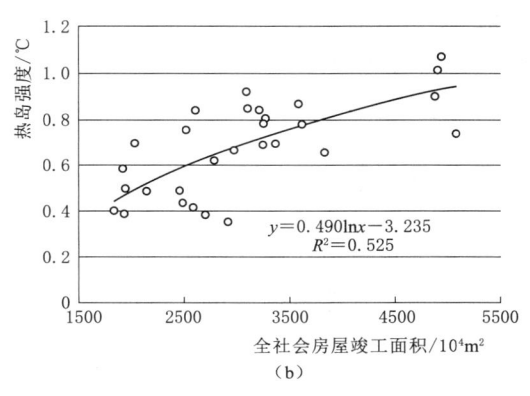

图 4.11 上海市热岛强度与全社会房屋竣工面积的关系（1981—2010 年）[11]

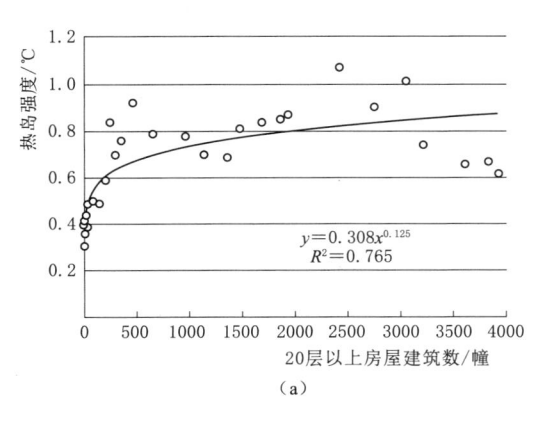

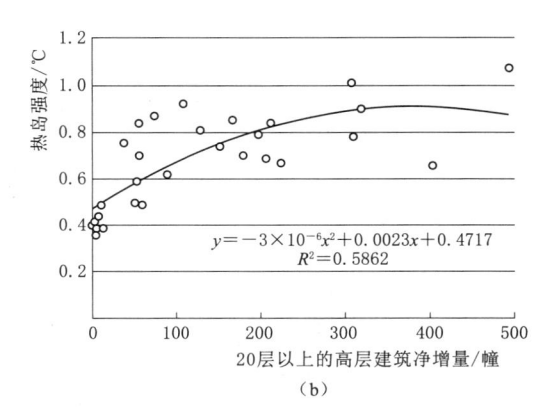

图 4.12 上海市热岛强度与 20 层以上高层建筑的关系（1980—2010 年）[11]

暴雨越来越多的主要原因。在盛夏季节，下垫面热力作用的增大加剧了处于高压后部或地面低槽东部的暖区内对流运动的发展，这就容易使暴雨强度逐渐增加。上海市中心的徐家汇站近 10 年来年降雨量连续偏高于郊区 10% 左右，这一现象被称为城市的"雨岛效应"。

研究表明，城市热岛使降水加强[12]。一些学者对城市热岛与雷暴的关系进行了研究，发现热岛对产生雷暴天气起着重要作用[13]。目前关于城市热岛与降水的关系中普遍认为热岛对降水起促进作用，特别是加强了城市顺风区的降水。

城市热岛作为一种典型的城市气候现象势必影响城市的降水。大部分研究都显示城市化有使降水增多的效应，但具体增加的量级和区域，却因各城市所处的盛行风、局地环流、地形以及下垫面的不同而不同[13-19]。孙继松和舒文军[20]分析了北京城市热岛效应对冬、夏季降水的影响；于淑秋[21]、王喜全等[22-23]、郑思轶和刘树华[24]、李书严等[25]分别通过对比北京城区和郊区的降水资料分析了北京地区城市化发展对降水量及其空间分布的影响，但是不同的分析方法得出的结论并不一致。

孙继松和舒文军[20]曾对北京市由热岛引起的阵雨做过研究，认为北京地区降水过程局地变化似乎与城市热岛效应存在密切联系，城市的规模越大，或者说城市热岛强度、影响区域越大，城市热岛效应对区域性降水分布的影响作用也就越明显；另外，季节性环境风场的变化对局地性降水落区也存在明显的影响。城市热岛效应对不同季节降水分布的影响，可能是通过城乡温度梯度与盛行风相互作用来实现的。就北京地区而言，地形的存在强化了城区与北部郊区之间的温度梯度，在冬季北风气流的作用下，北部郊区局地降水天气过程相对减少，城区及其南侧则相对增加；夏季盛行南风气流，随着城市热岛效应的增强，发生在北部近郊区的局地弱降水天气过程相对增多。

2. 城市阻碍效应对城市降水的影响

城市化发展促使城区高楼林立，城区中建筑高度不一，且规模庞大的高层建筑使地面粗糙度增大，气流经过城市上空受地面摩擦影响，速度减缓，这就是"城市阻碍效应"。城市阻碍效应造成气流总体移动速度减慢和在城区滞留时间增加，进而导致城区降雨强度增大及降雨时间延长，雨岛效应如图 4.13 所示。

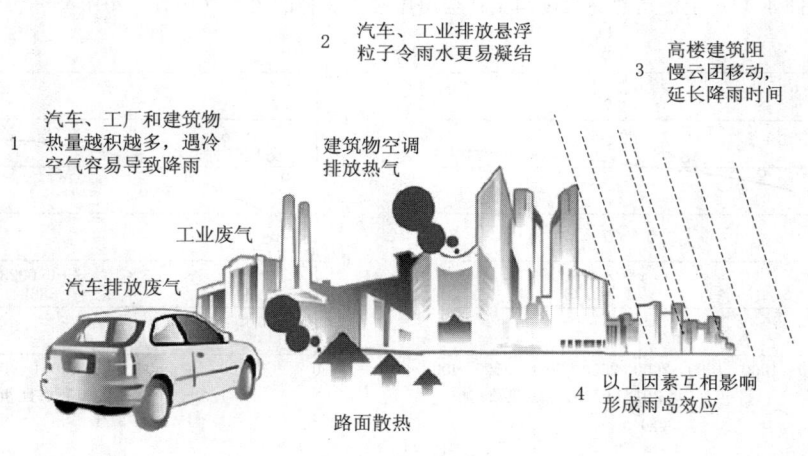

图 4.13 雨岛效应

国内已有很多学者以上海市为例，开展城市阻碍效应对降水影响研究。殷健和梁珊珊[26]研究城市化对上海市区域降水影响指出，1999—2007 年期间影响上海的主要台风有 17 个，其中，59%台风影响期间市区降水强度大于郊区，城市阻碍效应造成气流总体移动速度减慢和在城区滞留时间增加，进而导致城区降雨强度增大及降雨时间延长，对台风降水造成了较明显影响。吴风波和汤剑平[27]研究城市化对2008年8月25日上海一次特大暴雨的影响表明，上海城市化使得这次暴雨过程在城市中心区域和迎风区降雨增强，城市背风区降雨减少；而城市化引起的陆面粗糙度等变化的动力作用对城市地区低层风场产生阻挡，使得城市迎风区垂直上升运动增强、水汽增多，是造成城市迎风区降雨增强的主要原因。目前城市阻碍效应对降水影响取得了很多有意义的研究成果，多数研究成果都充分体现了城市阻碍效应对降水的显著影响作用。但黄伟峰和沈雪频[28]研究认为，对于城市规模不大、高层建筑不多的城市，虽然粗糙度增大，但不足以阻碍大尺度天气系统的移动，并认为对于城市降水机制而言，城市粗糙度的影响不是主要的。可见，城市阻碍效应对降水影响作用还是很复杂的，还与城市的规模以及天气系统尺度相关联。

3. 城市污染效应对城市降水的影响

城市化发展产生大量的车辆、工业、能源生产、无覆盖尘土等城区污染源，并以市区为中心形成一个显著的混浊岛，其混浊效应随着城市化发展而逐渐增强，这种尘埃和废气的微小颗粒长期飘浮在空中，形成较多的水汽凝结核，进而起到促进增雨的作用。

城市化影响降水的机制，以城市热岛效应和城市阻碍效应最为重要。至于城市空气中凝结核丰富对降水的影响，一般认为有促进降雨增多的作用。城市降雨量增多，很可能是这三者共同作用的结果。

根据水利部公益性行业科研专项经费项目的研究结果，上海市具有较明显的雨岛效应，体现在暴雨频数、暴雨量和暴雨日数等方面。1981—2010年，上海市区暴雨最多，共有256次，浦东次之，为246次，宝山、南汇、闵行、奉贤、松江、金山的暴雨频数在220~238之间，青浦、嘉定、崇明最少，暴雨频数在210~214之间，如图4.14所示。市区、浦东暴雨偏多可能与城市热岛效应的叠加影响有关，因为相同天气和水汽条件下城市中心下垫面向近地层输送热量较为强烈，容易加强近地层的对流运动，形成暴雨。

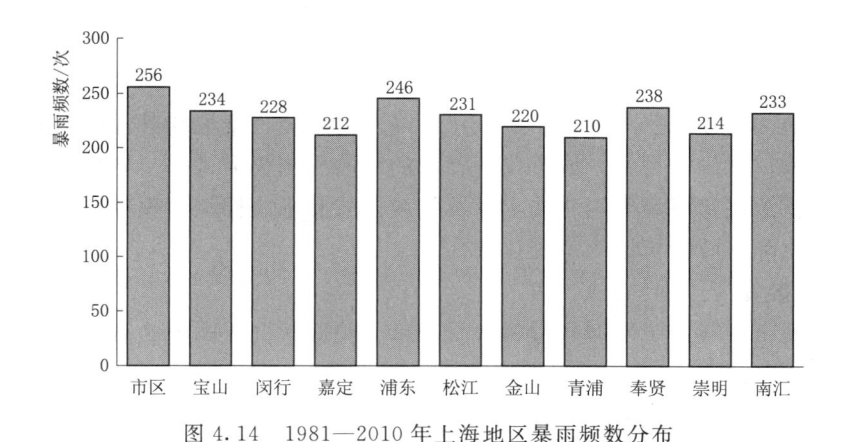

图 4.14 1981—2010年上海地区暴雨频数分布

1981—2010年上海地区年平均暴雨量分布与暴雨频数具有相似的分布特征，如图4.15所示。年平均暴雨量最大为市区徐家汇站，浦东次之，年平均暴雨量最小是上海西部的青浦站，上海西部的嘉定站、松江站和金山站年平均暴雨量也较小。

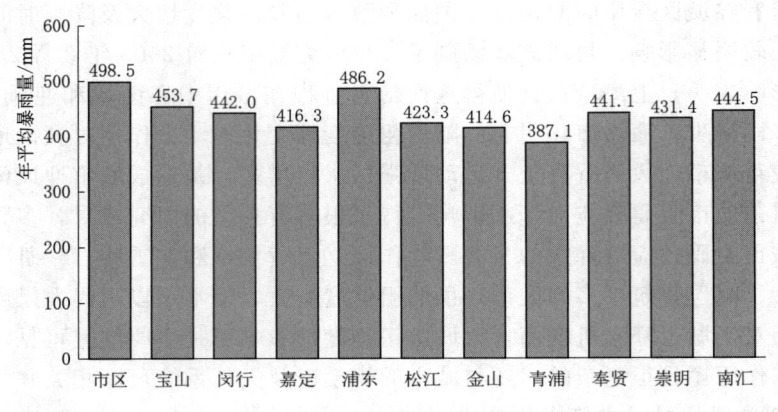

图 4.15 1981—2010 年上海地区年平均暴雨量分布

上海市区、近郊、远郊在不同年代际的暴雨日数统计（图 4.16）表明，在任一时期，市区的暴雨日数均高于近郊和远郊，而近郊的基本上也都高于远郊。

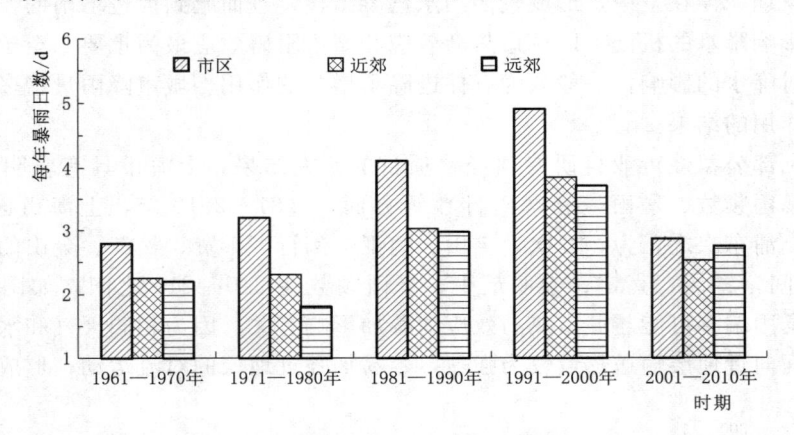

图 4.16 上海市区和郊区年暴雨日数对比

由于存在地区差异及季节差异，城市化对降水的影响程度也与其他因素有关，如城市地形、地理位置、气候类型等。城市化对降水的影响机制仍需进一步研究，需要借助诸多技术手段，如雷达遥感卫星等观测技术以及气候模式和水文模型等模拟技术，深化对变化环境下的城市化降水效应机制的系统认知。

4.3.3 城市蒸散发

蒸散发是城市生态系统水循环过程中受城市下垫面状况影响最为直接的环节之一。蒸散发的形成及其速率大小受多种因素影响，主要包括以下四个方面：①辐射、气温、湿度、气压、风速等气象因素；②土壤含水率的大小及其分布；③植物生理特性；④土壤岩性、结构和潜水埋深等。

城市化过程中，原有的植被、土壤被道路、广场、建筑等人工表面替代，蒸散发的性质也发生了改变。相对于土壤蒸发和植物散发，人工表面的蒸发持续时间较短。另外，由于城市中的温度、风速、空气湿度等控制蒸散发的因子有所改变，蒸散发也受到影响。城市不透水面积增加，地表下渗能力减弱，直接导致地下水补给量减少，地下径流及土壤含水量降低，进而造成蒸散发量减小。城市地区建筑物密度增加，下垫面粗糙度显著增大，使城市市区风速比郊区低，无风日增加，直接影响蒸散发速率。城市化区域的日照时数有减少趋势，导致获取的太阳辐射能量降低，抑制蒸散发过程。敬书珍[29]基于改进SEBAL模型，发现北京市日蒸散发存在明显城郊差异，蒸散发量与NDVI、不透水率及主要地形要素等关系密切。杨凯等[30]分析了上海市蒸散发变化及城郊差异，结果显示城市化导致上海地区城郊的蒸散发存在明显差异，且与下垫面状况直接相关。也有人认为城市化增强了蒸散发效应。曹润祥等[31]基于SEBS-Urban模型与城市耗水模型分析了天津平原区城市化地区蒸散特征，结果显示人为热或社会侧的耗水会增加蒸散发，且建成区的增幅更大。周琳[32]采用水量平衡法、基于能量平衡的遥感反演法和下垫面分类估算法分析了北京市城市化对蒸散发的影响，发现城区蒸散量相比自然下垫面条件较高，可能与考虑人为热、建筑物内部蒸散及渗漏因素有关。可以看出，复杂的城市下垫面以及多种形式的用水活动，使得城市化蒸散发效应的研究难度加大，考虑因素不同可能会产生相悖的结论。因此，需要针对不同城市的用水活动特点，开展深入的研究与分析，针对具有一定特征的城市评估其蒸散发效应，并探索影响蒸散发的敏感性因素，如城市用水活动强弱、植被地貌等。

城市化对地表蒸散发的影响是城市生态环境研究中的重点领域之一。由于城市的发展和扩张，大量的城市不透水地表使得城市下垫面粗糙度、光学特性等发生了较大变化，导致城市地表辐射、水分等的时空分布发生变化，最终导致城市地表蒸散发在时间和空间尺度上发生变化。Ramamurthy和Bou-Zeid[33]结合观测资料和PUCM城市冠层模型反演了城市地表蒸散发，在此基础上分析了城市地表异质性特征对蒸散发过程的影响机理，重点分析了在降水事件发生前后蒸散发的变化情况，研究了城市不透水地表对蒸散发的影响以及蒸发通量对城市地表能量平衡的影响。周琳[32]在获取北京市地表蒸散量的基础上，分析城区、郊区和山区蒸散发的分布情况，结果显示城市不透水地表面积高的区域的蒸散量高于自然地表蒸散量。唐婷等[34]以京津唐地区为研究区域，基于MODIS数据和气象数据利用SEBS模型反演了地表蒸散发，定量评估城市扩张对蒸散发量的影响，结果显示其他土地利用类型转化为城市不透水地表后蒸散发量呈现下降趋势。Zhang等[35]基于哨兵数据反演得到更高空间分辨率的蒸散发数据，其结果显示不透水地表的蒸散发量是最低的，明显低于其他土地利用类型。

4.3.4 城市产汇流过程

城市不透水表面的增加改变了城市地表径流的时空模式及水循环过程，进而改变了城市的水量平衡，促进局部降水增加的正反馈效应以及局部蒸散发减少的负反馈效应[36]。由于城市微气候的改变，蒸散发过程发生变化，干扰了水循环过程，而城市地表形态的变化改变了城市区域小流域的产汇流特征，增加了城市地表径流，减少了地下径流以及地表地下的水量交换过程，如图4.17所示。

在影响产流过程方面，主要体现在城市化导致地表的不透水率提高，原来具备透水性能的植被区、洼地等被道路、广场、建筑物等透水性能很弱或不具透水性的地表替代，极大地减弱了城区的入渗过程，同时，地表蓄滞能力的降低削弱了截留能力，因此表现出城

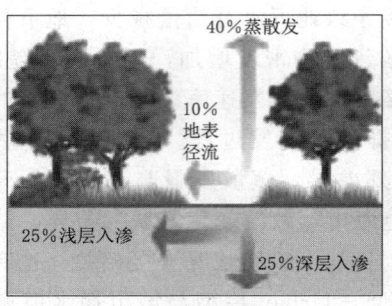

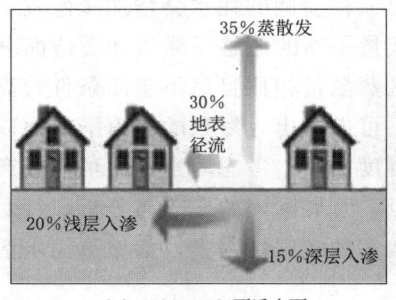

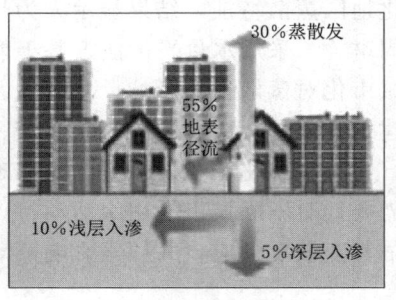

图 4.17　不透水面积变化对城市水循环要素的影响示意[38]

市化后径流系数显著增大，如图 4.18 所示。此外，多数研究结果证实径流系数与不透水面积比例呈显著的正相关[37]。

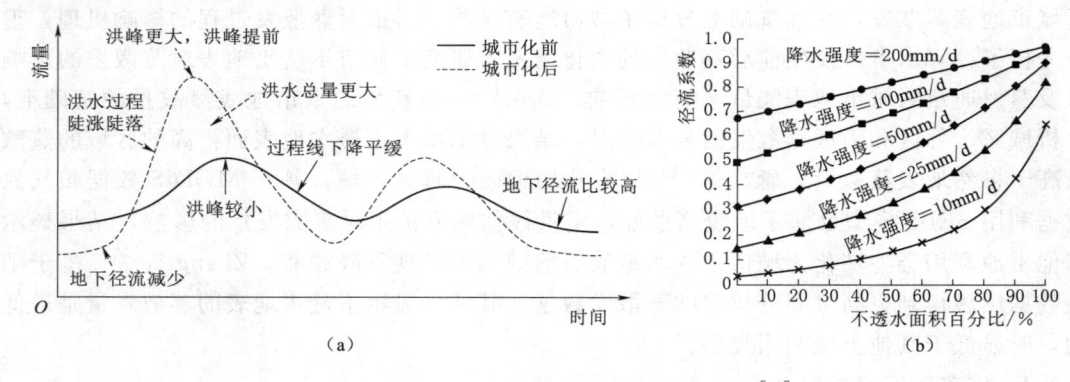

图 4.18　城市化对地表径流过程的影响示意[38]

在影响汇流过程方面，则主要表现为以下特征（图 4.19 中，$T_前$、$T_后$ 分别为城市化前后的峰现时间，$Q_前$、$Q_后$ 分别为城市化前后的洪峰流量，ΔT、ΔQ 分别为城市化前后峰现时间差值和洪峰流量差值）：城市化区域地表糙率减小，汇流速度加快，加之城市排水管网的存在，峰现时间明显提前，导致城市化后的洪水过程线变得"尖瘦"；城市极为复杂的下垫面导致其汇流路径发生了巨大变化，地下空间（地下停车场、地下室、地铁等）改变了浅层地下水或壤中流的汇流路径[39]，透水区与不透水区的复杂连通关系影响了地表汇流过程[40]；城市化改变了原有河网水系的形态与结构，支流逐渐消失[41]；城市的水利工程建设，如橡胶坝、泵站等，也在一定程度上影响了城区的汇流过程。

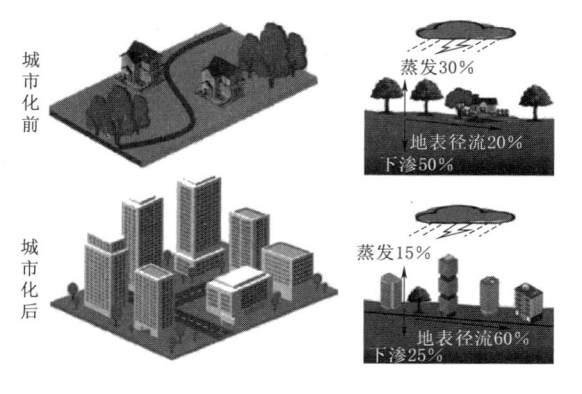

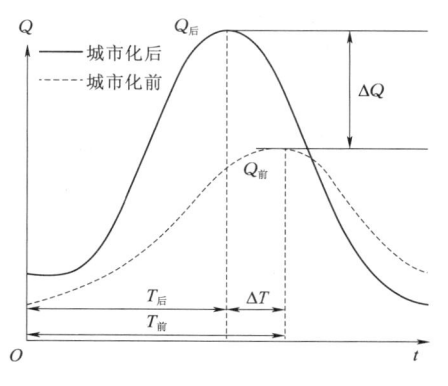

（a）城市化前后下垫面变化　　（b）城市化前后产汇流比例变化　　（c）城市化前后产汇流过程变化

图 4.19　城市化对产汇流影响示意[42]

值得一提的是，不透水表面的空间分布及其有效性是影响城市产汇流过程的一个不可忽略的重要因素。Ferreira 等[43]基于室内降雨径流实验发现，不透水率增加对于径流过程的影响可以通过不透水面与透水面空间分布关系调整得到有效缓解；Yao 等[44]基于模拟研究不透水面与地表径流的时空相关性发现，不透水面空间格局与模拟地表径流高度相关，优化不透水面空间格局可作为控制地表径流的重要途径。由此可见，不透水面空间分布不同，对不透水面的"有效性"具有一定影响，加强不透水面空间格局的管控是城市水文效应调控的重要发展方向。从地表汇流角度而言，城市不透水面增加改变了下垫面的连通性，在微观上使城市局部区域汇流复杂度增加，但在宏观上则使流域汇流复杂度降低，其综合影响因降雨等级的不同而迥异。Silva 等[45]基于数值模拟分析了不透水面与绿色空间的连通性对降雨径流过程的影响，结果表明不透水面和绿色空间的连通性对下渗过程有重要影响；Cen 等[46]对各种城市地面及其多种组合的产流特性做了系统试验，发现不透水面的位置对产汇流特性有明显影响。当前对于不透水面的空间分布研究多数集中在不透水率和不透水面相对位置关系上，而对于不透水面的结构性特征，如复杂空间组合、外部轮廓、连通性等考虑较少，对于不透水面的复杂空间分布对产汇流过程不同环节、不同过程的影响机理尚缺乏统一认识[47]。

总之，城市化对产汇流过程的影响并非一个简单的单向反馈过程，而是一个极其复杂的动态过程，仍然存在一些不明确的响应关系，需要综合考虑多方面因素，开展深入的机理分析和理论实践相结合的研究，开发有效的模型方法和通用的评价指标以更好地认识和理解城市化对产汇流过程的影响机制。

城市化通过改变下垫面条件进而影响产汇流过程，导致径流过程发生变化。以镇江市焦东流域的某易涝区为例（图 4.20），在 5 年一遇的 3h 暴雨事件中，当不透水区域的面积占比从 20% 分别提高到 50% 和 80% 时，易涝区管网排水出口的洪峰径流分别上升了约 64% 和 82%，径流总量分别增长了 34% 和 50%。同样，季晓敏[48]分析了秦淮河流域不同城市化程度的年径流量特征，发现城市化后丰、平、枯水文年的径流量均有增加，枯水年增幅最大，丰水年增幅最小，见表4.1。冯雷[49]采用城市发展模型与分布式水文模型分析了城市化对济南市水文要素的影响，结果显示随着济南市城市化发展，其总径流量和地表径流量分别增加了8.6%和28.5%，地表径流对土地利用变化最为敏感，如图4.21所示。

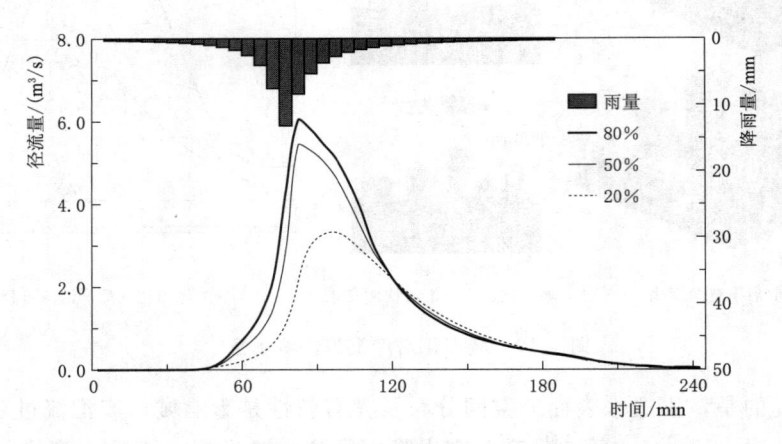

图4.20 不透水面积占比变化条件下的降雨径流过程

表4.1 各典型年在不同土地利用情景下的年径流深[48]

降雨频率	典型年年降雨量/mm	情景	城镇化比例/%	径流深/mm	与1988年相比的径流深变化率/%
10%	1913	1988	4.2	1246	—
		2001	7.5	1259	1.0
		2010	13.2	1271	2.1
50%	1055	1988	4.2	279	—
		2001	7.5	285	2.3
		2010	13.2	293	5.1
90%	695	1988	4.2	151	—
		2001	7.5	163	7.9
		2010	13.2	173	14.6

4.3.5 城市水体水质

伴随城市化过程的推进，城市化区域不透水面面积也在不断增加，加速了地表径流形成，城市暴雨径流中含有诸如营养物、病菌、沉淀物以及重金属等许多污染物，随地表径流汇入城市水体，成为水质恶化的主因。随着城市化程度不断提高，土地利用类型也在不断改变，污染物的种类、数量以及浓度也随之发生变化。城市化发展导致城市工业废水和生活污水增多，使得入河污染负荷加大，也导致河流水质不断恶化[36,50-51]。排放的污染尾气使降水酸化，进一步恶化了地表水质。此外，污水管网与合流制管网的泄漏，造成地下水污染[52]。城市化引起的土地利用改变，导致城市河流水系减少、河道淤积或消失等问题，降低了河流蓄水排涝和纳污自净能力，加剧了水环境恶化。近年来，虽然通过污染

4.3 城市化生态水文效应

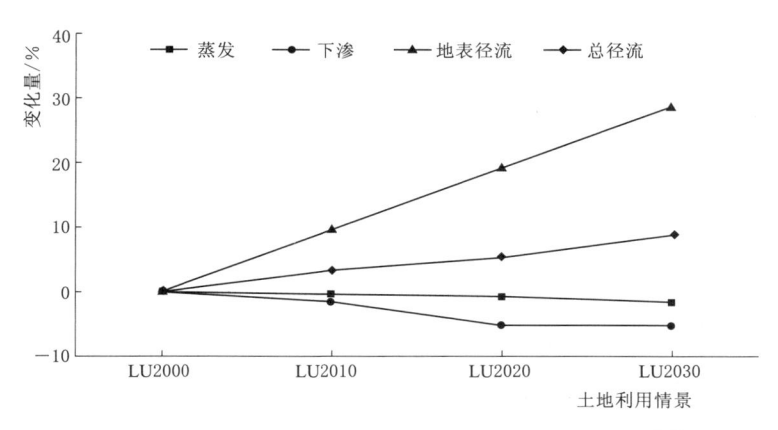

图 4.21 四期土地利用情景下流域整体水文要素变化[49]

治理减少了城市生产、生活排放物对水体的污染，许多河流水质有了明显的改善，但城市水质的污染问题远没有彻底解决，城市河流的各项污染指标仍远高于非城市河流。

2000 年我国每日排放的废污水量接近 1.7t，主要是城市工业废水、生活污水（工业废水量与生活污水量的比例，因工业化程度而异，工业化程度高的城市达 9:1）。其中有 80% 以上未经处理就直接排入水域，造成全国 1/3 以上河流被污染，70% 以上城市水域污染严重，尤其在枯水季节，河川基流量减小，河流的稀释能力削弱，水质更差。全国近 50% 的重点城市水源地水质不符合饮用水标准，降低了城市的供水能力，南方城市水质型缺水问题突出，因水污染所导致的缺水量占这些城市总缺水量的 50%～70%，北方和沿海城市缺水更为严重。随着城市污水排放量的递增，再加上生活、工业垃圾中污染物随降雨径流进入水体，污染就更加严重，不但影响了供水水源，还加剧了水资源危机。受污染水域的水质恶化，破坏水生动物的生存环境，进而影响水生态系统的健康与问题。

Paul 等[53] 探讨了城市化与水质之间的关系，认为城市化对水质影响有两个原因，即污染物的增加与城市降解能力降低，城市降解能力主要体现为城市下垫面的透水性。Ren 等[54] 分析了上海市水质与城市化及土地利用变化格局的关系，发现城市化与水质恶化呈显著正相关，如图 4.22 所示。胡和兵[55] 开展了城市化背景下流域土地利用变化对河流水质影响研究，结果表明土地利用强度对河流水质指标浓度存在明显的正效应，随着土地利用强度的增加，水质指标的浓度值增加，水质越差，如图 4.23 和图 4.24 所示。类似地，在 20 世纪 60 年代，珠江三角洲河网区的水质优良，水生生物丰富多样。然而随着经济的发展和城市化水平的不断提高，河网区的水质不断恶化。1999 年的统计表明，珠江三角洲年排污量达到 29.7 亿 t。排污口众多的广州市，河道水质受到工业废水、生活污水的严重污染，水质常年为 IV～V 类。

4.3.6 城市水系

河网水系是水资源形成和演化的主要载体，是生态环境的重要组成部分，也是城市经济社会发展的重要支撑。作为城市河流水环境的重要组成部分，河网水系具有鲜明的地域特征，并通过河流长度、河流数目、河网密度、水系分支、河流分级等因素对河流形态、水系结构和调蓄能力产生重要影响。河网水系的演变不仅受到地质构造、气候、土壤等自

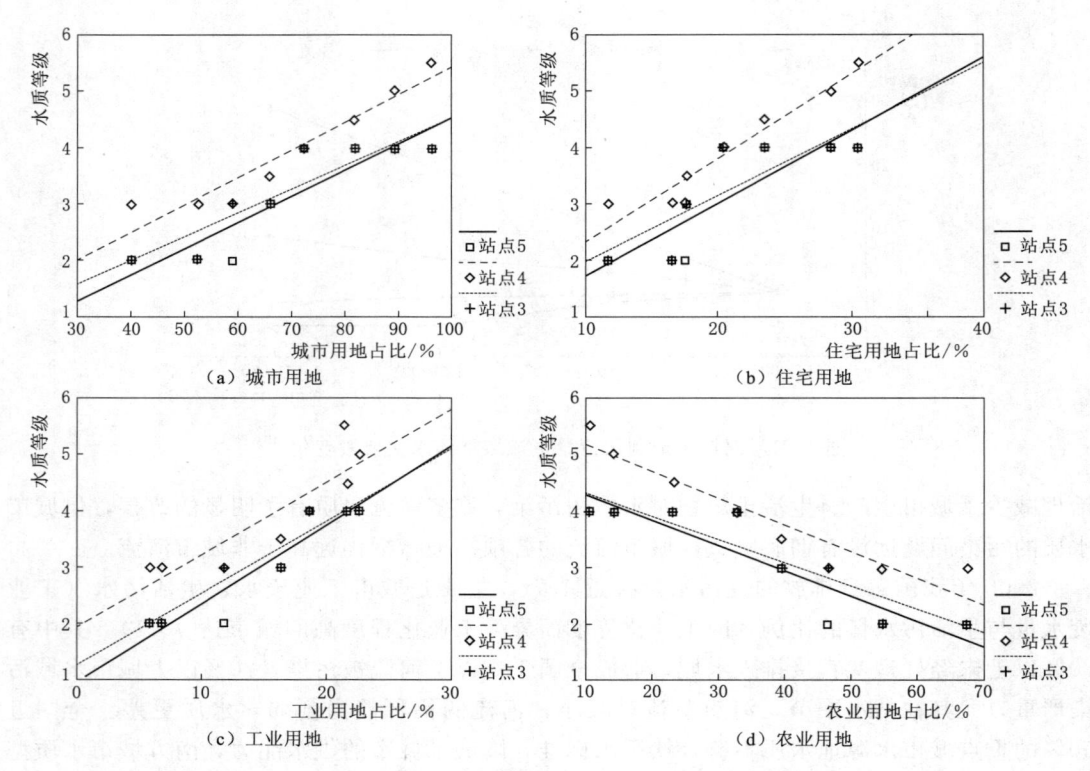

图 4.22 上海市水质与城市化及土地利用的关系[54]

然因素的影响，而且与土地利方式、水利工程建设等人类活动息息相关。近年来，伴随快速城市化进程，城市化已成为对河网水系影响最明显的人类活动，全球 60% 的河流因为城市化而发生了形态结构的改变。在城市地区，由于人河争地以及河流廊道对区域景观在扩展过程中的切割阻碍，大量河道被城市建设用地取代，众多河流水系相继消失、河道人工渠化严重，河网形态结构发生不同程度的改变。随着城市化水平的不断提高，河网水系结构越来越明显表现出由复杂到简单、由多元到单一的趋势。连通性是河网功能性指标之一，河流连通性受到阻碍都会对河网水系的调蓄以及排水功能造成较大影响。综上，城市化引起的河网形态结构改变和连通性破坏，会在一定程度上加剧城市面临的洪涝干旱和水质恶化等问题。

以上海中心城区为例，1860—2003 年间，中心城区河流消失约 307 条，长度达 523km，水面积减少约 10.46km^2，水面率下降近 3.61%，槽蓄容量减少 2029 万 km^3，较 140 多年前下降了 81.9%，单位面积可调蓄容量减少约 $5.06×10^4$ m^3/km$^{2[56]}$。河道天然调蓄能力的降低，使得防洪排涝能力本来就不高的上海中心城区常常受淹，内河水位越来越高，带来的损失也越来越大。2007 年 9 月，受台风"韦帕"影响，上海中心城区遭遇特大暴雨，由于中心城区排水系统设计标准偏低仅为一年一遇，且水面率过少、滞蓄雨水的自然空间有限，从而导致市区 8000 余户民居进水，损失严重。

严春军和杨大庆[57]探讨了城市化进程对上海市浦东新区河网水系的影响，从河网水系结构和功能特性出发，选取河流水面面积、数量、连通性等指标，分析了河网水系演变

4.3 城市化生态水文效应

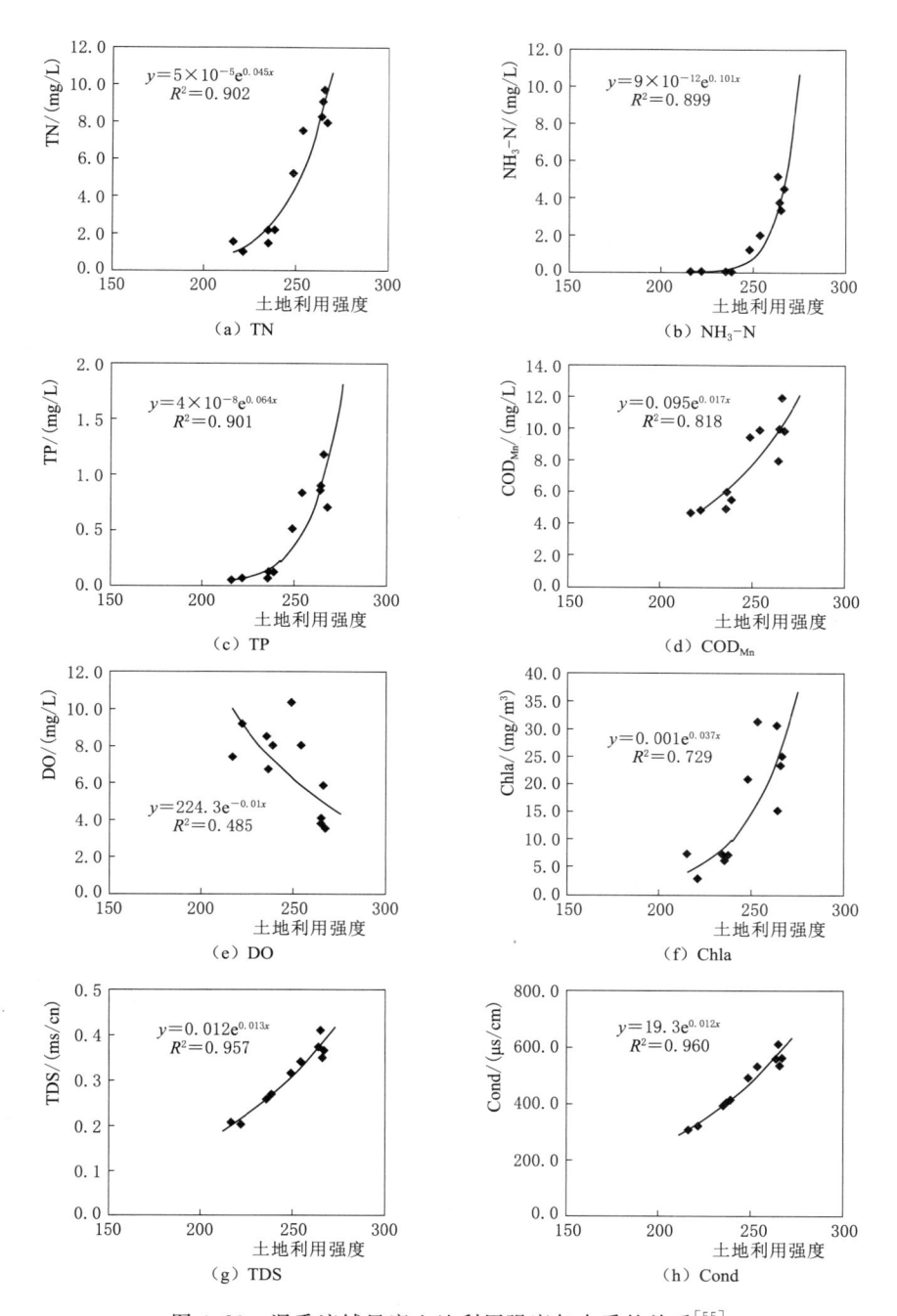

图 4.23 湿季流域尺度土地利用强度与水质的关系[55]

特征及其对城市化过程的响应规律,发现快速城市化导致 2000—2010 年浦东新区的河网水系发生了较大的变化:河流长度和面积均明显下降、斑块数明显增加;从各指标的变化趋势来看,2000 年河网水系连通性、面积、破碎度等指标最好;2010 年仅水质指标表现为最好,其他指标均表现为最差,如图 4.25 所示。

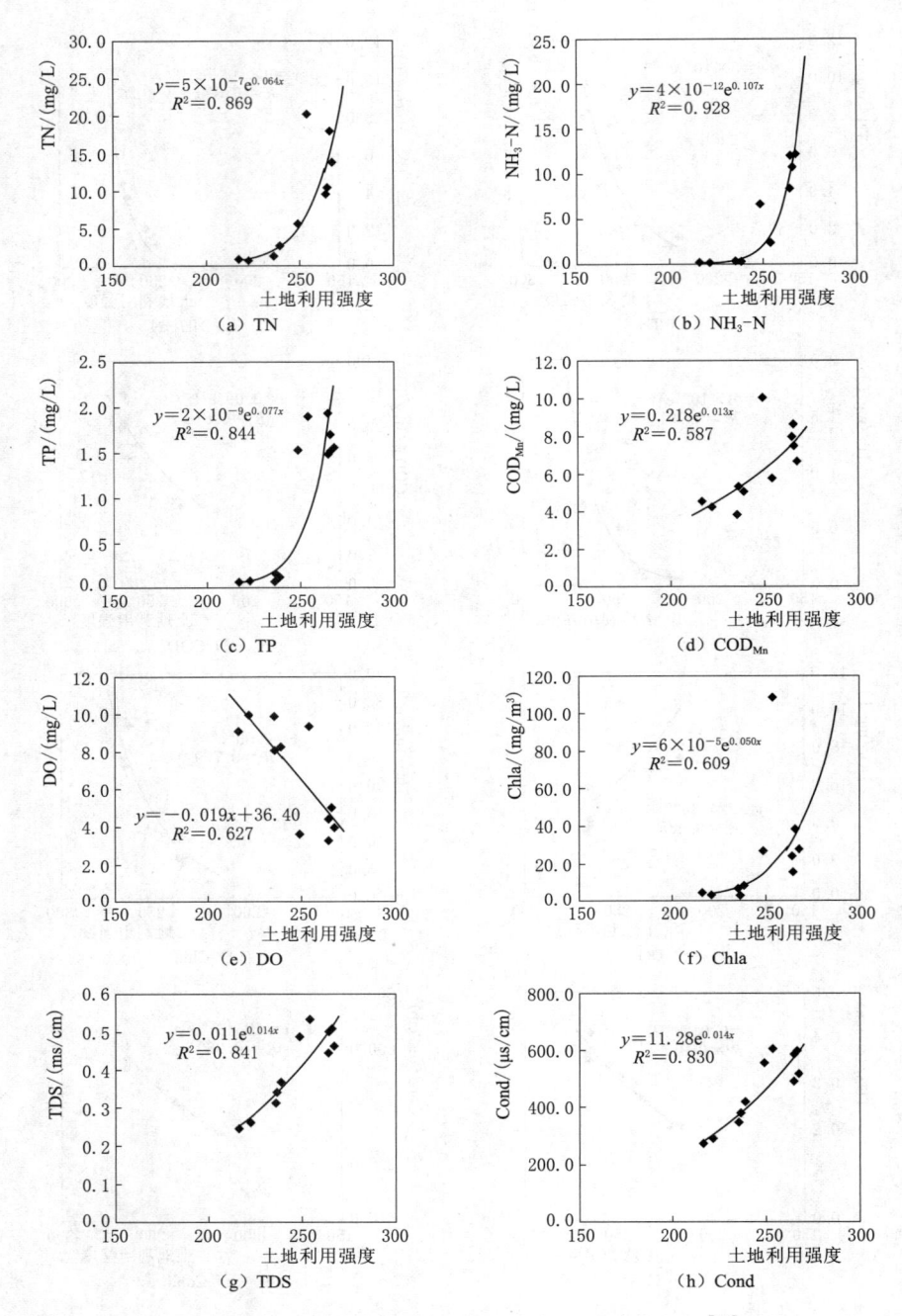

图 4.24　干季流域尺度土地利用强度与水质的关系[55]

城市土地利用变化改变了城市流域生态系统的物理、化学与生物特性，引发了城市河流的生态退化。城市化发展导致植被覆盖减少，对污染物的消解和拦截作用降低，从而导致沉淀物和污染物增多；改变了流域河网的形态，造成河道淤积或消失、河流缩窄变短、湖泊河网衰退消亡，降低了河流蓄水排涝和纳污自净能力。城市人工生态系统对河流生态的影响还表现在河道生物群落结构的变化方面。城市河道结构简单化和渠道化,加之城市给排水管网建设改变了自然状态下的水循环路线,也在一定程度上影响了城市水循环过程及水生态系统。为此,近年来有研究者认为应该放弃最初"修复"河流的思想,重视城市水生态系统设计,通过多种途径解决城市河流的生态问题[58]。

城市水系是城市水生态系统的主体。城市水系统的客体是城市水资源,城市水资源是城市生产和生活最基础的资源之一。同时由于城市功能的特殊性,城市水资源除了一般水资源固有的本质属性和基本属性外,还具有环境、社会和经济属性。严格意义上的城市水系是指在一定地域空间内,以城市水资源为主体,以水资源的开发利用和保护为过程,并与自然和社会环境密切相关且随时空变化的动态系统。因此,从这个意义上说,城市水系统的内涵已经远远超出了通常所说的"水资源系统"或"水源系统"的范畴。这个系统不仅包含了相关的自然因素,还融入了社会、经济甚至是政治等许多人为因素。

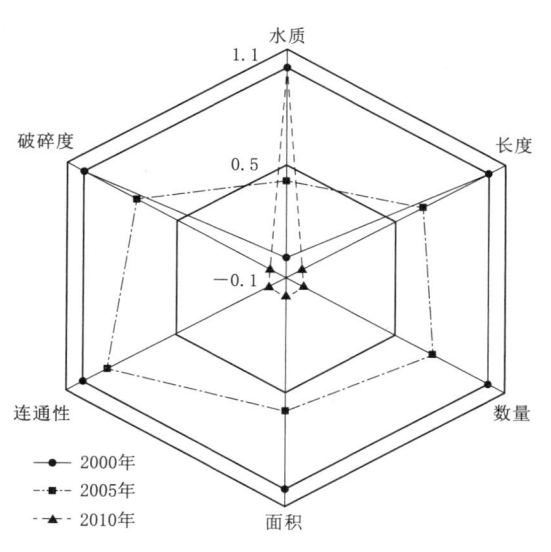

图 4.25 河网水系各指标权衡图[57]

4.4 海绵城市建设的生态水文效应

4.4.1 城市雨洪特性

城市地区的雨洪具有利、害两重性。一方面,城市化改变了城市水文循环特性,从而使得城市雨洪特性改变,易引起短期内积水形成内涝;另一方面,城市雨洪是城市水资源的主要来源之一,科学合理地利用城市雨洪资源,可以节约城市水资源,保证城市功能的正常发挥。

4.4.1.1 城市雨洪的灾害性

城市化改变了下垫面条件,扩大了不透水面积,使得产汇流过程发生显著变化,增加了地表径流量和汇流速度,加大了城市雨洪排水系统压力,从而加剧了城市雨洪的灾害性,具体表现在以下几个方面。

(1) 地表径流量增加,流速加大。城市化造成的热岛效应和雨岛效应导致降水量增加,且雷暴雨增多,再加上城市化地区不透水面积占比大,植被稀少,下渗量、蒸发量减少,增加了净雨量(指形成径流的雨量),使地表径流量增加。此外,城市化引起的土地利用改变使得河湖萎缩,降低了对暴雨径流的滞蓄能力,增加了雨洪在坡地和河网的汇流速度,加大了城市地区的洪涝灾害风险。

(2) 洪峰增高,峰现时间提前,洪水历时缩短。由于城市化,下渗减少,净雨增加,地表径流增大,在坡地汇流阶段流程缩短,流速加快。此外,城市化导致原来的自然河道被铺设的排水管网所取代,排水管道密度大,以及涵洞化排水,排水速度快,使水向排水管网中的输送更为迅速。城市化对产汇流过程的改变使得暴雨径流过程陡涨陡落,峰值高,峰现时间提前,洪水历时缩短(图4.19)。城市化地区洪峰流量约为城市化前的3倍,涨峰历时是城市化前的1/3,暴雨径流的洪峰流量预期可达未开发流域的2~4倍。这取决于河道整治情况、城市不透水面积率及有效不透水面积的分布、管网与河网的排水设施等。在美国伊利诺伊州中东部不同城市化程度(不透水面积所占百分比)地区,对雨洪排水量速度所做的观测研究发现,随着城市化级别升高,其不透水地面所占全区面积的百分比也越大,雨水向下渗透量越小,地表径流量越集中,雨洪排水量洪峰越高,见表4.2。

表4.2　伊利诺伊州中东部不同城市化程度对雨洪排水速度的影响[59]

城市化程度	不透水面积占比/%	暴雨洪峰重现期/年	2h暴雨最高值 降雨量/mm	2h暴雨最高值 雨洪排水速度/(mm/s)
郊区农村	3	2	43.2	4.1
		10		6.9
		50		12.5
		100		32.4
1/3郊区 2/3城市化	25	2	53.3	8.7
		10		16.3
		50		17.3
		100		45.3
全部城市化	50	2	80.0	14.4
		10		16.6
		50		23.2
		100		60.2
高度城市化	75	2	91.4	18.0
		10		21.0
		50		26.3
		100		68.4

(3) 雨洪径流污染负荷增加。随着城市规模的扩大,大量富含金属、重金属、有机污染物、放射性污染物、细菌、病毒等的工业废水和生活污水排入城市水体。大气中集聚的污染物质随雨水降落地面,连同地面、屋顶的污染物,随径流汇入河道。暴雨时(汛期),城市地表径流汇流速度和河流水体流速的增大,不仅加剧了地面、河床冲刷,还加大了悬浮固体和污染物的输送量,使径流中悬浮固体和污染物含量增加,水质恶化;无雨时(枯水期),径流量减少,污染物浓度增大。据我国《2012年环境统计年报》,全国废水排放总量684.8亿t。其中,工业废水排放量221.6亿t,占废水排放总量的32.3%;城镇生活污水排放量462.7亿t,占废水排放总量的67.6%。城镇生活污水无法做到100%处理,未经处理的直接排入水域的生活污水,造成河流污染,导致水质恶化。此外,城市建设施

工期间,大量泥沙被雨水冲洗,使河流泥沙含量增大。

4.4.1.2　城市雨洪的资源性

2000—2022年,我国平均年降水量约为650mm,折合降水量接近$6.15\times10^{12}\,\text{m}^3$,雨水资源丰富。在城市地区,随着城市规模的不断扩大,不透水面积占比不断增加,由于雨水集蓄利用设施匮乏,每年有大量雨水弃流排放。但实际上,雨水作为自然界水循环的阶段性产物,是城市中十分宝贵的水资源。只要在城市雨洪排水系统设计中采取相应的工程措施,就可将城区雨水收集加以利用。这样不仅能在一定程度上缓解城市水资源的供需矛盾,而且还能有效减少城市地面雨洪径流量,延滞汇流时间,减轻雨洪排涝设施的压力,减少防洪投资和洪灾损失,降低洪涝风险。

在雨水集蓄利用方面,发达国家通过制定一系列有关雨水利用的法律法规,建立完善的屋顶蓄水和由入渗池、井、草地、透水路面组成的地面回灌系统,收集雨水用于居民日常生活。

据调查,我国严重缺水城市的年均降水均在400mm以上。完全可以采用绿地渗透、透水地面、渗池、渗井以及蓄水池等工程,收集雨水利用、补充回灌地下水、滞洪防灾等。

绿地因表土层根系发达,土壤相对较疏松,其对降雨的入渗性能较裸地大,经测定有草地的土壤稳定入渗率比相同土壤条件的裸地高15%~20%。另外,草地茎棵密布、草叶繁茂,一般在地表有2cm深水层时,水不易流失。即使在日降雨量达100mm且雨峰强度达30mm/h时,也很少看到平地草地有地表径流出流,足见草地的滞流入渗作用很强。我国现代城市小区规划规范已有要求,小区绿地面积不应小于30%,建筑物、道路占地一般为40%~50%。

建筑物、道路等不透水路面,暴雨的径流系数可达0.9,是形成小区暴雨径流的主要产流区。因此,应合理设计透水地面或渗井、渗池、渗沟,减少地表径流,增加入渗量,安全、合理地将剩余径流排出。还可以因地制宜地修建雨水蓄积处理池或人工湿地将雨洪资源简单处理后(雨水的处理比生活污水处理成本低得多)作为人工湖泊的景观用水、绿地灌溉用水、厕所冲洗用水、冷却水等。综合考虑,城市雨水利用既节省投资、缓解水资源供需矛盾,还涵养了地下水,调节城市生态环境,减轻城市雨洪灾害。

4.4.1.3　城市雨洪形成的生态机理

城市地区雨洪灾害的形成除了由于上述城市地区水文条件改变引起雨洪特性改变的因素之外,还包括城市建设发展中的其他因素,是整个城市水生态系统耦合形成的结果,其形成的生态机理包括以下几方面。

(1)城市河湖流域植被遭破坏,涵养水源功能下降。草木植被具有很强的水源涵养功能,是水体蓄存的"绿色水库"。一方面,茂密的林冠能截留降雨量15%~40%;另一方面,如同厚厚海绵的地表枯枝落叶层具有极强的吸水能力。此外,林木还能改变土壤的结构,为水分渗透创造良好的条件,使大部分地表径流转变为地下径流,并显著延长降水流出时间,起到涵养水源的作用。据研究,与城市裸地相比,1hm^2的林地可多储水$300\,\text{m}^3$以上,3333.3hm^2的林木即相当于一个蓄水100万m^3的水库。在城市建设过程中,大量原有植被被人为建筑物取代,并在建成后植被得不到恢复,绿化建设不配套,使得涵养水源功能下降。

（2）城市湿地系统遭破坏，调控雨洪灾害、净化处理雨洪的功能丧失。城市湿地是指城市内部和近郊的湿地系统，大多位于低洼处，含有大量持水性良好的泥炭土和植物及质地黏重的不透水层，具有巨大的蓄水能力。湿地可以在暴雨和雨洪季节储存过量的降水，并均匀释放出径流，降低雨洪对下游的危害，且可净化水质，因此湿地系统是天然的储水、净水系统。但在城市建设中，一系列开发活动，如城郊的围垦造田、湿地作为城市垃圾堆积地、城市的扩展外延、路基建设以及工业开发占用湿地等，使得城市湿地生态系统干涸、退化，并丧失其调控雨洪灾害、净化处理雨洪功能。

（3）城市河湖萎缩，雨洪调蓄能力降低。随着城市人口不断增加和城市建设用地规模不断扩大，城市原有河湖水体日益减少，雨洪调蓄功能逐渐弱化；部分城市规划建设项目，在经济利益驱动下，超标准建设诸如滨江住宅、河湖小区等滨水建筑设施，使城市河湖雨洪调蓄功能得不到保障。一旦城区发生暴雨灾害，就会因雨洪无法蓄存而形成内涝灾害。

4.4.2　城市雨洪调控模式
4.4.2.1　传统城市雨洪调控模式

城市排水系统是城市必不可少的基础设施，主要用于收集、输送、处理和排放城市产生的雨水径流和污水，其基本原则为"快速排放"，特别是对于汛期暴雨，需要将雨洪快速排走，以防发生积水内涝事件，避免影响城市居民出行安全。随着城市雨水资源化利用的要求不断提高，城市排水系统雨污分流工作逐步得到推广实施，越来越多的城市推进雨水排水系统和污水排水系统的分离工作。

对传统的城市雨洪排水系统而言，可根据其组成特性分为三个子系统。一是地表汇流子系统，一般是指排水系统地面以上的部分，通常包括广场、道路和边沟，负责将降雨期间不透水区域和超过透水区蓄渗能力的地表径流汇聚到雨水井或城市内河。二是传输子系统，主要包括排水沟渠和地下管网，负责将地表汇流子系统汇聚的雨水径流输送到最终受纳水体。三是受纳水体子系统，一般为江河、湖泊、海洋等，用于承接传输子系统末端排放的雨水径流，有时考虑到初期雨水径流的水质很差，对受纳水体的生态环境极为不利，会另外采取初期雨水弃流处理技术或截流处理技术。

根据设计形式的不同，传统城市排水系统又可分为合流制和分流制两类。合流制排水系统是雨水排水管网与污水排水管网合二为一，排放口处设有截流设施，可以节省工程造价费用，但是雨水资源利用效率不高，并且会增加污水处理成本。无雨期排水系统的污水流量小于截流能力，截流送往污水处理厂储水池，经过处理净化后再排放；雨期排水系统里的流量超过截流能力的部分将从溢流口溢出，直接排入受纳水体，同时也携带部分污染物进入受纳水体。分流制排水系统是将污水和雨水分别在两套或以上各自独立的管道内排放的系统。排放生活污水、工业废水或城市污水的系统一般称为排污系统；排放雨水的系统一般直接称为排水系统。

4.4.2.2　面向生态的城市雨洪管理模式

基于对城市雨洪灾害性和资源性的认识，面向生态的雨洪管理模式就是在设计城市排水工程时应考虑在有效抵御雨洪灾害的基础上充分发挥其潜在的水资源价值，同时兼顾城市水生态系统建设。面向城市水生态环境保护的排水系统主要表现为城市雨洪就地利用系统和集中利用系统的统筹协调。城市雨洪通过就地利用后进入调蓄设施集中利用，就地利用设施包括居民小区集雨利用设施、城市下沉式绿地滞洪利用设施、地下渗透回灌设施等。就地利用后的雨洪径流经过管渠汇流，进入人工湿地处理系统，经净化处理后的雨洪资源储存于城市人工湖或调蓄设施作为城市杂用水水资源。可以看出，面向城市水生态环境保护的排水系统具有有效提高资源利用率、减少城市雨洪污染、缓解城市雨洪灾害和排涝压力、实现城市水资源"生态循环"、适合现代"生态城市"建设需要等特点。一些发达国家和我国通过实践面向生态的可持续雨洪管理模式，逐渐形成了具有各自特色且较为完善的城市雨洪管理体系。

1. 美国的最佳管理措施

最佳管理措施（best management practices，BMPs）是指防治或减少非点源污染的一系列措施，在美国和加拿大地区运用广泛。该概念提出的最初目的是控制肥料、农药等引起的农业非点源污染，随后被用于解决城市交通、工程建设、绿地养护等造成的雨水径流非点源污染问题。发展至今，城市地区最佳管理措施更强调利用综合措施同时处理城市水量和水质问题，在传统控制非点源污染的基础上，其功能已向减少雨洪污染物排放的技术、过程或措施拓展。

最佳管理措施分为工程措施和非工程措施（图4.26），在城市地区常见的工程措施包括雨水滞留设施、透水铺装、河湖、池塘、湿地等，非工程措施包括绿地养护施肥控制、景观格局优化、工程措施维护以及制定相关法律、法规等。城市最佳管理措施的主要目标包括：径流总量和洪峰流量的控制、径流污染物总量的控制、地下水回灌与接纳水体保护以及生态敏感性雨洪管理等。

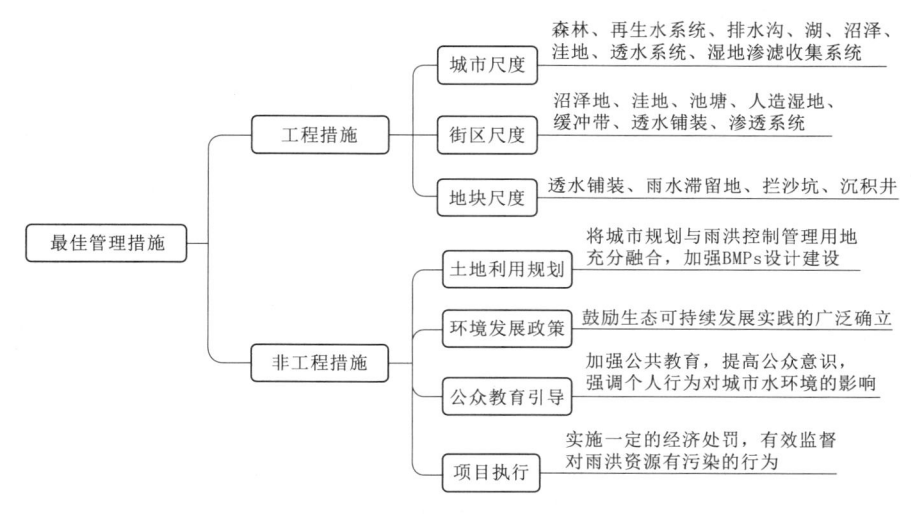

图 4.26 美国最佳管理措施（BMPs）类型[60]

2. 美国的低影响开发

低影响开发（low impact development，LID）理念于1990年由马里兰州乔治王子郡环境资源署首次提出，到20世纪90年代中期已逐渐成熟，目前已在美国、加拿大、新西兰等诸多国家地区广泛应用。LID基本理念源自微观尺度的最佳管理措施，侧重于对雨水径流的源头控制，其目的是通过合理的场地开发方式，综合利用储存、滞蓄、渗透、蒸发等雨洪管理技术，提高地下水源的补给和水资源的利用率，减少雨洪的直接排放，使得场地开发后的水文循环接近于或恢复至开发前的自然水平，减小城市雨洪管理成本并降低城市开发对自然环境的破坏。

LID措施包含结构性措施和非结构性措施。结构性措施主要有绿色屋顶、透水铺装、雨水花园、植草沟等。LID强调雨洪管理设施的设计应贯穿整个场地规划设计过程之中。LID场地规划的基本原则包括：①基于水文学搭建整体框架，重视场地的水文功能；②微观管理，聚焦小型集水区的径流处理，侧重于发生频率较高的小降雨事件；③源头控制，强调通过截留、下渗、蓄滞等技术手段从源头控制雨水径流，保护场地的自然水循环特征；④利用简单、非结构性方法，减少使用传统灰色工程材质，优先使用当地植物、土壤、砾石等材料，保护现状自然植被和土壤渗透性，将设施融入区域景观当中；⑤创造多功能景观设施，保留城市屋顶、街道、停车场、人行道、绿化带等设施原本使用功能的同时，增加雨水蓄滞、净化和利用以及景观美化等功能。LID措施技术体系分类见表4.3。

表4.3 LID措施技术体系分类[60]

分类	内容
保护性设计	通过保护开发空间，如减少不透水区域的面积，减少径流量
渗透技术	利用渗透既可减少径流量，也可以处理和控制径流，还可以补充土壤水分和地下水
径流调蓄	对不透水面产生的径流调蓄利用、逐渐渗透、蒸发等；减少径流排放量，削减峰流量，防止侵蚀
径流输送技术	采用生态化的输送系统来降低径流流速、延缓径流峰值时间等
过滤技术	通过土壤过滤、吸附、生物作用来处理径流污染。通常和渗透一样可以减小径流量、补充地下水、增加河流的基流、降低温度对受纳水体的影响
低影响景观	把雨洪控制利用措施与景观相结合，选择合适场地和土壤条件的植被，防止土壤流失和去除污染物等，低影响景观可以减少不透水面积、提高渗透潜力、改善场地的美学质量和生态环境等

3. 英国的可持续城市排水系统

针对城市洪涝多发、污染严重、生态破坏等问题，英国从20世纪80年代开始改革雨洪管理模式，并于2000年正式提出了可持续城市排水系统（sustainable urban drainage systems，SUDS）理念（图4.27）。SUDS旨在通过改进城市排水系统设计做到利益最大化，尽量降低发达地区地表径流问题带来的负面影响。可持续城市排水系统可以分为源头控制、中途控制和末端控制三种途径。可持续城市排水系统由传统的以"排放"为核心的排水系统上升到维持良性水循环高度的可持续排水系统，综合考虑径流的水质、水量、景观潜力、生态价值等。由原来只对城市排水设施的优化上升到对整个区域水系统优化，不但考虑雨水而且也考虑城市污水与再生水，通过综合措施来改善城市整体水循环。SUDS设计需要兼顾其在水量、水质、生物多样性和舒适性四个方面的作用功能。在水量方面，主要通过控制径流的洪峰和洪量，降低洪涝风险，增加地下水补给和雨洪资源利用，维护和保护自然水循环；在水质方面，主要通过净化地表径流，改善地下水源和地表受纳水体的水质；在生物多样性方面，通过创造可以为两栖动物、无脊椎动物、鸟类和其他哺乳动

4.4 海绵城市建设的生态水文效应

物等各种野生动物提供觅食、繁殖和栖息的场所，同时为人与自然提供良好的生态环境，将人与自然连接在一起；在舒适性方面，主要通过改善空气质量、调节气温、降低噪声污染、保护生物多样性、减少碳排放、提供娱乐场所等，为城市居民提供有活力的宜居空间，促进人们的身心健康。

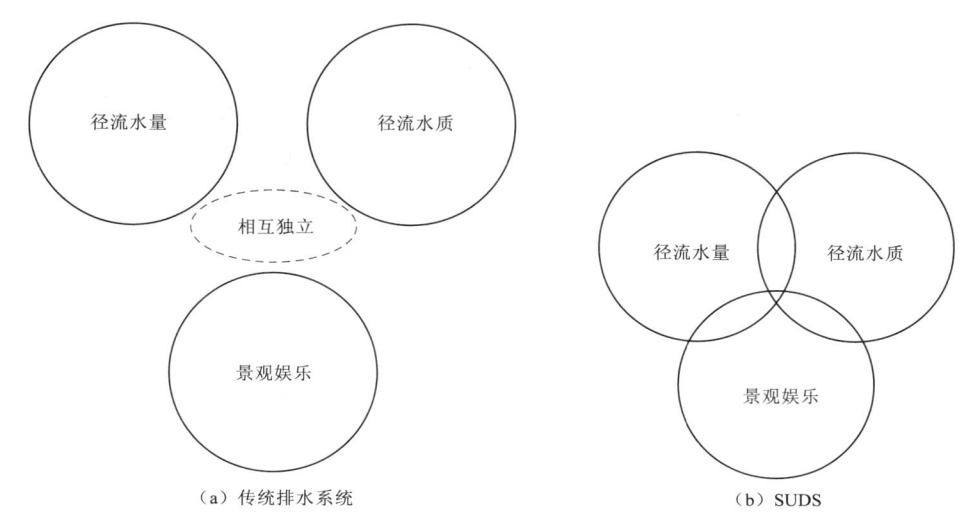

（a）传统排水系统　　　　　　　　　　（b）SUDS

图 4.27　传统排水系统与 SUDS 的关系[60]

4. 澳大利亚的水敏感性城市设计

针对水资源短缺、水环境污染、土地盐碱化、湿地萎缩等相关问题，澳大利亚联邦政府于 1993 年开始从水价、水权和水资源管理体制等方面对水行业进行改革，并逐渐形成水敏感性城市设计（water sensitive urban design，WSUD）理念。WSUD 起初聚焦雨洪管理，后来逐渐发展为包含雨洪管理、水循环恢复、水环境改善、水资源利用等多个方面。水敏感性城市设计体系是以水循环为核心，把雨水、给水、污水（中水）管理作为水循环的各个环节，统筹考虑各个环节的相互联系和相互影响，打破传统的单一雨洪管理模式，同时兼顾景观、生态。雨水系统是水敏感性城市设计中最重要的子系统，必须具备一个良性的雨水子系统才有可能维持城市的良性水循环。水敏感性城市设计认为城市的基础设施和建筑形式应与场地的自然特征相一致，并将雨水、污水作为一种资源加以利用。WSUD 设计遵循的关键性原则包括：①保护城市自然水系统；②雨洪管理与景观设计相结合；③净化地表径流水质；④通过增加雨水滞留设施和减少不透水面积等途径，降低地表径流总量和洪峰流量；⑤减少排水基础设施成本，增加经济效益。WSUD 的实施包括最佳规划实践和 BMP 两部分，其中，最佳规划实践要求在进行土地利用规划时综合考虑场地及周边的气候、地质条件、排水形式、土地承载力等自然特征以及雨洪管理方案的实施。图 4.28 给出了传统城市发展模式及其与 WSUD 相结合的城市发展模式的不同之处。

5. 新西兰的低影响城市设计和开发

在低影响开发理念与水敏感性城市设计理念的基础上，新西兰通过实践于 21 世纪初提出了低影响城市设计和开发（low-impact urban design and development，LIUDD）理

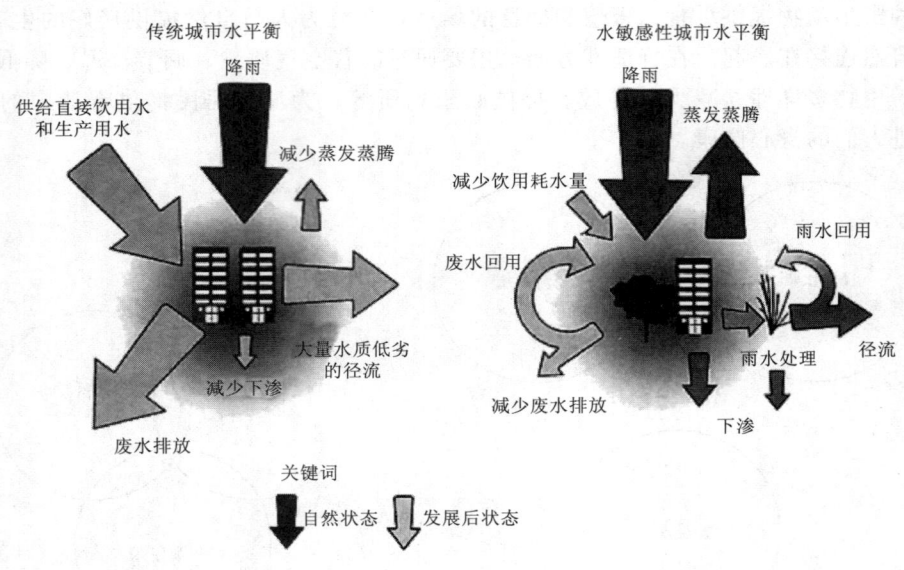

图 4.28 传统城市发展模式及与 WSUD 相结合的城市发展模式比较[60]

念。该理念旨在允许城市化发展的同时，保护水生和陆地生态的完整性，避免城市化对自然环境、生物多样性、社会、经济等产生的各种不利影响。

LIUDD 的核心原则是在遵循自然循环的基础上开展人类活动，最大限度地减少负面影响，以保持流域生态系统的完整性和多样性。LIUDD 的二级原则包括：①合理选择场地发展城市，例如，保护文化古迹，保护景观品质和自然特征，鼓励保留、恢复或创造自然空间，鼓励在文化价值与自然循环相融合的重要文化区域进行适当形式的设计和开发等；②有效利用生态系统服务和基础设施，例如，保持生态系统处于最佳状态，实现可持续利用，提高基础设施效率等；③最大限度地利用本地资源并减少废弃物，提高废弃物本地化回收、处理和再利用；④综合管理给水、污水、雨水等水循环各个环节。可以看出，LIUDD 针对的不仅仅是雨洪管理，而是整个自然生态系统的保护。在新西兰奥克兰市的雨洪管理实践中，典型且行之有效的实践经验包括构建信息系统、规范计算机模拟技术、采用决策优化方法管理雨洪基建项目、建立健全相应的管理运营机制、组建应急管理部门等。

6. 新加坡的"活力、美观、清洁"ABC 水计划

2006 年，针对城市水问题，新加坡公共事业局牵头发起了"活力、美观、清洁"（Active, Beautiful, Clean Water）的 ABC 水计划。其中，"活力"意指打造新型的社区公共空间，开展亲水娱乐活动，拉近城市居民与水之间的距离，营造充满活力的生活氛围；"美观"意指因地制宜地将河湖水系和绿色景观环境、建筑物等结合，提高生物多样性，营造优美的水域景观；"清洁"意指在融入水域景观的同时，通过渗透、蓄水池等方式从源头滞留并净化雨水，并利用公共教育培养更和谐的人水关系，以保持水源清洁并改善水质。新加坡公共事业局强制要求，从 2014 年起，所有的新建和重建地区必须科学设立就地调蓄和滞留设施削减雨水径流，并规定排入管渠的雨水径流不得超过该地区峰值

流量的65%～75%。当全岛的雨水收集和处理系统建成后，可以实现超过80%的降雨被转化为饮用水源加以利用。ABC水计划作为新加坡长期发展策略的环境指导，预计到2030年，将有超过100个项目得到阶段性实施，从而全面转变新加坡的水体结构，使其超越防洪保护、排水和供水的功能。

7. 中国的海绵城市

在快速城市化发展进程下，我国传统雨洪管理模式的弊端越来越突出，城市水问题综合征也越来越严重。2013年底，习近平总书记召开的中央城镇化工作会议上提出，在提升城市排水系统时要优先考虑把有限的雨水留下来，优先考虑更多利用自然力量排水，建设自然积存、自然渗透、自然净化的"海绵城市"。从此，"海绵城市"进入人们的视野，海绵城市建设也随之步入探索与实践阶段。2014年10月，我国住房和城乡建设部颁布了《海绵城市建设技术指南——低影响开发雨水系统构建（试行）》。2015年10月，国务院办公厅印发了《关于推进海绵城市建设的指导意见》，并在两年里先后部署推进了30个试点城市的海绵城市建设工作。2021年3月发布的《中华人民共和国国民经济和社会发展第十四个五年规划和2035年远景目标纲要》进一步明确指出，要以重点防洪城市和大江大河沿岸沿线城市为重点，因地制宜建设海绵城市。随后，全国系统化全域推进海绵城市建设示范城市，截至目前已部署60座。海绵城市无疑已成为我国新型城镇化发展的重要方向。

国内外雨洪管理体系发展主要有两点共性。一是雨洪管理体系一般经历传统排水管理体系和生态排水管理体系两个过程，传统排水是以管道为主的排水方式，生态排水则以生态措施为主。二是雨洪体系改革最终以相同的理念达到一个统一目标，以源头管理和生态处置技术为主，最大程度模仿自然、恢复自然为目的，最终实现整个环境、社会的可持续发展。

4.4.3 海绵城市的内涵和海绵城市建设目标与体系

4.4.3.1 海绵城市内涵

不同于传统型城市对雨水采用以快排为主的粗放模式，海绵城市更注重下雨时对雨水的"蓄、渗、滞、净"，以及需要时能将蓄存的雨水"释放"并加以利用，就如同海绵一样，"积存"收放自如，如图4.29所示。海绵城市力求最大限度地减少城市开发建设对生态环境的影响，本质上是尊重自然、顺应自然、保护自然的低影响开发雨水管理理念。海绵城市的重要组成，根据功能和属性可以分为三类：一是灰色基础设施，包括管渠、闸泵等排水排涝系统，是传统城市雨洪管理的主要途径；二是绿色基础设施，包含传统的林地、草地、湿地等生态空间，以及雨水花园、绿色屋顶、透水铺装、植草沟、雨水桶、生物滞留池等新兴的低影响开发措施（LID）；三是蓝色基础设施，包括江、河流、湖泊、坑塘、调蓄池等水体，是雨水径流重要的接纳体。

海绵城市建设遵循生态优先等原则，将自然途径与人工措施相结合，在确保城市排水防涝安全的前提下，最大限度地实现雨水在城市区域的积存、渗透和净化，促进雨水资源的利用和生态环境保护。海绵城市在建设过程中，要统筹自然降水、地表水和地下水的系统性，协调给水、排水等水循环利用各环节，并考虑其复杂性和长期性。海绵城市建设强调综合目标的实现，利用城市绿地、水系等自然空间，优先通过绿色雨水基础设施，并结

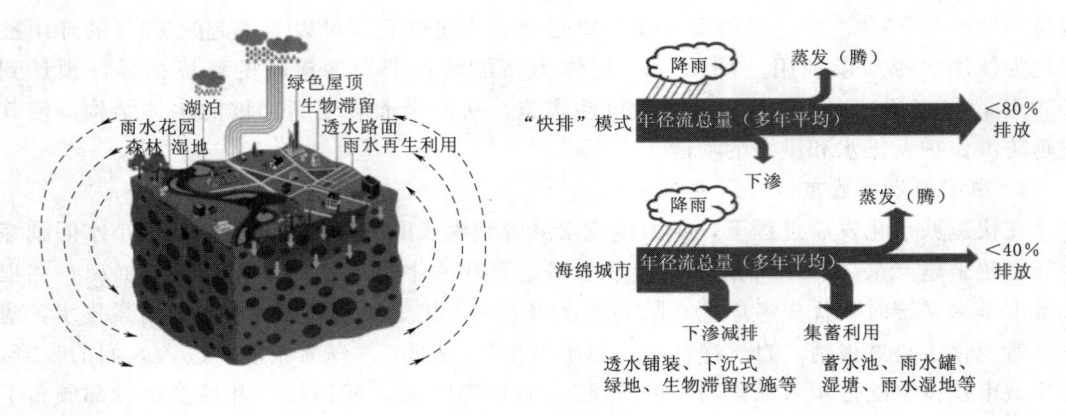

图 4.29 海绵城市概念图

合灰色雨水基础设施，统筹应用"滞、蓄、渗、净、用、排"等手段，实现多重雨水径流控制目标，恢复城市良性水文循环。因此，海绵城市建设应遵守的理念包括以下几个方面。一是对城市原有生态系统的保护。最大限度地保护原有的河流、湖泊、湿地、坑塘、沟渠等水生态敏感区，留有足够涵养水源、应对较大强度降水的林地、草地、湖泊、湿地，维持城市开发前的自然水文特征，这是海绵城市建设的基本要求。二是生态恢复和修复。对传统粗放式城市建设模式下已经受到破坏的水体和其他自然环境，运用生态的手段进行恢复和修复，并维持一定比例的生态空间。三是低影响开发。按照对城市生态环境影响最低的开发建设理念，合理控制开发强度，在城市中保留足够的生态用地，控制城市不透水面积比例，最大限度地减少对城市原有水生态环境的破坏，同时，根据需求适当开挖河湖沟渠、增加水域面积，促进雨水的积存、渗透和净化。

4.4.3.2 海绵城市建设目标

海绵城市建设的总体目标是通过综合措施，提高城市在适应环境变化和应对自然灾害等方面的"弹性"和"韧性"，从而实现人与自然的和谐共存、经济社会和资源环境的协同发展。针对我国城市目前存在的主要水问题，海绵城市建设的具体目标大致有如下四项。

（1）保障城市水安全。城市排水、除涝、防洪设施不够完善，排水防涝水平整体不高，暴雨内涝风险高。

（2）提升城市水环境。在河湖长制的推行下，全国地级及以上城市的黑臭水体已基本消除，但城市水体污染问题仍突出，尤其是初期雨水面源污染问题。同时，地下水污染依然很严重，据国土部门2015年的监测报告显示，全国超过60%的监测点的地下水水质较差或极差。

（3）修复城市水生态。城市化引起的植被特征变化、河湖水体破碎、地表水与地下水联系中断、水体富营养化等问题，使得水生生物栖息地丧失、水系统整体功能退化、生物多样性下降。

（4）涵养城市水资源。受过度开发和降水量不足的影响，我国部分河流经常出现下游断流的现象，湖泊和湿地大面积消失。地下水的严重超采使得很多地区的地下水位急剧下

4.4 海绵城市建设的生态水文效应

降,甚至形成了严重的地下水降落漏斗,不少城市已面临严重的地下水资源枯竭危机。

海绵城市建设具体的规划控制目标一般包括径流总量控制、径流峰值控制、积水内涝控制、径流污染控制、雨水资源化利用、自然生态格局控制、热岛效应缓解等。其中,径流总量控制一般采用年径流总量控制率作为控制目标,与设计降雨量直接相关。理想状态下,径流总量控制目标应以开发建设后径流排放量接近开发建设前自然地貌时的径流排放量为标准,最佳为80%~85%,主要通过控制频率较高的中、小降雨事件来实现。以镇江市为例(图4.30),当年径流总量控制率为75%和85%时,对应的设计降雨量为26.5mm和38.9mm,分别对应0.6年一遇和1.5年一遇的1h降雨量。

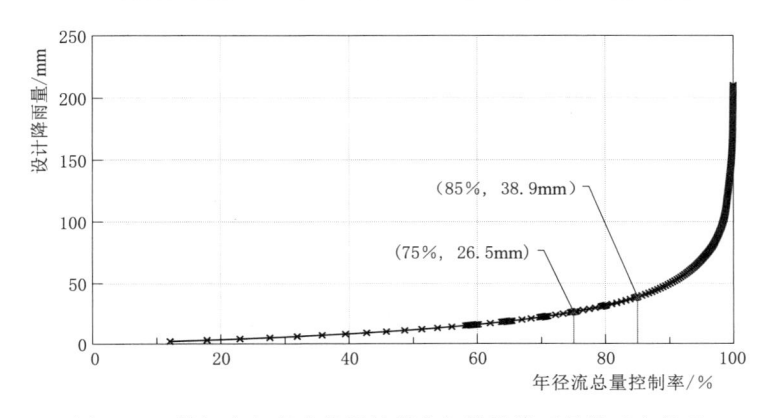

图 4.30 镇江市年径流总量控制率与设计降雨量的对应关系

4.4.3.3 海绵城市建设体系

海绵城市建设涉及城市水系、绿地系统、排水防涝、道路交通等多领域规划,同时需要政府规划、排水、道路、园林、交通等部门与地产项目业主之间协调合作,以及排水、园林、道路、交通、建筑等多专业领域协作,是一个立体的系统工程。

海绵城市低影响开发雨水系统建设需统筹协调城市开发建设各个环节。在城市各层级、各相关规划中均应遵循低影响开发理念,明确低影响开发控制目标,结合城市开发区域或项目特点确定相应的规划控制指标,落实低影响开发设施建设的主要内容。设计阶段应对不同低影响开发设施及其组合进行科学合理的平面与竖向设计,在建筑与小区、城市道路、绿地与广场、水系等规划建设中,应统筹考虑景观水体、滨水带等开放空间,建设低影响开发设施,构建低影响开发雨水系统。低影响开发雨水系统的构建与所在区域的规划控制目标、水文、气象、土地利用条件等关系密切,因此,选择低影响开发雨水系统的流程、单项设施或其组合系统时,需要进行技术经济分析和比较,优化设计方案。低影响开发设施建成后应明确维护管理责任单位,落实设施管理人员,细化日常维护管理内容,确保低影响开发设施运行正常。

海绵城市建设的基本原则主要有四个方面。一是坚持规划引领、统筹推进。因地制宜确定海绵城市建设目标和具体指标,科学编制和严格实施相关规划,完善技术标准规范,统筹发挥自然生态功能和人工干预功能。二是坚持生态为本、自然循环。充分发挥山水林田湖等原始地形地貌对降雨的积存作用,植被、土壤等自然下垫面对雨水的渗透作用,湿地、水体等对水质的自然净化作用,努力实现城市水体的自然循环。三是坚持因地制宜、空间协调。老城区以问题为导向修建和改造基础设施,新区全面落实海绵城市建设要求,分区控制,整体平衡。四是坚持政府引导、社会参与。发挥市场配置资源的决定性作用和政府的调控引导作用,加大政策支持力度,营造良好发展环境,吸引社会资本广泛参与海绵城市建设[60]。在海绵城市建设过程中,需要注意源头减排、过程控制和系统治理的结合,地下和地上的结合,以及"绿""灰"和"蓝"色的结合。海绵城市低影响开发雨水系统构建流程如图4.31所示。

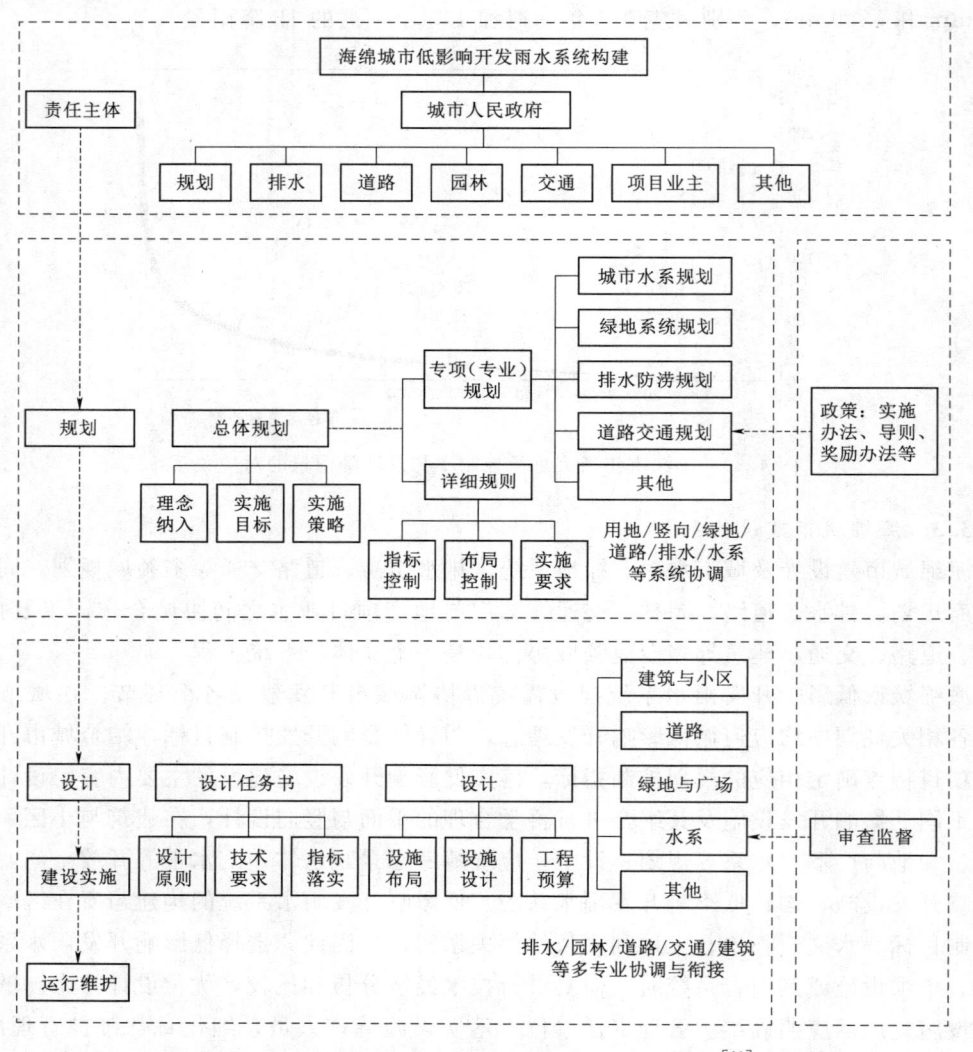

图4.31 海绵城市低影响开发雨水系统构建流程[61]

1. 规划阶段

城市人民政府应作为落实海绵城市低影响开发雨水系统构建的责任主体,统筹协调规划、国土、排水、道路、交通、园林、水文等职能部门,在各相关规划编制过程中落实低影响开发雨水系统的建设内容。

4.4 海绵城市建设的生态水文效应

城市总体规划应创新规划理念与方法,将低影响开发雨水系统作为新型城镇化和生态文明建设的重要手段。应开展低影响开发专题研究,结合城市生态保护、土地利用、水系、绿地系统、市政基础设施、环境保护等相关内容,因地制宜地确定城市年径流总量控制率及其对应的设计降雨量目标,制定城市低影响开发雨水系统的实施策略、原则和重点实施区域,并将有关要求和内容纳入城市水系、排水防涝、绿地系统、道路交通等相关专项(专业)规划。编制分区规划的城市应在总体规划的基础上,按低影响开发的总体要求和控制目标,将低影响开发雨水系统的相关内容纳入其分区规划。

详细规划(控制性详细规划、修建性详细规划)应落实城市总体规划及相关专项(专业)规划确定的低影响开发控制目标与指标,因地制宜,落实涉及雨水渗、滞、蓄、净、用、排等用途的低影响开发设施用地;并结合用地功能和布局,分解和明确各地块单位面积控制容积、下沉式绿地率及其下沉深度、透水铺装率、绿色屋顶率等低影响开发主要控制指标,指导下层级规划设计或地块出让与开发。

有条件的城市(新区)可编制基于低影响开发理念的雨水控制与利用专项规划,兼顾径流总量控制、径流峰值控制、径流污染控制、雨水资源化利用等不同的控制目标,构建从源头到末端的全过程控制雨水系统;利用数字化模型分析等方法分解低影响开发控制指标,细化低影响开发规划设计要点,供各级城市规划及相关专业规划编制时参考;落实低影响开发雨水系统建设内容、建设时序、资金安排与保障措施。也可结合城市总体规划要求,积极探索将低影响开发雨水系统作为城市水系统规划的重要组成部分。

生态城市和绿色建筑作为国家绿色城镇化发展战略的重要基础内容,对我国未来城市发展及人居环境改善有长远影响,应将低影响开发控制目标纳入生态城市评价体系、绿色建筑评价标准,通过单位面积控制容积、下沉式绿地率及其下沉深度、透水铺装率、绿色屋顶率等指标进行落实。

在城市总体规划阶段,应加强相关专项(专业)规划对总体规划的有力支撑作用,提出城市低影响开发策略、原则、目标要求等内容;在控制性详细规划阶段,应确定各地块的控制指标,满足总体规划及相关专项(专业)规划对规划地段的控制目标要求;在修建性详细规划阶段,应在控制性详细规划确定的具体控制指标条件下,确定建筑、道路交通、绿地等工程中低影响开发设施的类型、空间布局及规模等内容;最终指导并通过设计、施工、验收环节实现低影响开发雨水系统的实施;低影响开发雨水系统应加强运行维护,保障实施效果,并开展规划实施评估,用以指导总规及相关专项(专业)规划的修订。城市规划、建设等相关部门应在建设用地规划或土地出让、建设工程规划、施工图设计审查及建设项目施工等环节,加强对海绵城市低影响开发雨水系统相关目标与指标落实情况的审查。海绵城市低影响开发雨水系统构建技术框架如图 4.32 所示。

海绵城市建设具体落实时的几个关键技术环节如下。

(1)现状调研分析。通过当地自然气候条件(降雨情况)、水文及水资源条件、地形地貌、排水分区、河湖水系及湿地情况、用水供需情况、水环境污染情况调查,分析城市竖向、低洼地、市政管网、园林绿地等建设情况及存在的主要问题。

(2)制定控制目标和指标。各地应根据当地的环境条件、经济发展水平等,因地制宜地确定适用于本地的径流总量、径流峰值和径流污染控制目标及相关指标。

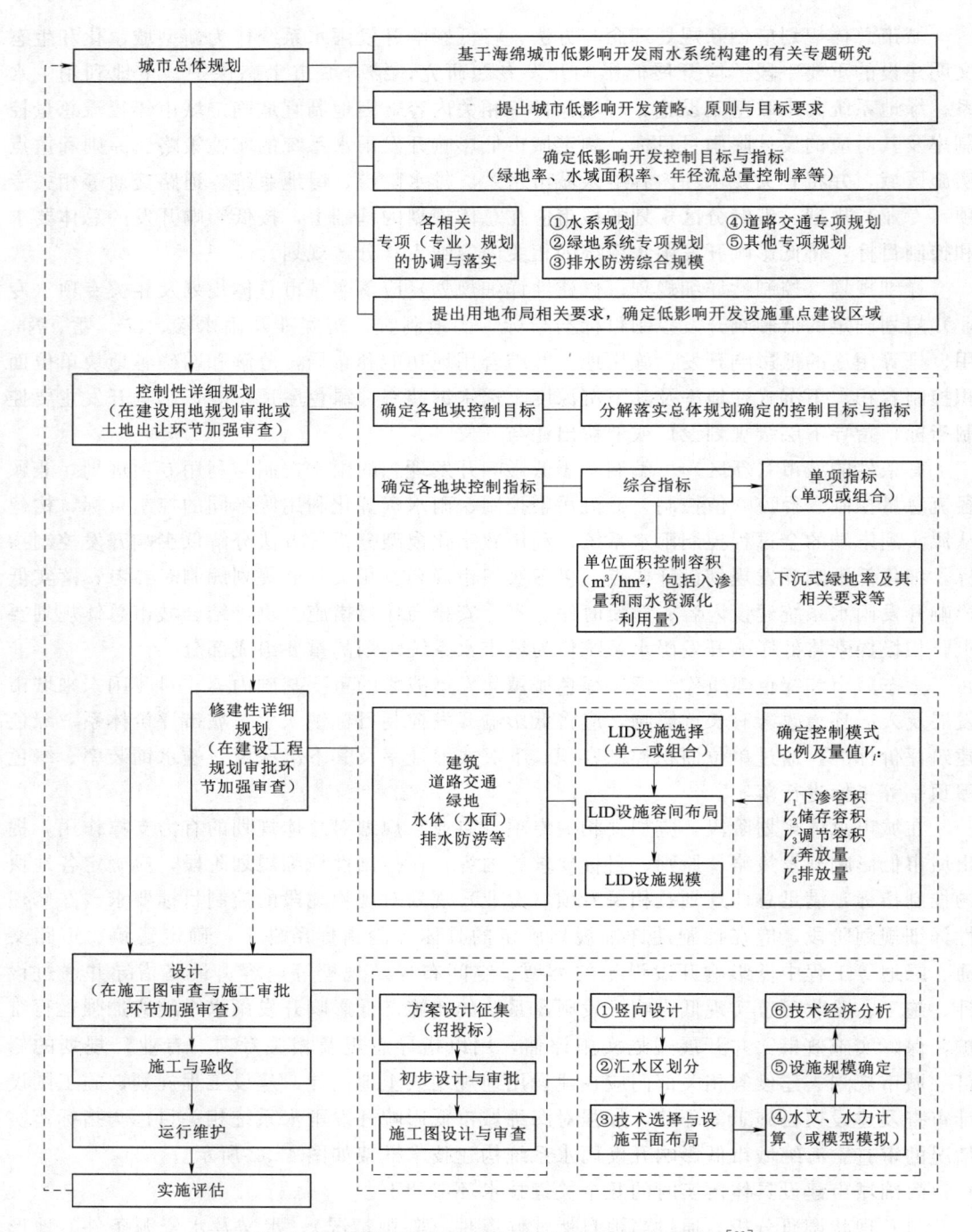

图 4.32 海绵城市低影响开发雨水系统构建技术框架[61]

（3）建设用地选择与优化。本着节约用地、兼顾其他用地、综合协调设施布局的原则选择低影响开发技术和设施，保护雨水受纳体，优先考虑使用原有绿地、河湖水系、自然坑塘、废弃土地等用地，借助已有用地和设施，结合城市景观进行规划设计，以自然为主，人工设施为辅，必要时新增低影响开发设施用地和生态用地。有条件的地区，可在汇水区末端建设人工调蓄水体或湿地。严禁城市规划建设中侵占河湖水系，对于已经侵占的河湖水系，应创造条件逐步恢复。

（4）低影响开发技术、设施及其组合系统选择。低影响开发技术和设施选择应遵循注重资源节约、保护生态环境、因地制宜、经济适用以及与其他专业密切配合等原则。结合各地气候、土壤、土地利用等条件，选取适宜当地条件的低影响开发技术和设施，主要包括透水铺装、生物滞留设施、渗透塘、湿塘、雨水湿地、植草沟、植被缓冲带等。恢复开发前的水文状况，促进雨水的储存、渗透和净化。合理选择低影响开发雨水技术及其组合系统，包括截污净化系统、渗透系统、储存利用系统、径流峰值调节系统、开放空间多功能调蓄等。地下水超采地区应首先考虑雨水下渗，干旱缺水地区应考虑雨水资源化利用，一般地区应结合景观设计增加雨水调蓄空间。

（5）设施布局。应根据排水分区，结合项目周边用地性质、绿地率、水域面积率等条件，综合确定低影响开发设施的类型与布局。应注重公共开放空间的多功能使用，高效利用现有设施和场地，并将雨水控制与景观相结合。

（6）确定设施规模。低影响开发雨水设施规模设计应根据水文和水力学计算得出，也可根据模型模拟计算得出。

2. 设计阶段

城市建筑与小区、道路、绿地与广场、水系低影响开发雨水系统建设项目，应以相关职能主管部门、企事业单位作为责任主体，落实有关低影响开发雨水系统的设计。城市规划建设相关部门应在城市规划、施工图设计审查、建设项目施工、监理、竣工验收备案等管理环节，加强对低影响开发雨水系统建设情况的审查。

适宜作为低影响开发雨水系统构建载体的新建、改建、扩建项目，应在园林、道路交通、排水、建筑等各专业设计方案中明确体现低影响开发雨水系统的设计内容，落实低影响开发控制目标。

3. 工程建设阶段

城市规划、建设等相关部门应在建设用地规划或土地出让、建设工程规划、施工图设计审查、建设项目施工、监理、竣工验收备案等管理环节，加强对低影响开发雨水系统构建及相关目标落实情况的审查。政府投资项目（如城市道路、公共绿地等）的低影响开发设施建设工程一般可由当地政府、建设主体筹集资金。社会投资项目的低影响开发设施建设一般由企事业建设单位自筹资金。当地政府可根据当地经济、生态建设情况，通过建立激励政策和机制鼓励社会资本参与公共项目低影响开发雨水系统的建设投资。低影响开发设施建设工程的规模、竖向、平面布局等应严格按规划设计文件进行控制。施工现场应有针对低影响开发雨水系统的质量控制和质量检验制度。低影响开发设施所用原材料、半成品、构（配）件、设备等产品，进入施工现场时必须按相关要求进行进场验收。施工现场应做好水土保持措施，减少施工过程对场地及其周边环境的扰动和破坏。有条件地区，低影响开发雨水设施工程的验收可在整个工程经过一个雨季运行检验后进行。

4. 维护管理阶段

公共项目的低影响开发设施由城市道路、排水、园林等相关部门按照职责分工负责维护监管。其他低影响开发雨水设施，由该设施的所有者或其委托方负责维护管理。应建立健全低影响开发设施的维护管理制度和操作规程，配备专职管理人员和相应的监测手段，并对管理人员和操作人员加强专业技术培训。低影响开发雨水设施的维护管理部门应做好雨季来临前和雨季期间设施的检修和维护管理，保障设施正常、安全运行。低影响开发设施的维护管理部门宜对设施的效果进行监测和评估，确保设施的功能得以正常发挥。应加强低影响开发设施数据库的建立与信息技术应用，通过数字化信息技术手段，进行科学规划、设计，并为低影响开发雨水系统建设与运行提供科学支撑。应加强宣传教育和引导，提高公众对海绵城市建设、低影响开发、绿色建筑、城市节水、水生态修复、内涝防治等工作中雨水控制与利用重要性的认识，鼓励公众积极参与低影响开发设施的建设、运行和维护。

4.4.4 低影响开发设施

低影响开发（LID）设施是海绵城市建设的重要组成，已在多个国家得到广泛应用和普遍认可，目前，国内应用较多且比较典型的LID设施有透水铺装、绿色屋顶、下沉式绿地、生物滞留设施、植草沟、雨水罐（桶）等。

1. 透水铺装

透水铺装［图4.33（a）］是一种典型的通过降低城市不透水面积比重而对径流进行调控的低影响开发措施，对地下水的补给、地表径流总量的削减和雨水径流的净化具有显著功效。透水铺装的典型结构［图4.33（b）］，从上而下依次为面层、找平层、基层、底基层和土基，当路基的渗透能力不足时，需要在基层内设置排水管或排水板。透水铺装在使用过程中很可能会改变路基的强度和稳定性，因而不适用于交通荷载较大的机动车道；对于轻型荷载道路，路基变化的潜在风险依然较高，透水铺装的基层需要设置为不透水的水泥混凝土，即半透水结构，从而保证路基的稳定性；对于人行道、非机动车道、停车场、广场、景观硬地等区域，路基变化的潜在风险较低，透水铺装的基层可由透水的碎石、砂砾等组成，即全透水结构，从而最大化对雨水径流的调控能力；此外，对于湿陷性黄土、膨胀土和高含盐土等特殊土壤地质区域，以及汽车回收及维修点、加油站及码头等径流污染严重的区域，透水铺装的应用还应采取必要的措施以防止次生灾害或地下水污染的发生。根据面层材料的不同，透水铺装可以分为透水砖铺装、透水混凝土铺装和透水沥青铺装，根据设计标准要求，其面层透水系数分别不低于360mm/h、1800mm/h和

（a）实景图 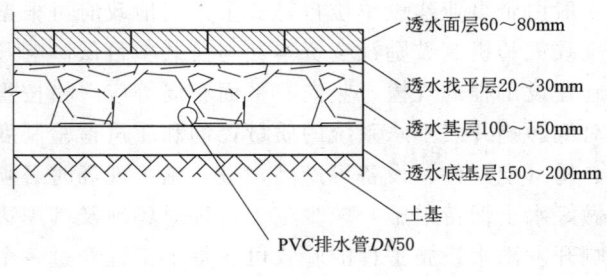　　　　　　　　　　（b）典型构造示意

图4.33　透水铺装

4.4 海绵城市建设的生态水文效应

7200mm/h。此外，嵌草砖、园林铺装中的鹅卵石、碎石铺装等也属于透水铺装。透水铺装适用区域广、施工方便、生态水文效益显著，但易堵塞，寒冷地区有被冻融破坏的风险。

2. 绿色屋顶

绿色屋顶是在建筑的顶层覆盖一个由植被层、基质层、过滤层以及排水层等所构成的小型排水系统。绿色屋顶不仅在减少径流量方面十分有效，还能储存和净化雨水、缓解城市热岛效应、美化城市景观以及通过为动植物提供栖息地增加城市生物的多样性，在城市化程度非常高，且对传统基础设施改造不便的区域具有非常大的优越性。绿色屋顶的典型构造如图4.34所示，由上而下依次分为植被层、基质层、过滤层、排水层、保护层和防水层，其中，基质层的深度根据植物需求及屋顶荷载确定。根据种植基质层的深度和景观的复杂程度，可将绿色屋顶分为简单式和花园式。绿色屋顶具有节能减排的作用，但对屋顶荷载、防水、坡度、空间条件等有严格要求，其中，对于屋顶坡度，不宜大于15%。

（a）实景图　　（b）典型构造示意

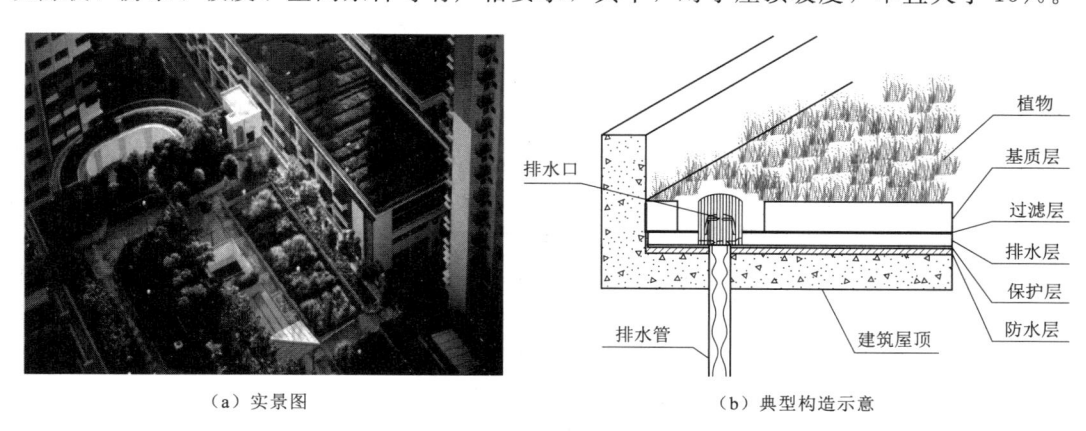

图4.34　绿色屋顶

3. 下沉式绿地

下沉式绿地（图4.35）具有狭义和广义之分：狭义的下沉式绿地指低于周边铺砌地面或道路的绿地，又称下凹式绿地；广义的下沉式绿地泛指具有一定调蓄容积且可用于调蓄和净化径流雨水的绿地，例如生物滞留设施、渗透塘、调节塘等。这里仅介绍狭义的下沉式绿地。下沉式绿地的下凹深度根据植物耐淹性能和土壤渗透性能确定，一般为100～

（a）实景图　　（b）典型构造示意

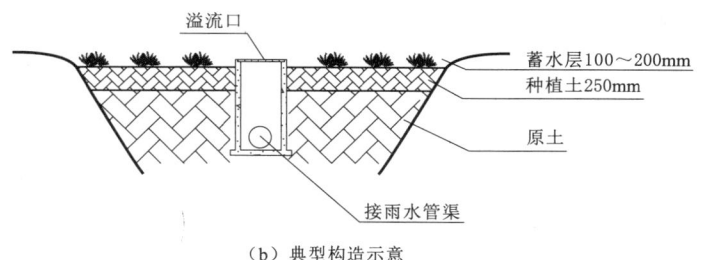

图4.35　下沉式绿地

200mm，同时为了避免蓄积的雨水溢回周边道路或地面，往往会在绿地中央或绿地和硬化地面交界处设置溢流口，其顶部标高一般高于绿地 50～100mm。在降雨过程中，下沉式绿地代替传统的排水管网接纳周围路面、屋面等径流，一部分可直接渗入土壤补给地下水，一部分蓄积于绿地之中，同时通过植物、土壤基质和微生物的共同作用削减雨水中的污染物质。下沉式绿地可灵活应用于城市道路、绿地、广场、建筑与小区内，不仅具有较好的景观功能以及滞尘减噪、调节区域气候等环境效益，而且建设和维护费用较低，但由于易受地形等条件的影响且实际调蓄容积较小，不宜大面积应用。

4. 生物滞留设施

生物滞留设施指在地势较低的区域，通过植物、土壤和微生物系统蓄渗、净化雨水径流的设施，根据应用位置和方式的不同可细分为雨水花园、生物滞留带、生态树池、高位花坛等。其中，雨水花园主要应用于居民区、场地宽阔的公园、学校等，外表与普通花园类似，可根据场地和景观需求呈任意形状；生物滞留带一般用于替代停车场、道路等绿化隔离带，外表呈长条形，负责处理路面径流雨水；生态树池同样主要用于滞留路面径流，以种植大中型木本植物为主；高位花坛一般高于地面，主要用于收集屋面雨水。

根据是否需要更换原土，生物滞留设施又可以分为简易型和复杂型。简易型生物滞留设施直接在原土上铺设覆盖层，种植花草、蕨类植物、灌木和小树等多样化植被，整体结构简单，其蓄水深度比下沉式绿地更大，一般为 200～300mm。复杂型生物滞留设施会根据植被的种植需求和透水性要求，将原土进行更换，并在土层底部设置埋有开孔排水盲管的砾石层。复杂型生物滞留设施（图 4.36）允许流入的雨水径流被充分净化后再排进雨水管渠，相比简单型生物滞留设施具有更突出的雨水净化能力。生物滞留设施不仅可以蓄渗和净化雨水、满足植被额外的灌溉需求、增加地下水补给、减少直接排入地表水体的城市污水，还可以加强蒸散发、缓解城市热岛效应、丰富生物多样性。需要注意的是，雨水径流中的污染物可能会导致雨水滞留设施植物死亡以及土壤堵塞板结，对于这种情况，需要设置前置塘、植草沟等预处理措施。

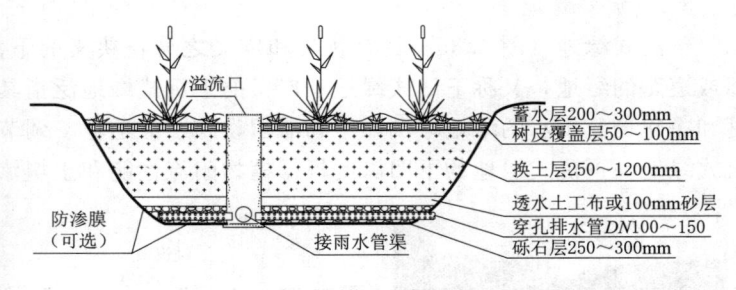

（a）实景图　　（b）典型构造示意

图 4.36　复杂型生物滞留设施

5. 植草沟

植草沟指种有植被的景观性地表沟渠，可收集、输送和排放径流雨水，并具有一定的雨水净化作用，可用于衔接其他各单项设施、城市雨水管渠系统和超标雨水径流排放系统。根据功能的不同，植草沟可分为传输型植草沟、干式植草沟和湿式植草沟。传输型植草沟为浅植物型沟渠，主要目的是将汇聚的集水区径流传输到其他处理措施；干式植草沟相比传输型植草沟，还包括土壤改造所组成的过滤层，以及过滤层底部铺设的地下排水系统，进一步强化了径流总量控制效果；湿式植草沟与传输型植草沟的构造相似，但可以长期保持潮湿状态，从而提高径流污染控制效果。以传输型植草沟为例，其构造如图 4.37 所示，其断面形式一般采用倒抛物线形、三角形或梯形，边坡坡度和纵坡坡度不宜过大，最大流速应小于 0.8m/s，植被高度宜控制在 100~200mm。植草沟适用于住宅区、广场、停车场等不透水区域的周边，也可作为生物滞留设施、湿塘等 LID 的预处理设施。植草沟也可与雨水管渠联合应用，场地竖向允许且不影响安全的情况下也可代替雨水管渠。但是由于植草沟边坡较小且占用土地面积较大，因此一般不适用于已建城区以及开发强度较大的新建城区。

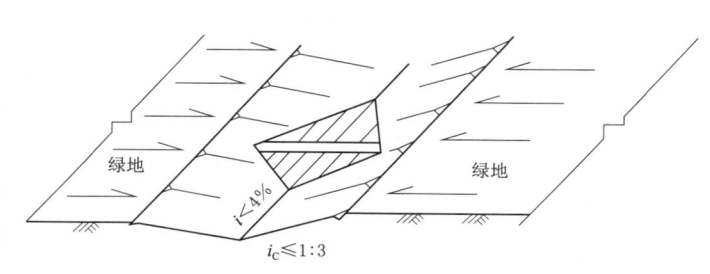

（a）实景图　　　　　　　　　　（b）典型构造示意

图 4.37　传输型植草沟

6. 雨水桶

雨水桶，又称雨水罐（图 4.38），为地上或地下封闭式的简易雨水集蓄利用设施，多由塑料、玻璃钢或金属等材料制成，一般直接与建筑屋顶排水管相连。下雨时可以将屋顶径流蓄存起来，在无雨期再释放出来，可用于灌溉花草植物，提高雨水资源利用率，也可以直接排空以应对下一场降雨。雨水罐多为成型产品，技术要求不高，施工安装和后期维护都很方便，但其蓄水容积一般较小，雨水净化能力有限。此外，国内有学者[62]针对雨水放置时间太长会出现黑臭现象的问题，利用初期弃流、周期曝气和活性炭过滤技术，将传统雨水桶改造为一种新型的曝气自净式雨水桶，如图 4.38（c）所示。

除上述类型，LID 设施还有渗透塘、渗井、湿塘、雨水湿地、蓄水池、调节塘、调节池、渗管/渠、植被缓冲带、初期雨水弃流设施、人工土壤渗滤等多种形式，如图 4.39 所示。不同的 LID 具有不同的"渗、滞、蓄、净、用、排"功能，这要求海绵城市建设应根据总体规划、专项规划及详细规划明确的控制目标，结合汇水区特征和 LID 设施的主要功能、经济性、适用性、景观效果等因素科学选用单一设施及其组合系统。

4.4.5　海绵城市建设对蒸发的影响

海绵城市建设后，城市区域的整体蒸散发水平会得到明显提升。一方面，河道整治疏浚、河湖湿地修复以及渗透塘、湿塘等具有蓄水表面的低影响开发雨水设施的建设，使得城市水体表面积扩大，从而增加城市的水面蒸发量。另一方面，绿色屋顶、下沉式绿地、

第 4 章 城市生态水文

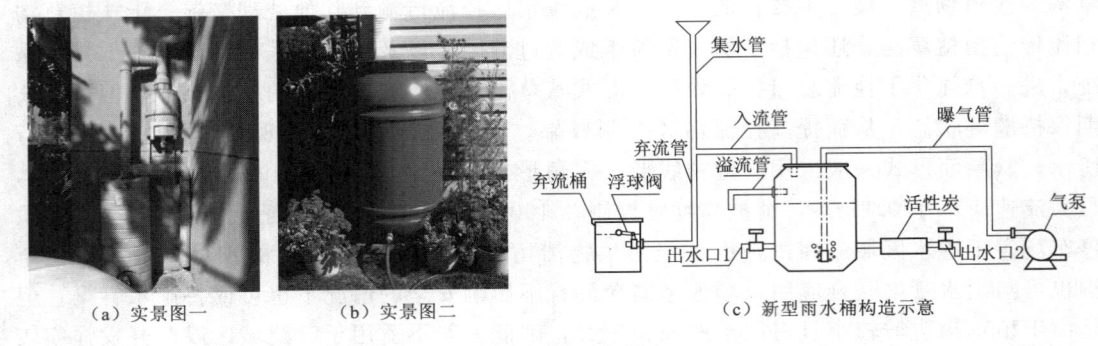

(a) 实景图一　　(b) 实景图二　　(c) 新型雨水桶构造示意

图 4.38　雨水桶

(a) 渗透塘　　(b) 渗井

(c) 雨水湿地　　(d) 植被缓冲带

图 4.39　其他类型的 LID 实景图

生物滞留设施、植草沟等种植植被的低影响开发雨水设施的增设，能够直接提升城市的透水率和植被覆盖率，不透水面积对水文循环的影响见图 4.40[63]，土壤水和地下水的可持续供水能力得到提升的同时，城市土壤蒸发量和植物散发量也随之大幅增加。另外，对于没有植被覆盖的低影响雨水设施——透水铺装，同样会在一定程度上提高城市的陆面蒸发量；霍亮[64]通过对比浸润后的不同孔隙率透水混凝土和不透水混凝土的蒸发过程（图 4.41），验证了透水混凝土铺装更利于提高城市的蒸发水平；Starke 等[65]通过室外监测同样发现，透水混凝土铺装相比不透水路面可提高 16% 的蒸发量，并且蒸发过程会持续数日；Brown 等[66]的实验表明透水铺装的年蒸发量占年降雨量的 7%~12%；更有学者[67]研发了一种通过在基层添加毛细管柱加强蒸发的透水铺装，实验证实能够有效延长

4.4 海绵城市建设的生态水文效应

蒸发时长 5 天。由此可见，相比于传统不透水路面在雨后快速短暂的蒸发过程，透水铺装的蒸发持续时间更长、蒸发速率变化更平缓、累积蒸发量也更大。

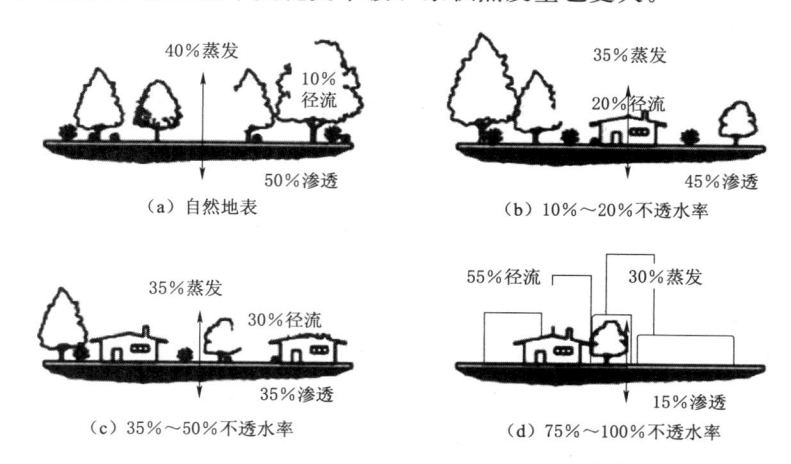

(a) 自然地表 — 40%蒸发，10%径流，50%渗透

(b) 10%~20%不透水率 — 35%蒸发，20%径流，45%渗透

(c) 35%~50%不透水率 — 35%蒸发，30%径流，35%渗透

(d) 75%~100%不透水率 — 30%蒸发，55%径流，15%渗透

图 4.40 不透水面积对水文循环的影响[63]

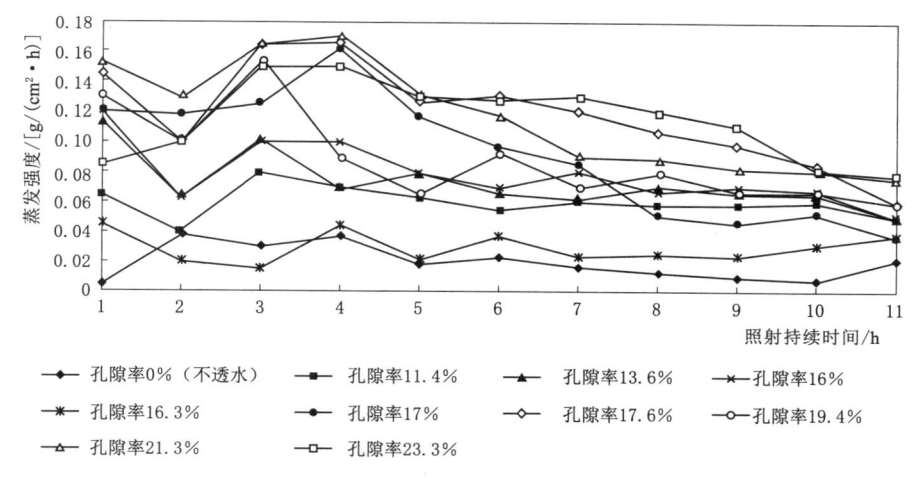

图 4.41 不同孔隙率透水混凝土和不透水混凝土的蒸发过程[64]

相较于城市水循环中的其他环节，城市蒸散发是城市水量平衡研究中最为薄弱的环节。这主要是因为城市区域的植被多呈斑块分布，且景观类型多样，城市环境中各景观类型组成的复杂下垫面具有高度异质性，同时植株、地块、街区、居住区、土地利用区直至整个城市的不同尺度极具复杂性，城市地表过程变化剧烈，增加了地表温度、植被等参数反演的不确定性，以及城市复杂环境中微气象条件的空间异质性，而且微气象条件的空间差异在城市环境中很难准确表征。城市微气象条件的空间异质性、植被类型、土壤类型、土壤水分条件以及人为热源排放差异等多种因素，使得城市蒸散发量难以准确测算[68]。并且，在传统城市以建筑和道路为主的下垫面条件下，城市蒸散发远低于郊区，从而在城市水量平衡研究中往往会被忽略不计。而在海绵城市建设后，城市蒸散发量的大幅提升，已成为城市水量平衡的重要组成部分。例如，深圳城市草坪的年平均蒸散发速度可以达到

2.7mm/d，年蒸散量可以达到986mm；蒸散发量与同期降水的比率在湿季可达0.6，即降水的60%都会以水汽的形式返回大气，而多年平均的比率更是高达0.84[69]。但是受人为干预、物种组成以及城市森林决策等多方面因素的影响，城市植被的蒸腾与自然林分存在很大差异。例如，人为的养护灌溉不仅使得城市植被群落中的物种组成较少受到地域限制，而且城市植被的蒸腾速率基本不受控制。独特的生物和非生物条件使得基于已有研究对城市绿地植被群落蒸腾进行先验性的估计变得尤为困难。城市蒸散发的测量与估算方法仍处于初期的尝试、探索阶段，适用于城市复杂下垫面与微气象条件下的蒸散发测算方法仍亟待深入研究，海绵城市建设对城市蒸散发影响的定量研究也亟须加强。

海绵城市建设引起的城市蒸散发量增强，驱使不同城市应当充分结合自身的水问题和当地的水文气象等条件开展海绵城市建设工作。尤其对于我国西北地区的大多数城市，其蒸发水平要远大于降水水平，以山西省太原市为例，其多年平均降雨量仅约415mm，但多年平均水面蒸发量则高达1780mm，因而，这类城市在海绵城市建设工作中，需要尽量控制区域蒸散发水平的提高从而最大程度地保证水资源涵养能力，例如，不宜过多扩张原有河流、湖泊等水体的表面积，不宜过多新建湿塘、渗透塘、雨水湿地等水体表面积较大的低影响开发雨水设施。

4.4.6 海绵城市建设对下渗的影响

传统模式下，城市场地开发以建设"灰色基础设施"为主，导致城市不透水面积占比非常高，使得绝大部分的雨水无法通过地表渗透进土壤，而不得不形成地表径流从管渠系统快速排走。通过海绵城市建设可以将城市水文条件恢复至或接近于开发前的水平，这无疑会增加城市的雨水下渗水平。海绵城市建设对雨水下渗量的增加主要归因于两个方面。一方面，在原先不透水区域上新建大量分散式的LID设施，如绿色屋顶和透水铺装，直接打通了雨水从地表到地下的通道，极大提高了城市雨水下渗的可能性。申红彬等[70]通过监测分析得到在不透水屋顶上铺设草地生长基质层的绿色屋顶，通过基质渗蓄、植被截留等作用可削减径流深28mm左右；赵远玲等[71]通过实验发现透水砖铺装即使在10年一遇的短历时暴雨中也基本不会产生地表径流。另一方面，在原先透水区域上利用地面下沉、土层换填、大粒径填料等改造技术新建的低影响开发设施，如下沉式绿地、复杂型生物滞留设施和干式植草沟，延长或改善了雨水从地表到地下的入渗过程，从而增加了城市透水区的雨水入渗水平。张光义等[72]通过概率分析表明，当区域面积占比为30%的下沉式绿地的蓄水层深度仅为80mm时，其雨水蓄渗效率即可达到90%以上；孙玉香[73]通过模拟估算得到100m²的雨水花园、下沉式绿地和干式植草沟通过渗蓄形式可以削减径流量70～80m³。朱木兰等[74]针对厦门由于本地天然土壤的渗透系数较低而不适用于LID城市道路绿化带的问题，通过掺入砂子和腐殖土对原土进行了改良，改良后土壤渗透系数可提升1.5～9.7倍。此外，在城市裸土区域上种植植物，也会提高雨水入渗量。

4.4.7 海绵城市建设对径流的影响

海绵城市建设后，低影响开发设施通过截留、渗蓄和蒸发等作用，使得城区在相同降水条件下的产流量远低于海绵城市建设前，并且下垫面条件的变化延缓了地表径流的汇流速度，有效缓解了城市地下管网的排水压力，从而降低了城市内涝风险。

4.4 海绵城市建设的生态水文效应

在实验单元尺度上，通过监测镇江市海绵实验基地不同类型透水铺装的降雨径流过程发现，在运行前两年内，透水铺装的地表径流系数在0~0.18，由于地基土渗透性能较高，总径流削减率和峰值流量削减率分别为82.3%~100%和75.9%~100%，表明透水铺装对常规性暴雨事件具有很好的径流削减作用；研究还发现，透水铺装的径流调控能力与降雨特性、路面类型显著相关，更重要的是，其会随着使用时间的延长逐渐衰退。赵飞等[75]通过室内实验，发现透水砖铺装的径流削减能力为40%~90%，并且能够较好地消纳同等面积的不透水路面产生的径流。对于生物滞留池，Zhang[76]的研究表明其对径流量的削减率可达50%~97%，对于较小降雨的削减甚至能达到100%；Davis[77]证实了该设施能有效地延长汇流时间；Chapman和Horner[78]的研究结果表明生物滞留池通过下渗和蒸散发可减少径流量48%~74%。雨水花园与生物滞留池有相似的水文调节功能，Li等[79]的研究结果表明，20%~50%的径流通过雨水花园渗漏和蒸散发；Maxwell[80]发现在小于25mm的降雨条件下，雨水花园平均可以截留44%的降雨量；唐双成等[81]以不同填充介质的雨水花园为研究对象，通过实验监测发现，在两年监测期内，分层填料雨水花园对径流总量和峰值的场均削减率分别为44.3%和55.8%，均质填料雨水花园分别为39.2%和50.5%。绿色屋顶对雨水径流的平均削减率为20%~100%[76]，其对雨水的截留能力受土壤基质、蓄水层、植物生长过程、植被类型以及降雨强度的影响[82]；Carter和Jackson[83]的研究表明，当降雨量从12mm增长到50mm时，绿色屋顶径流削减能力从90%下降到39%。植草沟削减径流的作用相对较小，一般为42%~52%，其主要作用是控制汇流速度[76]。雨水桶对径流总量的削减率为3%~44%[84]，且在无雨期重利用蓄存的雨量能满足13.9m² 小型花园5%~73%的灌溉需求[85]。

LID是属于微观尺度上的径流调控措施，目前对于LID措施的研究多集中在城市地块尺度单一类型上，而在城市流域尺度、地块尺度的LID措施零散分布时对径流过程累积影响的研究相对较少[86]。通过模拟研究表明，LID措施增设对流域积水量、最大积水面积、河网径流总量与洪峰流量的削减效率受暴雨重现期影响显著，重现期越高，削减效率越低，并且雨峰位置变化对削减效率的影响也会越低；LID措施增设对河网径流总量、洪峰流量以及河网关键节点水位超3.5m历时的削减效率随初始蓄水量增加或雨峰位置延后而降低；LID措施增设对内涝积水的调控效率明显好于对河网径流，并且对内涝积水的调控效果在短历时暴雨条件下更为突出。马萌华等[87]通过模拟研究表明，海绵城市建设后，区域总径流的控制率提升，管网节点洪峰流量降低，管网溢流节点减少且溢流持续时间缩短，特别是在短历时暴雨重现期较低时效果更明显，不同暴雨条件下LID建设前后区域径流特征见表4.4。Pennino等[88]研究表明LID措施能有效降低流域径流量，且径流减少幅度受流域大小和不透水面积比例的影响，此外，LID措施比例较高的流域对不同强度暴雨的水文响应规律并不一致。Bhaskar等[89]研究发现LID措施在流域城市化过程中能够增强其下渗能力，从而增加基流总量并减弱基流的季节性变化。此外，流域尺度上LID措施的位置、类型及城市开发程度都会影响流域的水文效应[90-92]。例如，Fry和Maxwell[93]发现在"空间敏感区域"（如沿集水道路或街道两侧）布置LID措施能大幅度地提高LID的径流削减效率，最大限度地减小强降雨的汇流速度；Vittorio和Ahiablame[94]的研究表明，在不透水面上设置LID措施的面积占比从25%增到100%时，流域径流减少量从3%增到31%,当将LID措施从其他位置移至流域出口附近时,径流减少率增加了1%~4%。

表4.4　　　　不同暴雨条件下LID建设前后区域径流特征[87]

降水事件	积水点个数		洪峰流量/(m³/s)		积水历时范围/h		径流控制率/%	
	传统模式	LID模式	传统模式	LID模式	传统模式	LID模式	传统模式	LID模式
0.5a	0	0	—	—	—	—	78.11	93.24
1a	6	0	0.832	—	0.19~0.51	—	74.21	83.02
2a	13	0	3.827	—	0.04~1.01	—	71.67	77.99
5a	32	11	5.978	1.305	0.03~1.63	0.14~1.23	70.01	73.19
10a	55	27	7.987	4.086	0.06~2.32	0.01~1.89	59.43	69.07
20a	71	38	8.865	5.807	0.02~2.72	0.10~2.23	58.06	67.85
50a	90	59	10.393	7.224	0.08~3.13	0.02~2.57	57.85	65.11
19.2mm	3	0	0.343	—	0.07~0.25	—	76.70	87.67

4.4.8 海绵城市建设对水质的影响

随着城市点源污染的逐渐控制,面源污染对水质的影响日益突显,已成为城市流域水体水质恶化的主要原因。传统的径流污染处理方法是利用市政管网将地表径流收集,并将一定量的初期径流输送到污水处理厂进行集中处理后排放。这种径流污染末端处理的方法有诸多弊端,如建设成本较高、对污水处理厂造成冲击、浪费雨水资源等。海绵城市的提出为城市面源污染调控提出了思路,即在源头利用一些小型分散式的低影响开发设施对径流进行净化,实现面源污染控制目标。

海绵城市建设对水质的提升主要通过两种途径。一方面,通过透水铺装、下沉式绿地、生物滞留设施、干式植草沟、雨水桶等低影响开发设施的蓄渗作用,大量削减径流量,特别是污染物浓度极高的初期雨水径流,从而降低流入城市水体的污染总负荷量。另一方面,绿色屋顶、复杂型生物滞留设施、雨水花园、湿式植草沟、植被缓冲带、初期雨水渗滤设施、人工土壤渗流等低影响开发设施通过土壤、植物和微生物对污染物的吸收、络合、沉淀、转化、降解、生物合成和固定化等作用,净化径流的水质,从而降低排入雨水管渠径流的污染物浓度。Ahiablame等[95]总结了多种低影响开发设施的水质净化效果,其中,生物滞留设施能削减47%~99%的悬浮物,31%~99%的总磷,1%~82%的硝酸盐氮,2%~82%的氨氮,26%~80%的凯氏氮,32%~99%的总氮,31%~98%的铜、铅、锌等重金属,71%~97%的粪大肠杆菌和83%~97%的油类;透水铺装可去除径流中58%~94%的悬浮物、10%~78%的总磷、75%~85%的氨氮、20%~99%的重金属和98%~99%的粪大肠杆菌;植草沟可去除30%~98%的悬浮物、24%~99%的总磷、14%~61%的总氮以及68%~93%的铅、锌等重金属。低影响开发设施对径流污染物的去除效果与诸多因素有关,包括设施的类型、构造和运行时长、污染物类型和浓度、降雨特性等条件。黄勇强等[96]实验表明,传统的生物滞留池经过换土层改造后,对化学需氧量有机物的去除率提高了1.7%~7%,但是在雨强较高的情况下,雨水径流冲刷作用增加,使得土层填料所吸附的总磷被解析出来,从而对总磷的削减效果不如传统的生物

4.4 海绵城市建设的生态水文效应

滞留池（图 4.42）。Hsieh 和 Davis[97-98] 的研究表明，采用沙子介质的生物滞留池具有很强的污染物净化能力，但其净化效率随着时间的推移而下降，对磷的截留能力可能仅维持 5 年。张紫阳等[99] 通过实验发现，随着运行时间的延长，透水铺装出流的污染物浓度呈现出先急剧降低然后再升高的变化趋势（图 4.43），表明透水铺装对水质的净化效果会随着运行时间逐渐衰退，整体而言，透水铺装对总磷的长期去除效果最好，可维持在 60% 以上，其次是对氨氮，而对化学需氧量有机物和总氮的长期去除效果相对较差，此外在面

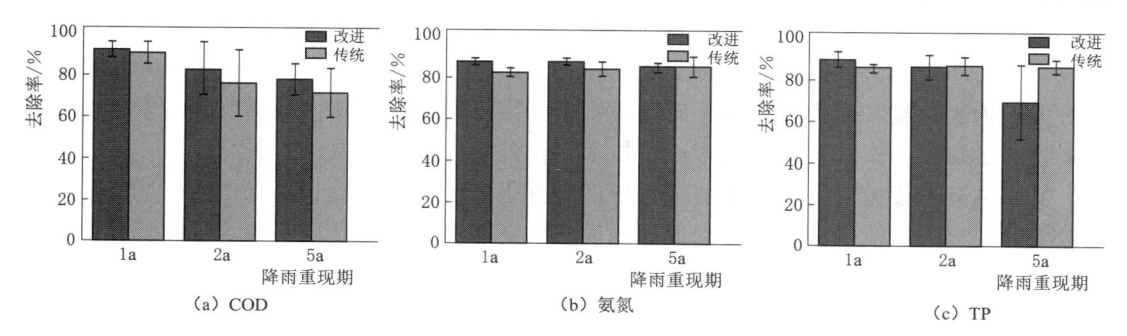

图 4.42 不同重现期降雨条件下改进与传统生物滞留池的污染物去除效果对比[96]

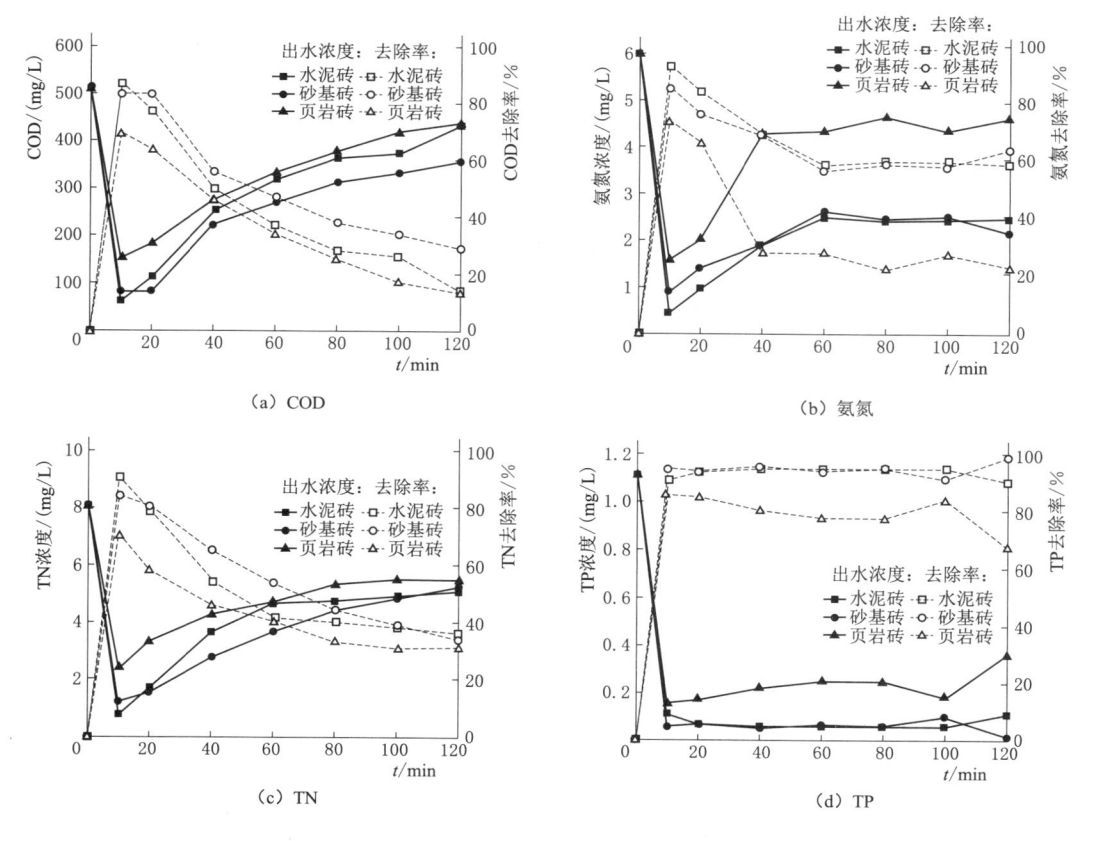

图 4.43 透水铺装系统对雨水径流污染物的去除效果[99]

层破损后可能会出现污染物析出现象,从而加剧径流污染。相比于其他低影响开发设施,绿色屋顶在水质净化方面的表现尤为不稳定。Hathaway 等[100]发现绿色屋顶虽然能蓄滞64%的降雨,但对总磷和总氮的削减并不明显,并且对绿色屋顶的施肥行为可能会加剧由于长期雨水沥滤而造成的水质污染的风险。而 Liu 等[101]观测到绿色屋顶径流中悬浮物和总氮的平均浓度反而比传统屋顶的高了两倍左右。

海绵城市建设会对城市整体水质起到明显的提升作用。但是,由于低影响开发设施内部的土壤、植物和微生物系统以及外部的天气条件、径流水量水质等的动态变化,设施对面源污染的净化能力波动较大。特别是在经过长期运行且缺乏维护时,低影响开发设施很有可能因为吸附饱和而失效,甚至出现污染物析出等现象。此外,低影响开发设施对某些污染物的去除效果不佳,需要从理论、技术、设计等各方面开展深入研究。

低影响开发设施对一般量级的降雨事件具有很好的径流调控和净化作用。而当降雨量级较大时,地表径流量会超过常规低影响设施的蓄滞能力,此时需要雨水径流处理能力更强的工艺流程。一般来说,常规的水处理技术及原理都可以应用于雨洪处理。工艺方法由物理法、化学法、生物法和多种工艺组合,国内典型的雨洪处理与净化的工艺应用实例见表 4.5。由于城市雨洪径流的水质因集流面材料、气温、降雨量、降雨强度、降雨间隔时间等条件不同而变化,且不同的用途所要求水质标准也不同,所以雨洪处理的工艺流程和规模,应根据收集回用的方向和水质要求以及可收集的雨洪量和雨洪水质特点,来确定处理工艺和规模,最后根据各种条件进行技术经济比较后确定。

表 4.5 国内典型的雨洪处理与净化工艺应用实例[60]

所在地	集流面	处理工艺	用途
北京国家体育场	屋面、比赛场地	雨水→截污→调蓄池→砂滤→超滤→纳滤→消毒→清水池	冷却补给水、消除、绿化、冲厕
南京聚福园小区	屋面、路面、绿地	雨水→截污→调蓄池→初沉池→曝气生物滤池→MBR 滤池→消毒→清水池	景观、绿化、冲洗
北京市政府办公区	屋面、路面、绿地	雨水→截污→调蓄池→植被土壤过滤→消毒→清水池	绿化
天津水利科技大厦	屋面、地面	雨水→截污→调蓄池→一体化 MBR 反应器→消毒→清水池	冲厕
北京市青年湖公园	道路、绿地、山体	雨水→截污→调蓄池→植被土壤过滤→消毒→清水池→景观湖	景观、绿化、冲洗

4.4.9 海绵城市建设对气温的影响

海绵城市建设会有效降低城市近地表温度,从而缓解热岛效应。海绵城市建设对气温的降低主要通过两种途径。一方面,屋顶、路面等不透水区域被透水的低影响开发设施替代,增加了地面反射率,减少了地面对太阳辐射的吸收,例如将传统深色硬质路面替换成浅色透水铺装路面。Synnefa 等[102]研究了不同颜色表面沥青砖的反射率特征及其对表面温度的影响,结果表明,白色沥青表面在可见光谱范围呈现的反射率达 0.45,黑色沥青表面呈现的反射率仅为 0.03,前者的表面温度比后者低了将近 12℃,同时,黄色、米黄色、绿色和红色表面沥青砖在可见光光谱范围内的反射率分别为 0.26、0.31、0.10、

4.4 海绵城市建设的生态水文效应

0.11,它们的表面温度相比黑色沥青呈现的最高表面温度低了9.0℃、7.0℃、5.0℃、4.0℃。王吉苹[103]研究表明,在厦门的夏季,透水路面相对于花岗岩路面的日最高气温降低幅度在1.5~6℃,相对于水泥路面的降温幅度在0~5℃[图4.44(a)]。目前针对该方面的研究主要聚焦于小范围试验场地或单体建筑上,实际上,由于城市地面和建筑的形态多样性和空间密集性,所增加的反射的太阳辐射不一定能回到宇宙空间,而是可能会被反射到其他建筑物上,因此,在小空间尺度上的降温效果很好并不能说明在城市整体或较大范围也会很好。

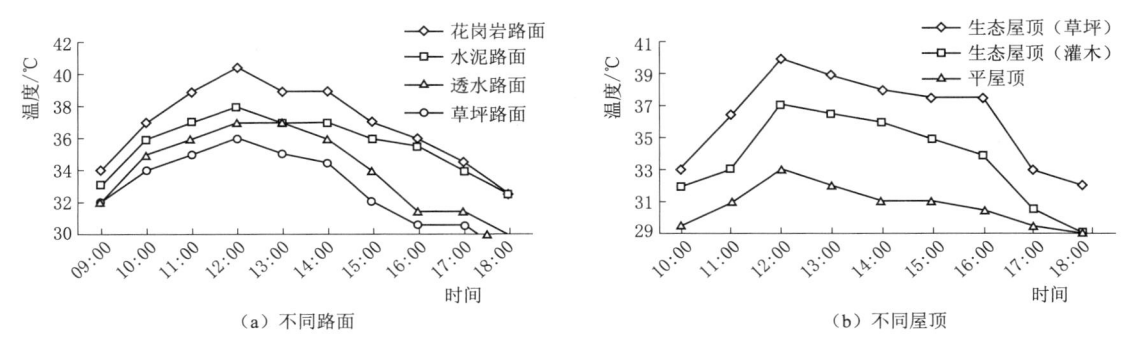

图4.44 城市不同表面温度随时间的变化过程[103]

另一方面,种有植被或具有水面的低影响开发设施不仅通过增加城市的蒸散发量,以潜热形式消耗大量能量,从而降低气温、增加空气湿度、改善热环境,而且茂密的树木冠层可以起到遮阴避阳的作用,减少太阳短波辐射直射地面以及地表热量蓄积和升温,进而降低地表面向大气的显热排放及其长波辐射,缓解城市升温,同时植被会影响气流运动及显热交换,在一定情形下能促进热量交换,从而改善城市热环境。国内研究发现,深圳市的草坪年平均降温效果可以达到1.57℃,降温效果优于水体[104](图4.45),并且绿地的降温效果与植被覆盖度呈一定的线性关系,植被覆盖度每增加10%,夜间热岛强度可降低0.16~0.55℃,日间热岛强度可降低0.05~0.15℃。同样在深圳的研究表明,一株矮小的小叶榕(高5m、胸径20cm)的日蒸腾量就可达36~55kg,蒸腾耗热的制冷效果相当于一台1.6~2.4kW的空调连续工作24h[105]。Yan等[106]通过模拟发现,当低影响雨水设施的蒸发率小于0.6mm/h时,蒸发率每增大0.1mm/h,地表温度平均会降低3.66℃。无论是单株树木还是树丛,均有明显的降温效果,但会受树种及其种植位置、方式的影响。王吉苹[103]研究表明,在厦门的夏季,灌木型生态屋顶和草坪型生态屋顶相比于传统屋顶分别可降低日最高气温4~10.5℃和2.5~6℃[图4.44(b)]。通过实地观测获取温度和湿度数据,用温度变化指数和湿度变化指数计算公式等方法可以得出,无论降温效应还是增湿效应,均表现为乔木林>乔灌林>灌丛>草地。目前研究已表明,增加城市绿地是调节城市热岛效应最经济、最有效的方式。但是,无论是学术界还是产业界,目前的认识多停留在定性的水平上,即已明确城市植被增加可以缓解城市热岛效应,但是增加多少植被、如何配置、能达到什么程度的降温效果,还无法得到确切答案。因此,如何从城市尺度量化植被对热岛效应的调节作用仍是亟须解决的难点问题。

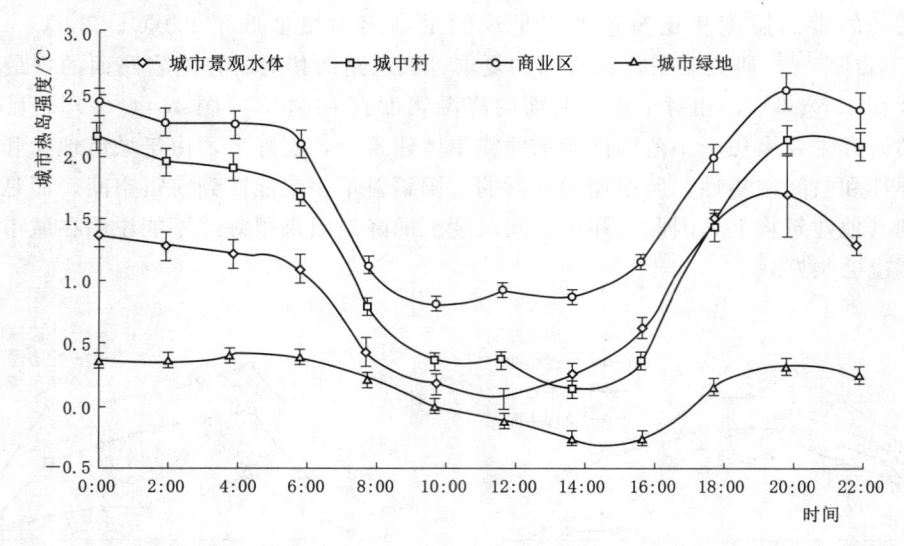

图 4.45 深圳夏季城市景观水体、城中村、商业区以及城市绿地降温效果比较[104]

此外，不同于种有植被的低影响开发设施，透水铺装通过孔隙的毛细管作用也能在一定程度上增加城市的蒸发水平，从而降低城市近地表温度，但降温过程持续时间相对较短。因此，有学者[107]研究了一种蒸发加强型的透水砖铺装，实验结果表明其地表温度比其他路面均最大低约15℃（图 4.46）。由此可见，无论是增加地面反射率还是增加蒸发水平，都会对城市热岛效应有明显的缓解和调节作用。

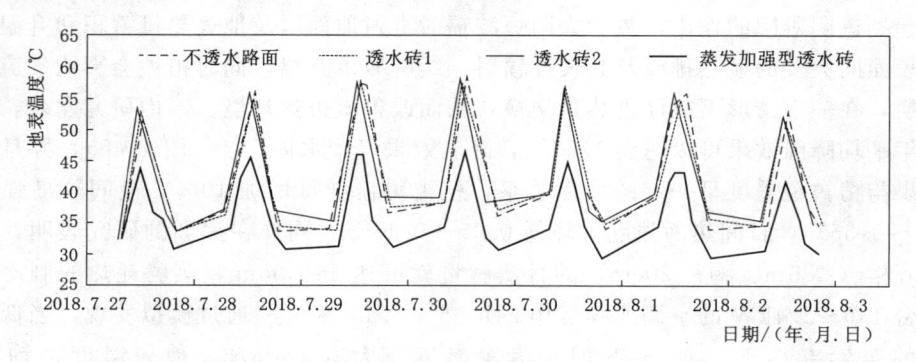

图 4.46 不同类型透水砖铺装的地表温度变化[107]

4.5 城市雨洪模拟

4.5.1 城市雨洪产汇流计算方法

城市雨洪的产汇流计算是城市雨洪模拟的理论基础。城市地区复杂的下垫面条件和多变的城市排水系统水流状态，使得其产汇流特性比自然流域要复杂得多，因而城市雨洪的产汇流计算需要充分结合水文学与水力学的方法。国内外学者根据长期的观察和研究，把城市雨洪的产汇流计算归纳为城市雨洪产流计算、城市雨洪地面汇流计算以及城市雨洪管网和河网汇流计算三个方面。

城市地表覆盖物种类多且分布复杂，产流很不均匀，加之对城市地区复杂下垫面产流规律认识不足和资料短缺导致城市雨洪产流计算精度偏低。城市产流计算通常会将区域划分为不透水区和透水区两类。国内外对不透水区采用的产流计算方法基本一致，即产流量等于降雨量扣除填洼、截留、蒸发等损失量。对于透水区，多采用一些简单的经验性公式或数据统计分析拟合公式，如径流系数法、SCS法、下渗曲线法、概念性降雨径流法等（表4.6）。流域总产流量的计算多采用不透水面产流量和透水面产流量的简单叠加。虽说国内外展开了诸多试验和应用研究探讨了城市下垫面类型的产流规律，但单点尺度或实验室尺度的研究并不能完全涵盖城市所有类型下垫面的产汇流特性，仍缺乏对城市地区复杂下垫面产流规律的系统认识。

表4.6　　　　　　　　　不同产流计算方法及其主要特点[108]

计算方法		主要特点
统计分析法	SCS方法	以一个反映流域综合特征的参数 CN 计算降雨径流关系，结构简单，资料需求少，应用较广
	降雨径流相关法	建立径流与降雨量、不透水面积、降雨强度等因素的相关关系，可靠性偏低
	径流系数法	依据不同地表类型的降雨径流系数结合降雨强度计算降雨损耗，应用广泛，精度较高
下渗曲线法	Φ 指数法	通过给定 Φ 指数判断降雨强度与指数关系分析径流量，属于下渗现象的概化描述
	下渗公式	由透水地面的下渗公式计算降雨的下渗损失，如 Green-Ampt、Horton 和 Philip 下渗曲线
模型法	概念性降雨径流模型	采用概念性降雨径流关系或统计公式计算透水地面的产流过程，计算相对复杂，要求较高

地表产流后流进雨水管网系统集水口的过程称为雨水地表汇流过程，其计算方法可分为水动力学和水文学两类。水动力学方法基于微观物理定律，求解圣维南方程组或其简化形式，可以精准获得地表水流的运动状态，但复杂的城市下垫面情况以及缺乏稳定可靠的有效解法使得该类方法应用难度较大。水文学方法采用系统分析的途径建立输入和输出之间的关系，常用的有推理公式法、等流时线法、瞬时单位线法、线性水库法及非线性水库法（表4.7），计算简单，但物理机制方面尚不明晰。尽管有学者提出水文学方法和水动力学方法相结合的途径，但截至目前仍未有理想的实现方式。因此，随着计算机技术的发展，迫切需要针对两类方法的优劣性，开展水文-水动力耦合的城市地表汇流计算方法研究，以提高城市地表汇流计算精度。

城市管网和河网的汇流计算方面则相对成熟，同样包括简单的水文学方法和复杂的水动力学方法（表4.8）。早期水文学方法应用较多，主要有瞬时单位线法和马斯京根法。随着计算技术的发展和城市对防洪决策资料要求的提高，水文学方法逐渐被水动力学方法取代。根据圣维南方程组的求解形式不同，常用的水动力学法可分为运动波、扩散波和动力波，其中，动力波为完全形式，计算精度最高。

表 4.7 不同地表汇流计算方法及其主要特点[108]

计算方法		主要特点
水动力学方法		基于圣维南方程组模拟地表坡面汇流过程，计算相对复杂耗时，但物理过程明确
水文学方法	推理公式法	假定降雨径流面积线性增长，径流系数不变，只关注洪峰而不关注流量过程变化
	等流时线法	基于相同的汇流时间计算区域汇流面积，对于城市地面汇流计算划分相对较难
	瞬时单位线法	参数计算复杂，无法非线性化处理，效果较差，资料依赖性较大
	线性水库法	参数计算相对简单，不考虑过程的非线性特征，效果一般
	非线性水库法	物理概念明确，参数相对简单，计算精度相对较高

表 4.8 不同管网汇流计算方法及其主要特点[108]

计算方法		主要特点
水动力学方法	运动波	计算简单，适应于坡度大、下游回水影响小的管道，理论解没有扩散作用，峰值不会衰减
	扩散波	不适用于各种流态共存的城市环状管网的水流运动，计算精度与动力波相差较小
	动力波	计算精度较高，适用于各种管道坡度和入流条件，考虑峰值在管道中传播的衰减和回水影响，计算复杂，资料要求较高
水文学方法	马斯京根法	计算相对简便，参数少，应用较广，与水动力学计算方法效果较为接近，资料要求较少
	瞬时单位线法	计算简单，参数与雨水管道特性之间的关系规律性较差，调试难度较大

4.5.2 城市雨洪模型

城市雨洪模型起步于 20 世纪 70 年代，最初由部分政府机构（如美国国家环境保护局，EPA）和研究机构（如丹麦 DHI 公司）组织开展研发工作，截至目前，已经发展了多种成熟的模型产品（表 4.9）。纵观城市雨洪模型的发展，其主要经历了经验性模型、概念性模型及物理性模型三个阶段。经验性模型又称"黑箱"模型，所使用的数学方程是基于对输入输出系列的经验分析，而不是基于对水文物理过程的分析，如推理公式法。概念性模型开始具有分布式特征，把城市研究区域按集水口划分为多个子汇水区作为基本计算单元，利用集总式概念性模型计算各个集水口的入流过程，然后通过管网或河道汇流演算到研究区域出口。物理性模型往往以水动力学为基础，同样具有分布式特征，它把城市研究区域分割成空间网格，根据水流动的偏微分方程、边界条件及初始条件，应用数值分析来建立相邻网格单元之间的时空关系，能直接考虑各水文要素的相互作用及其时空变异规律。由于缺乏足够的实测资料，目前应用最多的仍是水文学与水力学相结合的概念性模型，如 SWMM、MIKE+（Urban）、InfoWorks ICM（CS）。

表 4.9　　　　　　　　　　　　主要城市雨洪模型总结[108]

模型名称	开发者	主要计算方法 地表产流	主要计算方法 地表汇流	主要计算方法 管网汇流	主 要 特 点
SWMM	美国 EPA	下渗曲线法和 SCS 方法	非线性水库	恒定流、运动波和动力波	动态降雨径流模型，适用水量水质模拟，主要分为透水地面、有注蓄和无注蓄的不透水地面三个部分，应用广泛
STORM	美国陆军工程兵团 HEC	SCS 方法和降雨损失法	单位线	水文学方法	城市合流制排水区的暴雨径流模型，分为透水和不透水区模拟降雨径流及水质变化过程，可模拟排水管网溢流问题
ILLUDAS	伊利诺伊州	降雨损失法	时间-面积曲线	线性运动波	为 TRRL 模型的改进版本，可以考虑渗水地区地表径流
IUHM	Cantone 和 Schmidt	Green-Ampt 下渗公式	地貌瞬时单位线	水动力学法	通过集合地貌瞬时单位线方法，分析高度城市化区域水文响应关系，适用于资料不足地区的水文过程模拟
DR3M-QUAL	美国地质调查局 USGS	Green-Ampt 下渗公式	运动波	运动波	分为地面流、河道、管网和水库单元，可分析城市区域降雨、径流和水质变化过程，对下垫面地形和市政排水管网资料要求较多
UCURM	美国辛辛那提大学	Horton 下渗公式	水文学方法	水文学方法	将流域概化为不透水区和透水区两部分，主要有入渗和洼地蓄水、地表径流、边沟流和管道演算子模块
Wallingford	英国 Wallingford 水力学研究所	修正推理公式	非线性水库、蓄泄演算、SWMM 径流计算模块	马斯京根和隐式差分求解浅水方程	包括降雨径流模块、简单或动力波管道演算模块、水质模拟模块，可用于暴雨系统、污水系统或雨污合流系统设计及实时模拟，分为铺砌表面、屋顶和透水区三个部分
TRRL	英国公路研究所	降雨损失法	时间法和线性水库-面积曲线	线性运动波	可连续模拟或单次模拟城市区域的降雨径流过程，仅考虑不透水区域与管道系统连接的部分产流，洪峰和径流量可能偏低
MIKE-SWMM	丹麦水力学研究所 DHI	下渗曲线法和 SCS 方法	非线性水库	隐式差分一维非恒定流	主要是 MIKE11 模块替代了 SWMM 中的 EXTRAN 模块，比 SWMM 适应范围更广、更稳定，与 DHI 其他模型相兼容
MIKE+（Urban）或 MOUSE	丹麦水力学研究所 DHI	降雨入渗法	运动波、单位线和线性水库	动力波、运动波和扩散波	包括管道流模块、降雨入渗模块、实时控制模块、管道设计模块、沉积物传输模块、对流弥散模块和水质模块，用途相对广泛
InfoWorks ICM（CS）	英国 Wallingford 软件公司	固定比例径流模型、SCS 曲线和下渗曲线	SWMM 径流计算模块和双线性水库	水动力学法	主要采用分布式模型模拟降雨径流过程，基于子集水区划分和不同产流特性的表面组成进行径流计算
SSCM	岑国平	Horton 下渗曲线	运动波和变动面积-时间曲线法	扩散波	不透水区产流计算中注蓄量当作一个随累积雨量变化而变化的参数
CSYJM	周玉文和赵洪宾	降雨损失法	瞬时单位线	运动波	主要用作设计、模拟和排水管网工况分析
平原城市雨洪模型	徐向阳	降雨损失和 Horton 下渗	非线性水库法	运动波	分为透水区和不透水区，河网汇流采用一维圣维南方程组进行演算

城市雨洪模型发展至今已经形成了较为完善的概念框架和流程，如图 4.47 所示。总体上，城市雨洪模型框架主要包括数据收集与处理模块、城市雨洪计算分析模块、成果输出与综合可视化模块三大类，主要流程包括：①确定模型总体结构，一般含输入输出、模型运算和服务模块等；②确定模型微观结构，如降水径流模块的计算结构、管网系统模块的计算组成以及各模块的耦合问题等；③整理数据，结合模型结构，确定数据集或建立相适应的数据库；④确定模型参数及边界条件，进行参数率定和验证；⑤成果输出与展示，结合 GIS 空间分析处理功能，耦合城市雨洪模型，实现成果可视化展示。

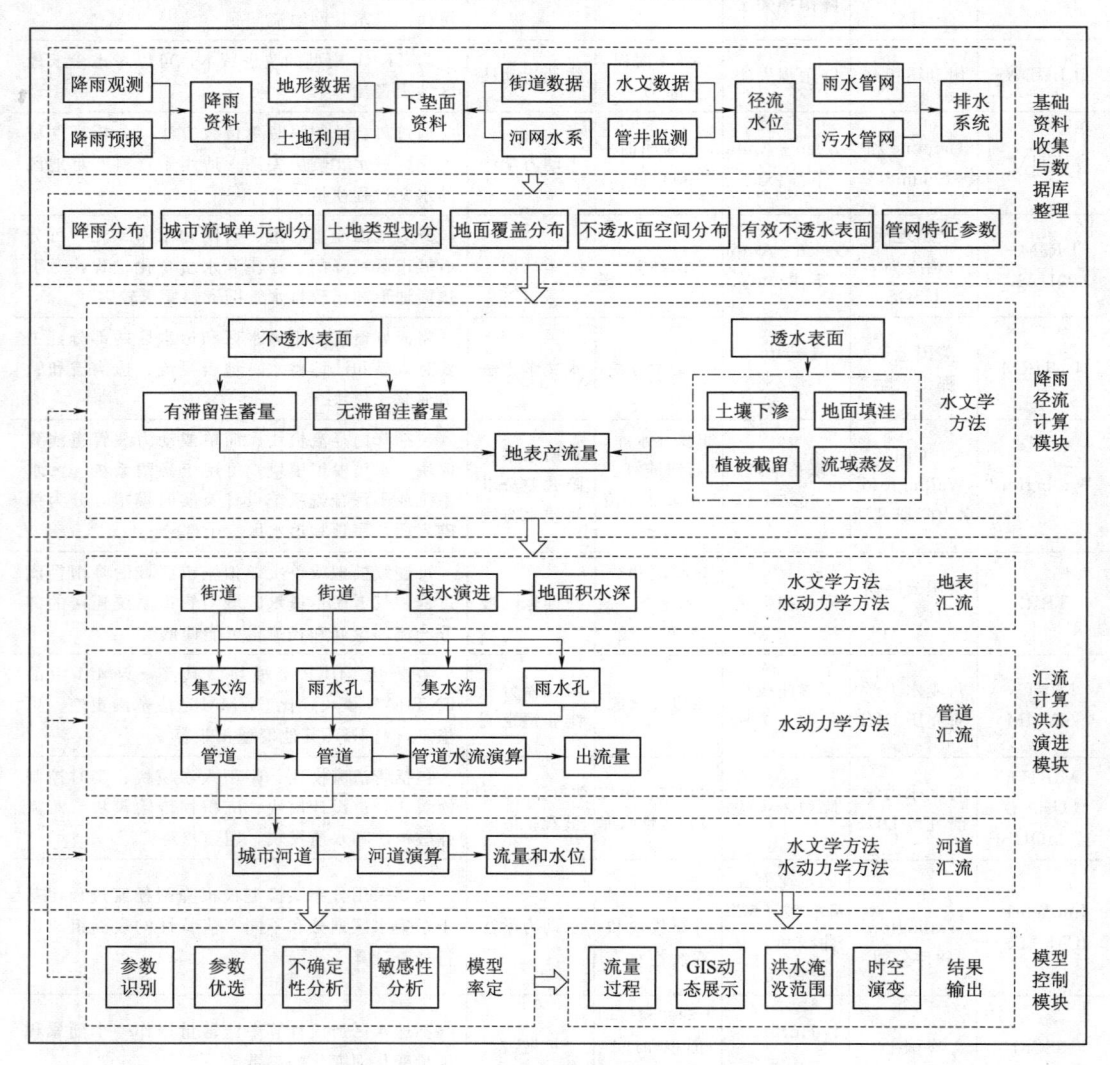

图 4.47 城市雨洪模型的概念框架和基本流程[108]

我国在城市雨洪模型研发方面起步较晚。早期的代表性模型，如岑国平在 20 世纪 90 年代初建立的我国第一个城市雨水径流计算模型；1997 年刘俊提出用于城市化地区水文水力计算和模拟的城市雨洪模型；周玉文和赵洪宾在 1997 年提出的 CSYJM 模型；徐向阳在 1998 年提出的适合平原城市的雨洪模型；天津市气象科学研究所联合多家单位研发的城市暴雨内涝数学模型等。近年来，随着计算技术的发展和人们对城市流域水文循环过程认识的加深，国内学者提出了具有更高计算精度、更优计算方法的城市雨洪模型。但是相比国外先进的城市雨洪模型，整体上仍存在明显的不足。一是性能方面，国内自主研发的模型功能相对比较单一，主要围绕某个特定问题展开，而国外模型相对成熟且功能较强，集成水量水质模拟及排水防洪规划等多方面内容。二是通用性方面，国内突出重点地区的应用研发，通用性较差，国外模型则广泛用于城市排水设计、规划和管理等诸多工作，形成了一系列商业性软件或工具。

思考题

1. 城市生态系统有哪些特点？
2. 城市化对水循环过程的影响主要体现在哪些方面？
3. 什么是海绵城市？与其他国家的雨洪管理理念有何异同？
4. 简述海绵城市建设的目标和途径。
5. 不同低影响开发设施对城市雨洪的调控作用有什么不同？
6. 海绵城市建设的生态水文效应主要体现在哪些方面？
7. 影响海绵城市建设的雨洪调控效应的因素有哪些？

参考文献

[1] 戴天兴，戴靓华. 城市环境生态学 [M]. 北京：中国水利水电出版社，2013.
[2] 王根绪，张志强，李小雁，等. 生态水文学概论 [M]. 北京：科学出版社，2020.
[3] 夏军，左其亭，王根绪. 生态水文学 [M]. 北京：科学出版社，2020.
[4] 许学强，周一星，宁越敏. 城市地理学 [M]. 北京：高等教育出版社，1997.
[5] 赫俊国，李相昆，袁一星，等. 城市水环境规划治理理论与技术 [M]. 哈尔滨：哈尔滨工业大学出版社，2012.
[6] Manley G. On the frequency of snowfall in metropolitan England [J]. Quarterly Journal of the Royal Meteorological Society，1958，84：70-72.
[7] Voogt J A，Oke T R. Thermal remote sensing of urban climates [J]. Remote Sensing of Environment，2003，86（3）：370-384.
[8] Kim Y，Baik J. Spatial and temporal structure of the urban heat island in Seoul [J]. Journal of Applied Meteorology，2005，44（5）：591-605.
[9] Grimm N B，Faeth S H，Golubiewski N E，et al. Global change and the ecology of cities [J]. Science，2008，319（5864）：756-760.
[10] 刘家宏，王浩，高学睿，等. 城市水文学研究综述 [J]. 科学通报，2014，59（36）：3581-3590.
[11] 彭保发，石忆邵，王贺封，等. 城市热岛效应的影响机理及其作用规律——以上海市为例 [J]. 地理学报，2013，68（11）：1461-1471.
[12] Baik J J，Kim Y H，Chun H Y. Dry and moist convection forced by an urban heat island [J]. Journal of Applied Meteorology，2001，40（8）：1462-1475.
[13] Bornstein R，Lin Q L. Urban heat islands and summertime convective thunderstorms in Atlanta：three case studies [J]. Atmospheric Environment，2000，34（3）：507-516.
[14] Dai A G. Global precipitation and thunderstorm frequencies. Part II：Diurnal variations [J]. Journal

of Climate, 2001, 14 (6): 1112-1128.

[15] Zhuo H, Zhao P, Zhou T J. Diurnal cycle of summer rainfall in Shandong of eastern China [J]. International Journal of Climatology, 2014, 34 (3): 742-750.

[16] Chen H P, Sun J Q. Projected change in East Asian summer monsoon precipitation under RCP scenario [J]. Meteorology and Atmospheric Physics, 2013, 121 (1): 55-77.

[17] Nesbitt S W, Zipser E J. The diurnal cycle of rainfall and convective intensity according to three years of TRMM measurements [J]. Journal of Climate, 2003, 16 (10): 1456-1475.

[18] Yin S Q, Gao G, Li W J, et al. Long-term precipitation change by hourly data in Haihe River Basin during 1961-2004 [J]. Science China - Earth Sciences, 2011, 54: 1576-1585.

[19] Shepherd J M, Pierce H, Negri A J. Rainfall modification by major urban areas: Observations from space borne rain radar on the TRMM satellite [J]. Journal of Applied Meteorology, 2002, 41 (7): 689-701.

[20] 孙继松, 舒文军. 北京城市热岛效应对冬夏季降水的影响研究 [J]. 大气科学, 2007 (2): 311-320.

[21] 于淑秋. 北京地区降水年际变化及其城市效应的研究 [J]. 自然科学进展, 2007 (5): 632-638.

[22] 王喜全, 王自发, 齐彦斌, 等. 城市化与北京地区降水分布变化初探 [J]. 气候与环境研究, 2007 (4): 489-495.

[23] 王喜全, 王自发, 齐彦斌, 等. 城市化进程对北京地区冬季降水分布的影响 [J]. 中国科学 (D辑: 地球科学), 2008 (11): 1438-1443.

[24] 郑思轶, 刘树华. 北京城市化发展对温度、相对湿度和降水的影响 [J]. 气候与环境研究, 2008 (2): 123-133.

[25] 李书严, 轩春怡, 李伟, 等. 城市中水体的微气候效应研究 [J]. 大气科学, 2008 (3): 552-560.

[26] 殷健, 梁珊珊. 城市化对上海市区域降水的影响 [J]. 水文, 2010, 30 (2): 66-72, 58.

[27] 吴风波, 汤剑平. 城市化对2008年8月25日上海一次特大暴雨的影响 [J]. 南京大学学报 (自然科学版), 2011, 47 (1): 71-81.

[28] 黄伟峰, 沈雪频. 广州城市对降水的影响 [J]. 热带地理, 1986 (4): 309-315.

[29] 敬书珍. 基于遥感的地表特性对地表水热通量的影响研究 [D]. 北京: 清华大学, 2009.

[30] 杨凯, 唐敏, 周丽英. 上海近30年来蒸发变化及其城郊差异分析 [J]. 地理科学, 2004 (5): 557-561.

[31] 曹润祥, 李发文, 李建柱, 等. 天津平原区城市化地区蒸散发特征 [J]. 水科学进展, 2021, 32 (3): 366-375.

[32] 周琳. 北京市城市蒸散发研究 [D]. 北京: 清华大学, 2015.

[33] Ramamurthy P, Bou-Zeid E. Contribution of impervious surfaces to urban evaporation [J]. Water Resources Research, 2014, 50 (4): 2889-2902.

[34] 唐婷, 冉圣宏, 谈明洪. 京津唐地区城市扩张对地表蒸散发的影响 [J]. 地球信息科学学报, 2013, 15 (2): 233-240.

[35] Zhang J, Chen X, Gao W, et al. Estimation of high spatial resolution evapotranspiration from Sentinel-2 images with improved contextual modeling [J]. Remote Sensing, 2019, 11 (22): 2664.

[36] 刘珍环, 李猷, 彭建. 城市不透水表面的水环境效应研究进展 [J]. 地理科学进展, 2011, 30 (3): 275-281.

[37] 张建云. 城市化与城市水文学面临的问题 [J]. 水利水运工程学报, 2012 (1): 1-4.

[38] 张建云, 宋晓猛, 王国庆, 等. 变化环境下城市水文学的发展与挑战——Ⅰ. 城市水文效应 [J]. 水科学进展, 2014, 25 (4): 594-605.

[39] 王军辉，周宏磊，韩煊，等．北京市地下空间运营期主要水灾水害问题分析［J］．地下空间与工程学报，2010，6（2）：224-229．

[40] Bruwier M，Maravat C，Mustafa A，et al. Influence of urban forms on surface flow in urban pluvial flooding［J］. Journal of Hydrology，2020，582：124493.

[41] Wang J，Qin Z，Shi Y，et al. Multifractal analysis of river networks under the background of urbanization in the Yellow River Basin，China［J］. Water，2021，13（17）：2347.

[42] 徐宗学，李鹏．城市化水文效应研究进展：机理、方法与应对措施［J］．水资源保护，2022，38（1）：7-17．

[43] Ferreira C S S，Walsh R P D，McDonnell J J. Hydrological response to urbanization at different time scales：An experimental catchment in the eastern USA［J］. Hydrological Processes，2012，26（21）：3243-3259.

[44] Yao Z，Zhu D，Zheng D，et al. Effects of impervious surface spatial distributions on surface runoff：A simulation study in Beijing，China［J］. Water，2017，9（10）：741.

[45] Silva A P，Silva G P. Connectivity between impervious and green spaces influence the runoff volumes at small urban catchments［J］. Ecological Engineering，2016，92：118-127.

[46] Cen G，Wei T. Effects of impervious surface distribution on runoff productivity at the plot scale［J］. Journal of Hydrology，2015，528：524-534.

[47] Wei X，Zhang X，Modi P，et al. Understanding hydrological connectivity to support sustainable urban water management［J］. Journal of Hydrology，2016，542：115-127.

[48] 季晓敏．城市化背景下秦淮河流域水文过程与河流健康研究［D］．南京：南京大学，2015．

[49] 冯雷．气候变化背景下城市化对济南市水文要素的影响研究［D］．北京：中国水利水电科学研究院，2020．

[50] 徐光来，许有鹏，徐宏亮．城市化水文效应研究进展［J］．自然资源学报，2010，25（12）：2171-2178．

[51] 赵安周，朱秀芳，史培军，等．国内外城市化水文效应研究综述［J］．水文，2013，33（5）：16-22．

[52] 李思远．合流制管网污水溢流污染特征及其控制技术研究［D］．北京：清华大学，2015．

[53] Paul M J，Meyer J L. Streams in the urban landscape［J］. Annual Review of Ecology and Systematics，2001，32：333-365.

[54] Ren W，Zhong Y，Meligrana J，et al. Urbanization，land use，and water quality in Shanghai［J］. Environment International，2003，29（5）：649-659.

[55] 胡和兵．城市化背景下流域土地利用变化及其对河流水质影响研究［D］．南京：南京师范大学，2013．

[56] 程江，杨凯，赵军，等．上海中心城区河流水系百年变化及影响因素分析［J］．地理科学，2007（1）：85-91．

[57] 严春军，杨大庆．上海市河网水系演变特征及对城市化过程的响应［J］．人民长江，2014，45（11）：40-43．

[58] Crimm A，Pu R，Zhang Z. Urban river restoration：A tale of two cities［J］. Landscape and Urban Planning，2008，86（4）：352-364.

[59] 郭文献，刘武艺，王鸿翔，等．城市雨洪资源生态学管理研究与应用［M］．北京：科学出版社，2015．

[60] 王慧亮，吕翠美，原文林．生态水文学［M］．北京：中国水利水电出版社，2021．

[61] 住房和城乡建设部．海绵城市建设技术指南——低影响开发雨水系统构建（试行）［S］．2014．

[62] 陈志远，杨涛，郑鑫，等．新型曝气自净式雨水桶设计与试验［J］．水电能源科学，2021，

39（9）：98-101，28.
[63] 王俊岭，魏江涛，张雅君，等．基于海绵城市建设的低影响开发技术的功能分析［J］．环境工程，2016，34（9）：56-60.
[64] 霍亮．透水性混凝土路面材料的制备及性能研究［D］．南京：东南大学，2004.
[65] Starke P, Gobel P, Coldewey W G. Urban evaporation rates for water-permeable pavements [J]. Water Science and Technology, 2010, 62 (5): 1161-1169.
[66] Brown R A, Borst M. Quantifying evaporation in a permeable pavement system [J]. Hydrological Processes, 2015, 29 (9): 2100-2111.
[67] Liu Y, Li T, Peng H Y. A new structure of permeable pavement for mitigating urban heat island [J]. Science of the Total Environment, 2018, 634: 1119-1125.
[68] DiGiovanni-White K, Montalto F, Gaffin S. A comparative analysis of micrometeorological determinants of evapotranspiration rates within a heterogeneous urban environment [J]. Journal of Hydrology, 2018, 562: 223-243.
[69] Qiu G Y, Tan S L, Wang Y, et al. Characteristics of evapotranspiration of urban lawns in a sub-tropical megacity and its measurement by the "Three Temperature Model plus Infrared Remote Sensing" method [J]. Remote Sensing, 2017, 9 (5): 502.
[70] 申红彬，徐宗学，李灵军，等．城市屋顶降雨径流过程单位线模型研究［J］．水利学报，2021，52（3）：333-340，348.
[71] 赵远玲，王建龙，李璐菌，等．不同类型透水砖对雨水径流水量的控制效果［J］．环境工程学报，2020，14（3）：835-841.
[72] 张光义，聂发辉，宁静，等．城市下凹式绿地长期运行蓄渗效率的概率分析［J］．同济大学学报（自然科学版），2009，37（5）：651-655，673.
[73] 孙玉香．基于SUSTAIN模拟技术的低影响开发雨水设施规划应用研究［D］．北京：北京工业大学，2016.
[74] 朱木兰，廖杰，陈国元，等．针对LID型道路绿化带土壤渗透性能的改良［J］．水资源保护，2013，29（3）：25-28，33.
[75] 赵飞，张书函，陈建刚，等．透水铺装雨水入渗收集与径流削减技术研究［J］．给水排水，2011，47（S1）：254-258.
[76] Zhang P. Life-Cycle-Cost analysis of using low impact development compared to traditional drainage systems in Arizona: Using value engineering to mitigate urban runoff [D]. Phoenix: Arizona State University, 2019.
[77] Davis A P. Field performance of bioretention: hydrology impacts [J]. Journal of Hydrologic Engineering, 2008, 13 (2): 90-95.
[78] Chapman C, Horner R R. Performance assessment of a street-drainage bioretention system [J]. Water Environment Research, 2010, 82 (2): 109-119.
[79] Li H, Sharkey L J, Hunt W F, et al. Mitigation of impervious surface hydrology using bioretention in North Carolina and Maryland [J]. Journal of Hydrologic Engineering, 2009, 14 (4): 407-415.
[80] Maxwell A. Investigating the performance of simple rain gardens created in existing soils: an assessment of 5 case study rain gardens in Guelph, ON [D]. Guelph: University of Guelph, 2017.
[81] 唐双成，罗纨，贾忠华，等．填料及降雨特征对雨水花园削减径流及实现海绵城市建设目标的影响［J］．水土保持学报，2016，30（1）：73-78，102.
[82] Berndtsson J C. Green roof performance towards management of runoff water quantity and quality: a review [J]. Ecological Engineering, 2010, 36 (4): 351-360.
[83] Carter T, Jackson C R. Vegetated roofs for stormwater management at multiple spatial scales [J].

Landscape and Urban Planning, 2007, 80 (1-2): 84-94.

[84] Jennings A A, Adeel A A, Hopkins A, et al. Rain barrel - urban garden stormwater management performance [J]. Journal of Environmental Engineering, 2013, 139 (5): 757-765.

[85] Litofsky A L E, Jennings A A. Evaluating rain barrel storm water management effectiveness across climatography zones of the United States [J]. Journal of Environmental Engineering, 2014, 140 (4): 4014009.

[86] Golden H E, Hoghooghi N. Green infrastructure and its catchment - scale effects: an emerging science [J]. Wiley Interdisciplinary Reviews: Water, 2018, 5 (1): 1254.

[87] 马萌华, 李家科, 邓陈宁. 基于SWMM模型的城市内涝与面源污染的模拟分析 [J]. 水力发电学报, 2017, 36 (11): 62-72.

[88] Pennino M J, Mcdonald R I, Jaffe P R. Watershed - scale impacts of stormwater green infrastructure on hydrology, nutrient fluxes, and combined sewer overflows in the mid - Atlantic region [J]. Science of the Total Environment, 2016, 565 (15): 1044-1053.

[89] Bhaskar A S, Hogan D M, Archfield S A. Urban base flow with low impact development [J]. Hydrological Processes, 2016, 30 (18): 3156-3171.

[90] Qin H P, Li Z X, Fu G. The effects of low impact development on urban flooding under different rainfall characteristics [J]. Journal of Environmental Management, 2013, 129: 577-585.

[91] Bell C D, Mcmillan S K, Clinton S M, et al. Hydrologic response to stormwater control measures in urban watersheds [J]. Journal of Hydrology, 2016, 541: 1488-1500.

[92] Bell C D, Mcmillan S K, Clinton S M, et al. Characterizing the effects of stormwater mitigation on nutrient export and stream concentrations [J]. Environmental Management, 2017, 59 (4): 1-15.

[93] Fry T J, Maxwell R M. Evaluation of distributed BMPs in an urban watershed - high resolution modeling for stormwater management [J]. Hydrological Processes, 2017, 31 (15): 2700-2712.

[94] Vittorio D D, Ahiablame L. Spatial translation and scaling up of low impact development designs in an urban watershed [J]. Journal of Water Management Modeling, 2015.

[95] Ahiablame L M, Engel B A, Chaubey I. Effectiveness of low impact development practices: Literature review and suggestions for future research [J]. Water Air and Soil Pollution, 2012, 223 (7): 4253-4273.

[96] 黄勇强, 赵文亮, 李武举. 一种廊道式生物滞留池径流污染控制效果研究 [J]. 复旦学报 (自然科学版), 2020, 59 (6): 761-768.

[97] Hsieh C, Davis A P. Evaluation and optimization of bioretention media for treatment of urban storm water runoff [J]. Journal of Environmental Engineering, 2005, 131 (11): 1521-1531.

[98] Hsieh C H, Davis A P, Needleman B A. Bioretention column studies of phosphorus removal from urban stormwater runoff [J]. Water Environment Research, 2007, 79: 177-184.

[99] 张紫阳, 亓浩, 张晓然, 等. 地表径流污染物在透水铺装系统中的迁移规律 [J]. 中国给水排水, 2022, 38 (9): 123-132.

[100] Hathaway A M, Hunt W F, Jennings G D. A field study of green roof hydrologic and water quality performance [J]. Transactions of the ASABE, 2008, 51 (1): 37-44.

[101] Liu W, Wei W, Chen W, et al. The impacts of substrate and vegetation on stormwater runoff quality from extensive greenroofs [J]. Journal of Hydrology, 2019, 576: 575-582.

[102] Synnefa A, Karlessi T, Gaitani N, et al. Experimental testing of cool colored thin layer asphalt and estimation of its potential to improve the urban microclimate [J]. Building and Environment,

2011, 46 (1): 38-44.

[103] 王吉苹. 基于可持续发展减缓城市热岛效应的实验研究 [J]. 水土保持通报, 2013, 33 (3): 100-103.

[104] Qiu G Y, Zou Z D, Li X Z, et al. Experimental studies on the effects of green space and evapotranspiration on urban heat island in a subtropical megacity in China [J]. Habitat International, 2017, 68: 30-42.

[105] Qiu G Y, Li C, Yan C H. Characteristics of soil evaporation, plant transpiration and water budget of Nitraria dune in the arid Northwest China [J]. Agricultural and Forest Meteorology, 2015, 203: 107-117.

[106] Yan C H, Ding J J, Wang B, et al. An in-situ measurement and assessment of evaporative cooling effects of low impact development facilities in a subtropical city [J]. Agricultural and Forest Meteorology, 2023, 332: 109363.

[107] Liu Y, Li T, Peng H Y. A new structure of permeable pavement for mitigating urban heat island [J]. Science of the Total Environment, 2018, 634: 1119-1125.

[108] 宋晓猛, 张建云, 王国庆, 等. 变化环境下城市水文学的发展与挑战——Ⅱ. 城市雨洪模拟与管理 [J]. 水科学进展, 2014, 25 (5): 752-764.

第5章 湖泊水库生态水文

5.1 湖泊水库概述

　　湖泊不仅是地理环境的重要组成部分,而且蕴藏着丰富的自然资源,包括天然湖泊和人工湖泊(即水库)两类。湖泊水库生态系统在流域地理环境中与陆域和河流相互联系,关联错综复杂,具有水量调节、气候调节、供水、纳污、航运、养殖、生物栖息地和旅游文化等服务功能[1],并且与陆地、海洋等全球尺度生态系统紧密相连。

　　天然湖泊和水库中所发生的现象有颇多相同之处,但又各具特点[2]。从起源上,湖泊是一个天然水体,湖泊内的水可以看成是静止的,同河流相比是缓慢流动的。湖盆本身可能是由于火山活动、构造活动或冰川活动形成,也可能是由于河流活动或溶解岩石的溶化而形成。水库则可能是由于天然河谷的人工筑坝,也可能是与天然流域无联系的混凝土栅栏的人工湖,前者的水库由天然水流充填,后者则用抽邻近流域的水来充填,相应分别为拦蓄水库和抽水蓄水水库。根据《中国湖泊调查报告》[3],我国拥有 $1.0km^2$ 以上的自然湖泊2693个,总面积 $81414.6km^2$;已经建成水库9.8万余座,总库容9323.12亿 m^3,其中大型水库756座、中型水库3938座。日益增强的人类活动造成湖泊水库生态功能退化和物种多样性降低等问题,相应地,一系列治理与管理工作需求极大地促进了我国湖泊水库生态水文学的发展。

5.1.1 湖泊及其特征

5.1.1.1 湖泊和湖盆的定义

1. 湖泊

　　湖泊指陆地上洼地积水形成的水域比较宽广、换流缓慢的水体,内陆盆地中缓慢流动或不流动的水体。湖泊可以通过自然因素和人为因素形成。在地壳构造运动、冰川作用、河流冲淤等自然因素的作用下,地表形成许多凹地,积水成湖。露天采矿场凹地积水和拦河筑坝等人为因素形成的水库也属湖泊之列,称为人工湖。湖泊因其换流异常缓慢而不同于河流,又因与大洋不发生直接联系而不同于海。湖泊称呼不一,多用方言称谓。中国习惯用的陂、泽、池、海、泡、荡、淀、泊、错和诺尔(淖尔)等都是湖泊的别称[1]。对于整个地球系统,湖泊是地球表层系统各圈层相互作用的连接点,是陆地水圈的重要组成部分,与生物圈、大气圈、岩石圈等关系密切,具有调节区域气候、记录区域环境变化、维持区域生态系统平衡和繁衍生物多样性等多种功能,因此湖泊本身对全球变化响应敏感。

2. 湖盆

　　湖盆是地球各种运动和作用下在地球表面形成的洼地。湖泊形成必须具备两个最基本的条件:一是洼地,即湖盆;二是湖盆中所蓄积的水量。湖盆是湖水赖以存在的前提。湖泊学家常根据湖盆形成过程来对湖泊进行分类。湖盆的形成有多种作用，比如构造作用（即地壳运动）、火山活动、山崩物质堵塞河谷、冰川作用、河流作用等。比如，里海、咸海等特别大的湖盆是由构造作用形成的；世界上最深的两个湖泊——贝加尔湖和坦噶尼喀湖的湖盆是由断层引起的地堑复合体形成的；俄勒冈的火口湖是由火山活动形成的。不同湖盆侵蚀产物的化学性质不同，世界上湖泊的化学成分也千变万化，但湖泊主要成分却是相似的。

5.1.1.2 湖泊形态特征参数

湖泊形态参数主要包括面积、容积、长度、宽度、湖岸线长度、岸线发展系数、湖泊补给系数、湖泊岛屿率、最大深度与平均深度等。湖泊面积一般指最高水位时的湖面积；湖泊容积指湖盆储水的体积，随水位的变化而变化；湖泊长度指沿湖面测定湖岸上相距最远两点之间的最短距离，根据湖泊形态，可能是直线长度也可能是折线长度；湖泊宽度分最大宽度和平均宽度，前者指近似垂直于长度线方向的相对两岸间最大的距离，后者为面积除以长度；湖泊岸线长度指最高水位时的湖面边线长度；湖泊岸线发展系数指岸线长度与等于该湖面积的圆的周长的比值；湖泊补给系数指湖泊流域面积与湖泊面积的比值；湖泊岛屿率指湖泊岛屿总面积与湖泊面积的比值；湖泊最大深度指最高水位与湖底最深点的垂直距离；湖泊平均深度指湖泊容积与相应的湖面积的比值。湖泊形态参数可定量表征湖泊形态各个方面，是湖泊（水库）规划、设计和管理的基本数据，也可用来对比不同湖泊的水文特性。

5.1.2 湖泊分布与分类

5.1.2.1 湖泊的分布

全球陆地面积（去除冰川覆盖面积）的2.1%（28万km^2）为面积超过0.01km^{2}的湖泊或池塘覆盖。全球湖泊水量分布不均匀，主要表现在两个方面，一是湖泊与池塘的空间分布不均匀，二是95%的地表总水量集中蓄存在145个湖泊中。在全球湖泊水量中，淡水和咸水各占一半。里海，既是世界上最大的湖泊也是世界上最大的咸水湖，占到全球咸水湖泊总水量的75%，在半干旱地区有重要意义。贝加尔湖为世界上最深的湖泊，容积巨大，蓄水量占到全球淡水湖泊总水量的20%。苏必利尔湖、贝加尔湖和坦噶尼喀湖蓄积的水量几乎为全球地表淡水总量的一半（44%）。

中国的湖泊分布上大致以大兴安岭—阴山—贺兰山—祁连山—昆仑山—唐古拉山—冈底斯山一线为界，此线东南为外流湖泊，以淡水湖为主，大多直接或间接与海洋相通，均为河流水系的组成部分，属吞吐型湖泊；该线西北为内陆湖区，以咸水湖或盐湖为主，处于封闭的内陆盆地之中，为盆地水系的尾闾。中国湖泊虽然很多，但分布不均匀，大约99.8%的湖泊分布在东部平原湖区、青藏高原湖区、蒙新高原湖区、东北平原山地湖区和云贵高原湖区等五大湖区，其中以东部平原和青藏高原地区的湖泊最多，占了全国湖泊面积的74%，形成我国东西相对的两大稠密湖群。

5.1.2.2 湖泊的分类

在地理学中，通常以湖盆的成因作为湖泊成因分类的依据。而实际上，湖泊一般都具有多因素的混成特点，如长江中下游的五大淡水湖泊，其湖盆的形成虽由地质构造所奠定，但同时又与江、河、海的作用有着千丝万缕的联系，而目前之所以保留一定面积的湖面，是与新构造运动的活跃并沿袭老构造继续活动所分不开的。总体上，湖泊按其成因可分为八类：构造湖、火山口湖、堰塞湖、岩溶湖、冰川湖、风成湖、河成湖和潟湖。

（1）构造湖是在地壳内力作用形成的构造盆地上经蓄水而形成的，在我国五大湖区中都有普遍的分布，凡是一些大、中型的湖泊大多属这一类型，特点是湖形狭长、水深而清澈，如滇池、抚仙湖、洱海、青海湖、新疆喀纳斯湖等，再如著名的东非大裂谷沿线的马拉维湖、维多利亚湖、坦噶尼喀湖。

（2）火山口湖是火山喷火口休眠以后积水而形成的，形状呈圆形或椭圆形，湖岸陡峭，湖水深不可测，这类湖大多集中在我国东北地区，长白山主峰上的长白山天池就是一个典型的火山口湖。

（3）堰塞湖由火山喷发的熔岩流活动堵截河谷，或由地震活动等原因引起山崩滑坡体壅塞河床，截断水流出口，其上部河段积水成湖；前者多分布在东北地区，后者多分布在西南地区的河流峡谷地带，如五大连池、镜泊湖等。

（4）岩溶湖是由碳酸盐类地层经流水的长期溶蚀而形成岩溶洼地、岩溶漏斗或落水洞等，经汇水而形成的湖泊，多分布在我国岩溶地貌发育比较典型的西南地区，如贵州省威宁县的草海。

（5）冰川湖是由冰川挖蚀形成的坑洼和冰碛物堵塞冰川槽谷积水而成的湖泊，主要分布在我国西部一些高海拔山区或经高山冰川作用过的地区，如念青唐古拉山和喜马拉雅山区。

（6）风成湖是因沙漠中的丘间洼地低于潜水面，由四周沙丘水汇集形成的，主要分布在我国巴丹吉林、腾格里、乌兰布和等沙漠，以及毛乌素、科尔沁、浑善达克、呼伦贝尔等沙地地区，多以小型时令湖的形式出现。

（7）河成湖是由河流摆动和改道而形成的湖泊，其形成往往与河流的发育和河道变迁有着密切关系，主要分布在平原地区，如鄱阳湖、洞庭湖、太湖、苏鲁边境的南四湖、内蒙古的乌梁素海等。

（8）潟湖是一种海湾被沙洲所封闭而演变成的湖泊，一般在海边，其本来是海湾，后来在海湾的出海口处由于泥沙沉积，使出海口形成了沙洲，继而将海湾与海洋相分隔而成为湖泊，又称海成湖。由于海岸带被沙嘴、沙坝或珊瑚分割而与外海相分离，潟湖可分为海岸潟湖和珊瑚潟湖两种类型。

除了按照上述的湖泊成因进行分类以外，还可以按照湖水含盐度、湖水热状态、湖水循环现象、湖水中营养物质富集程度等进行分类，见表5.1。

表5.1 湖 泊 分 类

分类方法	类　别	划 分 标 准
湖水含盐度	淡水湖	湖水矿化度<1g/L
	微（半）咸水湖	1g/L≤湖水矿化度<35g/L
	咸水湖	35g/L≤湖水矿化度<50g/L
	盐湖或卤水湖	湖水矿化度≥50g/L
	干盐湖	没有湖表卤水而有湖表盐类沉积的湖泊，湖表往往形成坚硬的盐壳
	砂下湖	湖表面被砂或黏土粉砂覆盖的盐湖

续表

分类方法	类别	划分标准
湖水热状态	热带湖	湖水全年平均温度在4℃以上,除秋冬两季为全同温以外,均为正分层的湖泊
	温带湖	湖水平均温度有时在4℃以上,有时在4℃以下,夏季正分层,冬季逆分层,春秋两季为全同温的湖泊
	寒带湖	湖水平均温度全年平均在4℃以下,除春夏两季为全同温以外,均为逆分层的湖泊
湖水循环现象	无循环湖	湖面终年封冻,湖水稳定无循环期
	冷单循环湖	水温在4℃以下,仅在夏季出现一个循环期
	暖单循环湖	水温在4℃以上,仅在冬季出现一个循环期
	双循环湖	春秋两季经历两个循环期
	寡循环湖	水温在4℃以上,分层稳定,偶尔可能发生循环
	多循环湖	水温年变化小,分层弱,白昼获得充分热量,夜间散热产生循环
湖水中营养物质富集程度	贫营养型湖泊	平均总磷浓度<10.0mg/m^3;平均叶绿素浓度<2.5mg/m^3;平均透明度>6.0m(OECD,20世纪70年代提出,下同)
	中营养型湖泊	平均总磷浓度10～35mg/m^3;平均叶绿素浓度2.5～8.0mg/m^3;平均透明度3～6m
	富营养型湖泊	平均总磷浓度>35mg/L;平均叶绿素浓度>8mg/L;平均透明度<3m

5.1.3 人工湖泊与水库

近半个世纪以来,全球水库数量迅速增加,其中堤坝超过15m高的水库从1950年的5000个增加到1986年的36562个。这些水库中64%在亚洲,21%在美洲,12%在欧洲。1986年后建设的水库使全球水库总量增加到40000个。特别是第二次世界大战后,出现了大量大型水库(大于1.0亿m^3),反映了人类改造地表的能力之强大。尽管水库总容量仍然不到自然淡水湖泊容量的10%,但正在快速增加。

人工湖泊与天然湖泊有很多相似之处,拥有几乎相同的生物种类与相近的生境(如敞水区)。在氧化还原反应、捕食-被捕食关系、对流混合等方面,水库均与湖泊相似。但在同一大陆尺度上,温带水库与天然湖泊还是有很大区别的。水库造成水的滞留以及河流流量、沉积物在坝前的积累和营养物质的滞留,不仅影响河流和湿地中的生物群落,还对当地居民产生多方面的影响[4]。水库总是在靠近大坝的位置具有稳定的分层,而大多数湖泊在任意位置都可能有1个或多个"深洞"。另一个更重要的差别是大多数水库具有亚表层流,这种水流影响水温溶氧梯度并且增加了营养盐的滞留时间。与天然湖泊相比,在热分层时期,下层水的输出导致水库下层水滞留时间减少,其溶解氧浓度下降的时间减少了。比起天然湖泊或者释放表层水的水库,温带地区水库中的底层沉积物含有更多的溶解氧。

5.2 湖泊水库生态水文学的研究内容

湖泊水库生态水文学,是以湖泊、水库作为基本研究单元,应用生态水文学的理论和方法,研究影响湖泊水库生态过程及生态格局的水文学机制。主要研究内容包括:闸坝建设、引水调度、洪涝调控、水体污染、全球变暗与全球变暖等人类活动影响和全球变化驱动下的湖泊水库水文要素变化，水文要素及其变化过程在不同的时空尺度上对生态系统直接和间接的影响，以及生态系统对上述影响过程不同程度的响应及反馈。关键的科学问题是围绕这些因素的相互作用过程而展开[4]（图5.1），主要有：人类活动导致的水文要素与过程改变对湖泊水库生态系统的影响机制，全球变化条件下湖泊水库生态系统的响应机理，水文要素变化与环境污染对湖泊水库生态系统的耦合作用，水库（群）对水生态系统的影响，以及水库（群）联合生态调度等[5]。

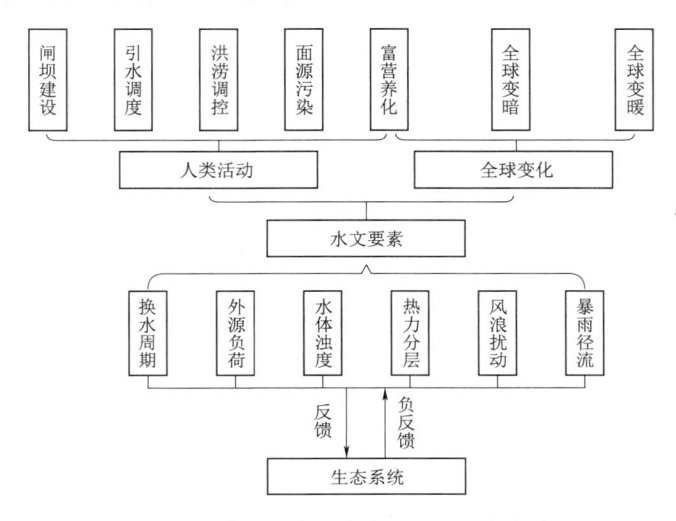

图 5.1 湖泊水库生态水文学的研究内容

5.3 湖泊水文生态系统的构成

5.3.1 湖泊物理环境

湖泊的物理环境由湖泊形态、湖泊所在区域的气候以及湖泊水体的物理特性决定，对湖泊生态系统环境、生物群落分布和数量有重要影响，主要包括湖泊水文情势、湖泊水力、光学特征和温度等[1]。

5.3.1.1 湖泊的水文情势

湖泊水文情势主要包括湖泊中的水量、水位变化及湖泊沉积等湖泊水文现象。

1. 湖泊水量

湖泊水量是重要的自然资源。湖泊水资源的作用主要表现在调节区域气候、调节河川径流、蕴藏丰富的水力资源、湖上交通运输、提供工农业生产生活用水重要水源等方面。湖泊水量的动态变化受到气候和人类活动的双重因素影响。干旱、半干旱地区湖泊水量变化主要受流域降水和湖面蒸发综合作用的影响[6]，而湿润地区湖泊水量变化主要受控于流域降水量影响，对蒸发并不敏感。通过降水和温度变化来影响湖泊水量的动态平衡是控制湖泊水量平衡的主要因素，改变土地利用方式、大量截取入湖径流量及兴建水利工程等人类活动可在较短时间内使湖泊水量发生变化。

2. 湖泊水位

湖泊水位的变化可反映湖泊储水量的变化。当确定了出入湖泊径流量、湖面降水量及蒸发量等要素的年变化过程后，可根据水量平衡确定湖泊水位的变化。这里并未涉及湖泊水量在平面分布上的差异，由风和气压等变化所引起的水位摆动，往往使湖泊水体出现局部堆积和流失，引起水量在平面分布上的不均匀性。任何一个湖泊的水位变化，实际上是由水量平衡诸要素间的量变以及风和气压对湖面的作用所引起水位波动的综合结果。湖泊水位的变化规律分为周期性和非周期性两种。周期性的年变化主要取决于湖水的补给。降水补给的湖泊，雨季水位最高，旱季水位最低；冰雪融水补给为主的高原湖泊，夏季水位最高，冬季水位最低；地下水补给的湖泊，水位变动一般不大。有些湖泊因受湖陆风、海潮、冻结和冰雪消融等影响还存在周期性的日变化。非周期性的变化往往是因风力、气压、暴雨等造成的。

3. 湖泊对河流的调节

我国外流湖泊所处的地区气候比较温和湿润，入湖地表径流量是湖泊主要补给水量，损耗部分主要为出湖径流量，两者是逐步达到平衡的。出湖河流的泄水能力随着湖水位的上升而增加，水位上升表示入湖径流暂蓄于湖泊，尔后缓缓泄出，使湖泊下游河川水位、流量年变化平缓。外流吞吐湖，因其很大的储水量，对河川的调节作用明显，这个调节作用通常以洪峰削减量和洪峰滞后时间来表示，洪峰削减量越大、洪峰滞后时间越长，湖泊对河流的调节作用就越明显；反之，调节作用就越小。我国江淮流域的外流湖泊具有较大的自然调蓄作用，如鄱阳湖便是典型的吞吐型湖泊[7]，在鄱阳湖流域五河和长江之间进行水量调蓄；云贵高原的外流湖泊（如滇池、洱海及抚仙湖）对河流的调节作用虽不及长江流域湖泊那样大，但因湖盆较深，对河川径流仍有明显的调节作用，加之不少湖泊的出湖河流落差较大，水力资源蕴藏量丰富。内陆湖泊大多发育成闭流湖泊，其调节作用有限。比如，中亚地区的大多数湖泊为封闭型内陆湖泊[8]，典型的有里海、咸海和巴尔喀什湖。

4. 湖泊沉积

湖水中的物质由于物理、化学和生物作用，在湖内下沉和堆积的现象称为湖泊沉积。入湖水流挟带的泥沙由于流速减小而下沉，粗粒泥沙常沉积在河流入湖处，越向湖心沉积的颗粒越细；矿物溶解质主要由于蒸发、冷却和化学作用易引起沉淀；湖岸在风浪和湖流作用下崩坍，崩坍的物质沉积在湖岸坡脚；湖中水生生物死亡后沉积在湖内。应用沙量平衡原理可以确定某一时段湖泊淤积量，推算出淤积厚度。通过研究泥沙淤积、化学沉积和生物沉积情况可以预测沉积演变趋势和湖泊寿命。湖泊沉积物主要由碎屑沉积物（黏土、淤泥和砂粒）、化学沉积物（各种盐类）、生物沉积物（腐殖质泥土、泥炭）或这些物质的混合物所组成。

5.3.1.2 湖泊的水力

湖泊水力主要关注湖水运动、引起湖水运动的力、湖中波浪的形成等。不同的湖泊水力状况，对湖水中污染物的扩散和降解作用有很大的影响。

1. 湖水运动

湖水运动是湖泊水体按运动要素随时间变化而变化的特性，可分为周期性运动和非周期性运动。湖泊波浪、湖泊波漾、伴随波漾产生的湖流等称为周期性运动；漂流、吞吐流等称为非周期性运动。按运动方式，湖水运动可分为混合、湖流、增减水、波浪和波漾等。按运动发生在湖水中的垂直位置，湖水运动可分为表面运动与内部运动。各种形式的运动常互相影响，互相结合。湖水运动不仅受到外部因素的影响，还受到其内部因素的制约，如湖水成层结构，内部密度分布，周期性、空间分布，湖盆形态等因素。外力作用停止后，湖水运动受摩擦力与黏滞力作用和湖泊边界的阻碍而逐渐衰减，最后消失。

2. 引起湖水运动的力

引起湖水运动的力主要有风力、水力梯度及因水平或垂直密度梯度引起的力。风将能量传递给湖水，引起湖水运动；由水流进出湖泊而引起湖水运动；湖水内部压力梯度及由水温、含沙量或溶解质浓度变化造成的密度梯度都能引起湖水运动。湖流是各种力相互作用的结果，但在许多情况下少数特定的力起着支配作用。当没有水平压力梯度、没有摩擦时，水平流受地转偏向力影响，北半球将偏向右。在压力梯度起支配作用时，这种力与地转偏向力相结合形成所谓的转流，这种情况只出现在很大的湖泊中。由于风力作用或气压梯度使水面倾斜而产生梯度流。由风力引起的湖流最为普遍。

3. 湖中波浪的形成

湖中波浪多是由湖面上方的风引起的。风吹到平静的湖面上，广阔的湖面产生波动和波纹，形成比较有规则、范围较小且向同一方向扩展的表面张力波。波高的增加与风速、作用持续时间及吹程呈函数关系。然而即使在最大的湖泊中，也不会出现海洋中的波涛现象。这是因为湖面波浪沿着风向且与波浪顶峰垂直方向传播，当波长超过水深的4倍时，波速近似等于水深与重力加速度乘积的平方根；当水深较大时，波速与波长的平方根成正比。

5.3.1.3 湖泊的光学特性

1. 光在水中的分布

太阳光照射到水面，5%～10%的太阳光被水面反射，其余部分则进入水体。水中的光辐射强度较空气中的弱，且随水的深度增加而呈指数函数减弱。在完全清澈的水体中，1.8m深处的光强度只有表面的50%；在清澈的湖泊中，1%的可见光可达5～10m水深；在污染而较浑浊的水体中，50cm的水深处光强可降低7%。水中光的强度与水面平静程度也有一定关系。在太阳直射的情况下，平静水面对入射光的反射率为6%，而有明显波浪的水面则为10%。根据水体中光的强弱，水体可分为亮光带、弱光带和无光带。

2. 光照强调与光合作用

光是绿色植物进行光合作用的首要条件，水生植物光合作用的强度与光照强度密切相关。在低光照强度条件下，光合作用速率与光强呈正比关系，随着光照强度继续增加，光合作用速率逐渐达到最大值，即在一定范围内，光照强度增加，光合作用速率加快，当超出一定限度（饱和光照强度）后，光照强度增加而光合作用速率不再加快，甚至反而减弱以至于停止。

3. 光质与藻类的色素适应

植物的光合作用不能利用光谱中所有波长的光能，仅能利用波长为380～760nm的可见光的部分光能。在植物光合作用中被吸收最多的是红、橙、黄三色光线。水生植物的光照一般情况下是不足的。随着深度的增加，光照强度迅速减弱，而且光质也起了变化。光合作用吸收最强烈的红色光线在水面表层即被水吸收，从而导致较深层缺乏叶绿素所需要的红色光线，而透过水面表层的绿色光线却难以被利用。光照是决定藻类垂直分布的决定性因素。各种藻类对光照强度和光谱的要求不同，绿藻一般生活于水表层，而红藻、褐藻则能利用绿、黄、橙等短波长光线，可在深水中生活。

4. 光对水生生物行为的影响

在水生生物生存的环境中，光是一个复杂的生态因子，光的变化具有稳定性和规律性，它的变化能够激发动物的一些生理机制，直接或间接地影响动物的生存、生长和繁殖等。光照强度对水生动物生长的影响因种类不同而异，既能促进其生长也能抑制其生长。光周期对动物摄食的影响也具有种属特异性。比如，鲢和鳙不仅有昼夜摄食节律，而且有季节摄食节律。鱼类在昼夜垂直移动中进行摄食，大部分是自然光照强度的昼夜变化所致，同时也与其食物种类昼夜移动有关。摄食节律的季节性变化可能是由于外界环境的刺激或是动物的年内源性生理节律（如生殖状态）以及行为变化所致的，而这又主要取决于光信息。此外，光谱成分对水生动物摄食的影响也具有种属特异性。如，鲱鱼的幼鱼对黄、绿光较为敏感，翘嘴鲌（俗称"白鲜"）的幼鱼对短波长的绿光较为敏感而对长波长的红光不敏感。

5. 湖泊光学特性

湖泊光学特性包括透明度和水色等。透明度是指湖水能使光线透过的程度，表示水的清澈情况；湖泊的水色是指在阳光不能直接照射的地方，将一白色圆盘沉入透明度一半的深处所观察出圆盘上显示的颜色，水色取决于水对光线选择吸收和选择散射的程度。透明度和水色随湖水化学成分的不同和水中悬浮物与浮游生物的多少而变化，在一定程度上可反映湖泊遭受污染的状况。水色与透明度之间关系密切，水色号越低、透明度就越大；水色号越高、透明度就越小。

5.3.1.4 湖水温度

湖水温度是影响湖泊中各种理化过程和动力现象的重要因素，也是湖泊生态系统的环境条件之一，它不仅影响水生生物的新陈代谢和物质的分解，也是决定湖泊生产力的重要指标。

1. 水温的变化与分布

湖水温度在时间上具有日变化与年变化特征，空间上具有垂直分布和水平分布特征。

水温的日变化和年变化取决于日内或年内热量平衡各要素间的关系。水温变化以表层最明显，随深度增加而衰减并产生相移，最高及最低水温出现的时间滞后于空气温度。湖泊表层的最高水温出现在14—20时，最低水温出现在5—8时；沿岸带的水温日变化比开敞湖区的明显；开敞湖区水深、水体容量大，因而表面水温的增温和冷却过程均比沿岸带要缓慢。湖水在年内各个季节接收的太阳辐射热不同，使水温发生年变化，浅水湖泊长期受气候的影响，水温与气温有着较为相应的变化过程。

湖水分布存在正温层、逆温层、温跃层。正温层分布是指湖温随水深增加而降低的分布形式，湖水温度的垂直梯度为负值，上层温度较高，下层温度较低。热带和亚热带地区的热带湖，全年都具有正温层分布特点，温带和暖温带的一些湖泊仅在夏季呈正温层分布。当湖温随水深增加而升高，水温垂直梯度为正值时，将出现上层水温低、下层水温高的现象，这种水温的垂直分布称为逆温层分布。对于深水湖泊和海洋夏季温度分层期间，自上而下温度随水深而突降的水层称为温跃层。浅水湖泊一般很少出现温跃层现象，深水湖在夏季常出现稳定的温跃层。温跃层犹如阻塞层，其内的湖水理化性质（密度、温度、氧含量）的垂直梯度很大。温跃层以上的水层由于强烈的混合作用，垂线温度变化不够明显，温度梯度很小，湖水理化性质比较均一；温跃层以下由于混合作用受到阻碍，湖水理化性质也比较一致。

在同一湖泊中，水温的水平分布往往因深度的不同、风的影响而有所变化。风常使迎风岸的表层汇集由风生流从背风岸带来稍暖的表层湖水，而背风岸则得到来自迎风岸中稍冷的底层湖水的补充，常常在迎风岸的水温要比背风岸的水温高。

2. 温度的生态作用及水生生物的适应

太阳辐射的变化会引起水中温度的变化，温度因子和光因子一样存在周期性变化的节律性变温。不仅节律性变温对生物有影响，极端温度对生物的生长发育也有着十分重要的意义。

（1）温度的生态作用。生物正常的生命活动一般是在相对狭窄的温度范围内进行的，分为最低温度、最适温度和最高温度，即生物的三基点温度。当环境温度在最低和最适温度之间时，生物体内的生理生化反应会随着温度的升高而加快，代谢活动加强，从而加快生长发育速度；当温度高于最适温度后，参与生理生化反应的酶系统受到影响，代谢活动受阻，势必影响生物正常的生长发育。不同生物的三基点温度是不一样的，同一生物在不同的发育阶段所能忍受的温度范围也有很大差异。

（2）极端温度对水生生物的影响及水生生物的适应。温度对生物的生命活动来说，有上限和下限及最适范围之分。最适温度一般比较接近最高的限制温度（即上限温度）。根据生物的温度变幅，可将生物分成能忍受较大幅度的温度变化（温度幅度为 1～35℃）的广温生物和忍受温度幅度小于 10℃ 的狭温生物。虽然各种生物能忍受的温度上限不同，但温度超过 50℃ 时绝大多数生物将不能进行全部生命周期或死亡，极少数植物和细菌例外。生物的温度下限一般为 0℃ 左右，当温度降到 0℃ 以下时，由于组织的脱水、冰晶的形成和细胞结构的破坏引起代谢失调导致生物死亡。

5.3.2 湖泊化学环境

湖水与自然界其他类型水体一样，常溶有一定数量的化学离子、溶解性气体、生物营养元素和微量元素。我国湖泊分布广泛，各地湖泊在地质、地貌、气候和水文等自然条件上的差异，导致了不同湖泊的化学性质的多样性。湖泊水化学，主要研究湖泊水体中化学物质的性质、组成和分布及其迁移与转化规律，以及有机污染物在水体中的集聚、迁移和转化规律及其对湖泊生态系统的影响。20 世纪 90 年代以来，水化学采用了微体分离、微量化学萃取、生物培养和放射性同位素标志等新技术来研究水体、水和底泥界面上 N、P 元素的存在形态及转化规律，建立湖泊化学和数学模型，并借此预测和调控湖泊中物质的迁移和转化。

5.3.2.1 溶解氧与其他溶解性气体

1. 溶解氧

多数水生生物需要氧气来进行呼吸作用，缺氧可引起鱼类和其他水生生物的大量死亡。水体中的氧气主要来源于大气溶解和水生生物的光合作用。空气中的分子态氧溶解在水中称为溶解氧。表层湖水中溶解氧含量一般是敞水带溶解氧含量比沿岸带略高。湖泊溶解氧含量呈垂线分布，深水湖的溶解氧含量的变化颇为明显，溶解氧含量最小值一般在底层出现。一般在浅水湖内分层不明显，如太湖、巢湖、洞庭湖和鄱阳湖等的表层、底层溶解氧含量几乎一致，仅在晴朗的白昼表层的溶解氧含量才略高于底层。影响湖泊溶解氧含量的因素包括海拔、水温、光合作用、有机物分解等。

2. 其他溶解性气体

湖水中常有的其他溶解性气体包括二氧化碳、硫化氢、甲烷和氨等多种气体，其含量的多少对湖泊生物均具有不同程度的影响。水中二氧化碳主要是通过水生生物的呼吸作用和有机质氧化分解生成的，并被水生植物的光合作用所利用。硫化氢为湖底或海底含硫有机物质在缺氧条件下分解的产物，是缺氧或完全无氧的标志，对大多数生物具有极强毒害作用，在一般的淡水湖和池塘中以夏季停滞期为多。甲烷为湖底植物残体的纤维素分解的生成物之一，俗称沼气。沼气过多是环境不良的标志，且大量气泡上升时，常带走大量氧气，对生物的呼吸不利。氨（NH_3）是含氮有机质分解的中间产物，硝酸盐在反硝化细菌的作用下也能产生氨，某些光合细菌和蓝藻进行固氮作用时也能产生氨。氨溶于水后生成分子复合物（$NH_3 \cdot H_2O$），它在溶液中与氨离子（NH_4^+）可以相互转化。氨离子是水生植物营养的主要氮源，对水生生物一般无毒，但非离子氨（$NH_3 \cdot H_2O$）对鱼类和其他水生动物毒性较大。

5.3.2.2 pH值

1. 湖泊pH值

根据湖水pH值，湖泊可分为碱性、中性和酸性三大类。由于湖泊中阳离子的积累和生物作用，绝大多数湖水pH值均大于6.5，属中性和碱性湖。国外有报道，在火山活动区或硫化物矿床附近有湖水pH值小于6的酸性湖泊分布，我国则至今尚未见报道酸性湖泊。我国的湖水pH值具有地带性分布特点，东北及长江中下游地区湖泊的pH值较低（一般为6.5~8.3），呈中性或微碱性；云贵和黄淮海地区的湖泊次之（pH值为8.4~9.0），呈弱碱性；蒙新、青藏地区除少数湖泊的pH值为7.5左右（呈微碱性）外，绝大多数湖泊的pH值都在9.0以上，呈碱性或强碱性。此外，在同一湖区或同一湖水，由于受入湖径流、pH值的不同、湖水交换强度的大小以及湖内生物种群数量的多少等环境条件影响，pH值的水平分布也不完全一致，通常情况下为敞水带的pH值略高于沿岸带。

2. pH值对水生生物的影响

按照生物与pH值的关系，水生生物可分为两种基本类型：狭酸碱性生物和广酸碱性生物。狭酸碱性生物主要出现于中碱性水体中，其pH值幅度为4.5~10.5。常见的淡水生物都属于这一类。例如，鲤鱼生活的水体的pH值为4.4~10.4，青、草、鲢、鳙四大家鱼生活的水体的pH值均为4.6~10.2。广酸碱性生物在酸性水体和中碱性水体中都可见到，如长剑水蚤即属此类，某些昆虫幼虫（如大红摇蚊幼虫）是非常强的广酸碱性生物。pH值对水生生物的影响主要包括：影响动物的代谢作用、影响动物的摄食、影响水生生物繁殖和发育等方面。在酸性条件下，大多数鱼类对低氧耐力的减弱非常显著，鱼类对食物吸收率降低。

5.3.2.3 矿化度与无机盐

1. 矿化度

湖水矿化度是湖泊化学的重要属性之一，可直接反映湖水的化学类型，又可间接反映出湖泊盐类物积累或稀释的环境条件。因矿化度受自然条件所制约，并受到诸如纬度、高度、季风气候及局域环境的影响，我国湖泊的矿化度在地区分布上差异很大，从东向西存在矿化度逐渐增大的趋势。东部平原地区最低，水质类型多为重碳酸盐型；西北和青藏高原等干旱地区最高，水质类型多为氯化物型和硫酸盐型。东部平原地区因气候湿润降水充沛，可溶性盐类不致因湖面蒸发而积累，故湖泊的矿化度低，长江中下游平原区的淡水湖泊矿化度一般为150～500mg/L，鄱阳湖平均矿化度仅为47.63mg/L。而西部干旱地区终年干燥、少雨、蒸发强烈，可溶性盐类不断地浓缩，故湖泊的矿化度较高，咸水湖和盐湖主要分布在青藏高原、内蒙古和新疆地区，咸水湖的矿化度大多1～20g/L，盐湖的矿化度一般300g/L左右。

2. 主要离子和水型

湖水中主要离子有 K^+、Na^+、Ca^{2+}、Mg^{2+}、Cl^-、SO_4^{2-}、HCO_3^- 和 CO_3^{2-} 等八大离子。它们的总量常接近湖水的矿化度，水型通常是根据主要离子在水体中的相对含量（毫克当量百分数的多少）来确定。我国淡水湖泊中阴离子以 HCO_3^- 为主，占阴离子质量的65.47%～87.44%；阳离子则以 Ca^{2+} 为主，约占总数的41.53%。故水化学类型都属于重碳酸盐类型，其中绝大多数湖泊为 $HCO_3^- - Ca^{2+}$ 水型。咸水湖的水化学类型比较复杂，既有重碳酸盐类型又有氯化物类型和硫酸盐类型，主要水型有 $Cl^- - Na^+$ 和 $SO_4^{2-} - Na^+$。淡水湖中的阴、阳离子一般都随着矿化度的升高而增加，当矿化度低于300mg/L时，重碳酸根和钙离子增加的速度最快；当矿化度高于300mg/L时，Cl^-、SO_4^{2-}、Na^+ 和 K^+ 增加的速度最快。

5.3.2.4 生物营养物质

湖泊生物营养物质包括无机氮的化合物、磷酸盐、硅酸盐、铁离子和溶解有机质等，它们在湖中的含量直接影响湖泊生物的生长和发育，是划分湖泊营养类型的一个重要依据。

1. 氮和磷

在自然水体中，氮的化合物常以氨态氮、亚硝态氮和硝态氮形式存在，我国湖泊中氮的化合物常以硝态氮形式存在为主。当湖泊因污染或水生生物死亡时，有机氮发生一系列的分解而变成氨氮形式，并进一步氧化成亚硝酸盐，最终变成硝酸盐形式。它们均可被水生植物所利用，因此均为有效态氮，主要以硝酸盐和氨盐的形式存在。水中有效态氮主要来源于死亡的生物体及鱼类的排泄物等，经细菌分解氧化而产生；当固氮蓝藻繁殖较高时，其固定的氮也是水体中有效氮的重要来源。氮主要被浮游植物和其他水生植物吸收、利用。磷在岩石圈中的含量较为稀少并且相对难溶，它在土壤中容易与黏土融合，因而溶解在水中的磷酸盐类物质很少。氮和磷以各种形式进入水中，包括可溶性的无机化合物（如硝酸盐、氨和磷酸盐），也包括难溶性有机化合物（如氨基酸和核糖）。

这些溶解态和离子态的氮、磷成为海藻和植物生长的可利用资源，这些物质参与湖泊生态系统物质循环或者重新利用，进入流动水体中的营养物质极为稀少。并且由于含磷化合物的可溶性比含氮化合物的要低，水中磷的含量显得更加稀少，从而抑制了湖中藻类的数量。然而，含氮化合物一旦溶于水中就极容易发生改变，它们能够被某种细菌转化为氮气，这一过程称为反硝化反应。这种类型的细菌在湿地与湖底极为常见。这些地方的氧含量极低或者为零，因而生物体将硝酸盐当作氧化剂加以利用，因此湖水中大部分可利用的合成氮能够返回到大气圈中。因此，湖表层水中的磷含量通常比氮含量要低，然而在底层沉积物里，由于反硝化作用的存在，氮含量可能比磷含量要低。

2. 有机质

水体中溶解有机质包括腐屑、胶态有机质和溶解有机质三类，淡水中溶解有机质的量通常是浮游植物量的 5~10 倍。从湖水污染的角度，凡是有机物耗氧量超过 4mg/L 的湖泊，就表示湖水已受到有机物的污染。溶解有机质的生态作用主要表现为：作为动物的食物、作为藻类的营养、分解后作为水中营养盐类的主要来源、对生物有抑制和毒害作用、螯合作用、化学信息、消耗氧产生毒气等。

湖水的生物营养物质与湖泊生物的生命活动过程密切相关。每当生物繁殖季节，它们需大量吸收和消耗水中的生物营养物质，以促使生物的生长、发育，从而使水中的生物营养物质含量因消耗而有所下降。但在湖泊生物衰亡的季节，其遗体经腐败、分解以后，又会释放出上述物质，不断补充和增加水中生物营养物质的含量。

5.3.3 湖泊生物群落

湖泊生物群落由湖泊中所有的生物组成，主要有藻类、浮游动物、底栖动物、水生高等植物、鱼类和细菌等六大部分。

5.3.3.1 藻类

藻类是湖泊水生生物的主要组成部分之一，在各种水域中分布十分广泛。在不同污染程度的水体中，藻类分布上有较大差异，并且有些种类在小型水体和浅水湖泊中常能够大量繁殖，使水体呈现色彩，这一现象称为"水华"；有些种类在海水中大量繁殖，称为"赤潮"，是表现水体富营养化的一个明显特征。藻类与水生高等植物一样具有叶绿素，通过吸收光能进行光合作用制造有机物质，同时释放出氧气，属自养生物。藻类形态多样，许多种类要用显微镜或电镜才能观察清楚；形态结构、繁殖方法也简单。藻类通常以细胞分裂为主，当环境条件适宜、营养物质丰富时，藻体个体数的增长非常迅速。藻类与水生高等植物共同组成湖泊中的初级生产者，在某些缺少水生高等植物的湖泊中，它们是唯一的初级生产者，而且是湖泊中某些食藻动物和微生物食物的主要来源。湖泊中藻类包括蓝藻门、隐藻门、甲藻门、黄藻门、金藻门、硅藻门、裸藻门和绿藻门等种类，尤以蓝藻门、绿藻门和硅藻门较多。根据藻类的生态习性，又分浮游藻类和着生藻类两大生态类群，浮游藻类占据多数。

5.3.3.2 浮游动物

浮游动物是一个生态类群的概念，是一类经常在水中浮游，本身不能制造有机物的异养型无脊椎动物和脊索动物幼体的总称，属于漂浮的或游泳能力很弱的小型动物，随水流而漂动。浮游动物的种类极多，从低等的微小原生动物、腔肠动物、栉水母、轮虫、甲壳动物、腹足动物等，到高等的尾索动物，几乎每一类都有永久性的代表，其中以种类繁多、数量极大、分布又广的桡足类最为突出。终生浮游动物（如原生动物和桡足类）以浮游的形式度过全部生命，暂时性浮游生物或季节浮游生物（如蛤、蠕虫和其他底栖生物）在变成成体而进入栖息场所以前，以浮游形式生活和摄食。在水中营浮游性生活的动物类群，或者完全没有游泳能力，或者游泳能力微弱，不能进行远距离的移动，也不足以抵拒水的流动力。湖泊浮游动物中以原生动物的种类最多，在湖泊营养系列中有的是一次消费者，有的是二次消费者，但它们都是更高一级动物的食物。浮游动物在水层中的分布也较广，无论是在淡水还是在海水的浅层和深层，都有典型的代表。

5.3.3.3 底栖动物

底栖动物是指在生活史的全部或大部分时间生活于水体底部的水生动物群，是一个庞杂的生态类群，所包括的种类及其生活方式较浮游动物复杂得多，常见底栖动物有水蚯蚓、摇蚊幼虫、螺、蚌、河蚬、虾、蟹和水蛭等，喜栖于湖泊沿岸带。底栖动物按其生活习性，有附生的种类和自由活动的种类之分。附生的种类有原生动物的一些种类、淡水海绵以及瓣鳃纲贻贝科的淡水壳菜等。自由活动的种类很多，有爬行的、游泳的或游泳兼爬行的。底栖动物的门类主要包括环节动物、软体动物、甲壳动物和水生昆虫等。底栖动物的食性和摄食方式颇为复杂，底栖的原生动物、轮虫、枝角类、桡足类以及介形类等以细菌、藻类、细小动物及有机碎屑物质等为食；腹足类食藻类、水生植物茎叶等。多数底栖动物长期生活在底泥中，具有区域性强、迁移能力弱等特点；对环境污染及变化通常少有回避能力，其群落的破坏和重建需要相对较长的时间；且多数种类个体较大，易于辨认。同时，不同种类底栖动物对环境条件的适应性及对污染等不利因素的耐受力和敏感程度不同，因而底栖动物的种群结构、优势种类、数量等参数可以确切反映水体的质量状况。

5.3.3.4 水生高等植物

水生高等植物是指那些能够长期在水中正常生活的植物，叶子柔软而透明，有的为丝状，如金鱼藻。丝状叶子可以大大增加与水的接触面积，使叶子能最大限度地得到水里很少能得到的光照和吸收水里溶解的很少的二氧化碳，保证光合作用的进行。

1. 水生高等植物的类型

我国湖泊中常见的水生高等植物约有70种，绝大多数生长在淡水湖中，个别种类生长在咸水环境中。根据不同的形态特征和生态习性，水生高等植物可分为挺水植物、漂浮植物、浮叶植物和沉水植物四个生态类型。如果湖盆形态比较规则，水动力特性和底质条件也较为近似，这四种生态类型多呈环带状分布，即由沿岸向湖心方向依次出现挺水植物、漂浮植物、浮叶植物和沉水植物。对于不同湖泊，由于演变过程的不同以及环境条件的差异，其所出现的植物生态类型是不同的。

2. 水生高等植物的生态意义

沉水植物的光合作用有利于水中溶氧的产生，可为水产经济动物提供生活和繁衍的场所，提供丰富的饵料资源等。水生植物是一种重要的资源，与沿湖地区的农、林、牧、副、渔各业都有密切的关系，具有多方面用途。高等水生植物可食用、入药、作为工农业原料，也可作为肥料、饲料和饵料使用。其他如睡莲、芡实、萍、金鱼藻等作为观赏植物，还被广泛予以栽培，以美化环境，净化水质，使在湖滨憩息的人们赏心悦目。

5.3.3.5 鱼类

鱼类是最古老的脊椎动物,几乎栖居于地球上从淡水的湖泊、河流到咸水的大海和大洋的所有水生环境。鱼类从出生到死亡都要生活在海水或淡水中,大都具有适于游泳的体形和鳍,用鳃呼吸,以上下颌捕食。

1. 鱼类的结构和分布

由于水环境和生活方式的不同,鱼类大致可分为四种体形,即纺锤形、侧扁形、平扁形、鳗形。绝大多数鱼类为流线形或纺锤形,以减少水中运动的阻力,可快速而持久地游泳。影响鱼类地理分布的因素很多,包括盐度、温度、水深、海流、氧含量、营养盐、光照、底形底质、食物资源量与食物链结构以及历史上的海陆变迁等。大部分鱼类要么在淡水中生活,要么在海水中生活,只有不到10%的洄游鱼类在淡水和海洋两种生境中来回迁徙。在海洋中生长但需要去淡水中繁殖称为溯河洄游(如中华鲟),在淡水中生长但需要去海洋中繁殖称为降河洄游(如花鳗鲡);肥育和繁殖的迁徙发生在河、湖之间称为半洄游性鱼类,一般是在湖泊中肥育,在河流中产卵(如四大家鱼);还有一些鱼类的生活限于河流的干支流,只进行相对较短距离的迁徙。

2. 鱼类在生态系统中的作用

鱼类是湖泊生态系统的重要组成部分,也是重要的资源,影响湖泊的生物(尤其是饵料生物)群落结构、营养物质的状态和水平等。比如,鱼类可以通过摄食控制其食物生物种群的数量,并沿食物链下传,影响食物链中的各个环节,产生所谓的下行效应;鱼类的摄食活动可以影响湖泊沉积物的再悬浮,增加水体的浑浊度,降低水体光照,影响水生植物生长,摄食活动还会直接破坏水生植物着根等;鱼类通过排泄、释放,加速水体营养盐的循环,增加内源负荷通量。

5.3.3.6 细菌

在所有超寡营养湖泊或超富营养湖泊中,浮游细菌的丰度一般在 $10^5 \sim 10^6$ cells/mL 的范围内波动。细菌丰度高达 10^8 cells/mL 的情况只在浅的超富营养的非洲咸水湖泊中曾经被观察到,丰度接近 10^8 cells/mL 的细菌在温带和南极的淡水水体中也有记录。正常情况下温带地区湖泊中的细菌丰度范围非常窄,在单一湖泊中,细菌数量的年度变化范围仅为5~10倍。透明度高的湖泊中细菌通常很小,且大部分营浮游生活。在透明度较高的寡营养湖泊和中营养湖泊中,颗粒物含量低,吸附在颗粒物上的细菌一般只占总数的一小部分。然而,在颗粒物丰富的水体中,附着细菌可能比浮游细菌更占优势。附着细菌的体积一般要大些,因而对群落生物量的贡献更大。在单一温带湖泊中,浮游细菌表现出相当有规律的季节变化,其最高数量一般出现在夏季。

5.3.4 湖泊生态系统结构

生态系统各个成分紧密联系又相互作用,使生态系统成为具有一定功能的有机整体。非生物环境是生态系统的基础,直接或间接决定生态系统的复杂程度和其中生物群落的丰富度和生物的多样性;生物群落反作用于非生物环境,生物群落在生态系统中既在适应环境,也在改变周围环境,各种基础物质将生物群落与非生物环境紧密联系在一起。生态系统的成分,不论是陆地还是水域,或大或小,都可概括为非生物部分和生物部分两大部分,或者分为非生物部分、生产者、消费者和分解者四种基本成分(图5.2)。

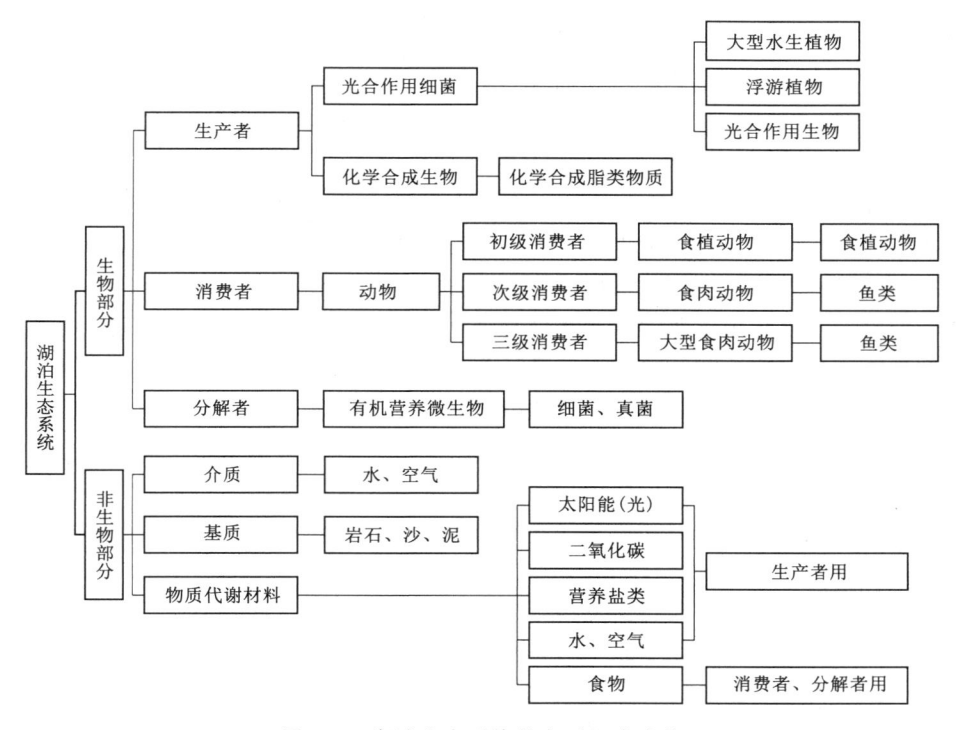

图 5.2 湖泊生态系统的主要组成成分

1. 非生物部分

非生物部分是生态系统的非生物组成部分，包括阳光以及其他所有参与生态系统物质循环的无机元素及其化合物和有机物，构成生态系统的基础物质，如水、无机盐、空气、有机质、岩石等。阳光是绝大多数生态系统直接的能量来源，水、空气、无机盐与有机质都是生物不可或缺的物质基础。

2. 生物部分

生物部分划分为三大功能类群：生产者、消费者和分解者。在湖泊生态系统中，生产者主要是浮游植物及水生高等植物。以生产者为食的消费者被称为初级消费者，以初级消费者为食的消费者被称为次级消费者，其后还有三级消费者与四级消费者。同一种消费者在一个复杂的生态系统中可能充当多个级别，杂食性动物尤为如此，它们可能既吃植物又吃各种食草动物。分解者在生态系统中的作用极其重要，如果没有分解者，动物、植物残体将会堆积成灾，物质将被锁在有机质中不再参与循环，生态系统的物质循环功能将终止。一个生态系统只需生产者和分解者就可以维持运作，消费者起着加快能量流动和物质循环的作用。

5.4　湖泊生态系统的服务功能

湖泊生态系统提供的生态系统服务，主要体现在涉及水的生态系统服务，包括水资源供给、水质净化、洪水调蓄、生物多样性维持、休闲娱乐等。谢高地等[9]将生态系统服务概括为供给服务、调节服务、支持服务、文化服务4个一级类型,并进一步划分出食物生产、原材料生产、水资源供给、气体调节、气候调节、净化环境、水文调节、土壤保持、维持养分循环、维持生物多样性、提供美学景观服务等11种二级类型。

5.4.1 供给服务

生态系统供给服务包含食物生产服务与原材料生产服务两部分。太阳能转化为能食用的植物和动物产品这一过程称为生态系统供给服务中的食物生产服务。物质生产是指生态系统生产的可以进入市场交换的物质产品,包括全部的植物产品和动物产品。以洞庭湖为例,其自古以来就是我国重要的稻米产区和淡水鱼类生产基地。太阳能转化为生物能以给人类作建筑物或其他用途时,这类服务被称为原料生产服务,如芦苇、杨树是优良的造纸原料,大面积草滩为牧业提供饲草,这些产品可以直接进入市场并创造价值。湖泊生态系统提供的物质主要包括人类生活所需要的食物,如鱼、虾、螃蟹等水产品以及食盐、饮料等;水资源供给是湖泊最基本的服务功能,在干旱时节湖泊能为人畜提供饮水、农业灌溉用水等;湖泊中生长的植物(如芦苇等水生植物)收割后可以作为燃料或燃料原料。

5.4.2 调节服务

湖泊的调节服务功能主要包括气体调节、气候调节、水文调节等。气体调节是指生态系统维持大气化学组分平衡,吸收二氧化硫、氟化物、氮氧化物这一过程。湖泊生态系统中气体调节主要依靠水生植物,通过代谢作用使进入环境中的污染物无害化。植物主要通过叶片对降尘和飘尘进行滞留过滤,通过吸收减少空气中的SO_2、Cl_2、O_3等有害气体含量,在抗性范围内能减少光化学烟雾,过滤或杀死空气中的细菌,对飘尘和颗粒物中的重金属进行吸收和净化,减少噪声污染和放射性污染。气候调节具体指对区域气候的调节作用,如增加降水、降低气温等。由于湖泊水面对太阳辐射的反射率较小,水体的比热容较大,蒸发耗热多,湖面的气温变化比周围陆地上的气温变化小,冬暖夏凉、夜暖昼凉。水文调节是指生态系统的淡水过滤和储存功能。许多湖泊地区是地势低洼地带,是河流天然调蓄洪水的理想场所。

5.4.3 支持服务

湖泊的支持服务主要包括保持土壤和维持生物多样性。保持土壤主要是指植物根系对有机物和沉积物的累积和土壤形成作用。沿海城市的湖泊湿地有着控制地表盐化,避免海水从地下浸入造成水质恶化的作用;河岸、湖岸和海岸的湖泊湿地有助于吸收、固定、转化和降低土壤及水中营养物含量的作用。维持生物多样性是指为野生动植物基因来源和进化、野生植物和动物提供栖息地,涉及授粉、生物控制、栖息地、基因资源。自然湖泊湿地生态系统结构的复杂性和稳定性较高,是生物演替的温床和遗传基因的仓库。许多自然湿地不但为水生动物、水生植物提供了优良的生存场所,也为多种珍稀濒危野生动物,特别是为水禽提供了必需的栖息、迁徙、越冬和繁殖场所。

5.4.4 文化服务

湖泊的文化服务主要是提供具有(潜在)娱乐用途、文化和艺术价值的美学景观。近年来,生态旅游已成为旅游业的发展趋势,成为一些地区的主要经济来源。对于生活节奏较快、生活在钢筋混凝土之间的现代城市居民来说,湖泊自然风光除了美学方面功能之外，还具有一定的医疗作用。诸多湖泊独特的生境、多样的动植物群落、濒临物种等在科研中亦具有重要地位，为教育和科学研究提供了对象、材料和实验基地，可以作为教学实习基地、科普基地、环境保护宣传教育基地等。湖区生态系统的文化多样性功能还包括美学艺术、文化传承等方面；湖泊的休闲旅游功能主要表现在提供生态旅游、钓鱼运动和其他户外娱乐活动的场所，具有自然观光、旅游娱乐等美学方面的功能。

5.5 水文情势变化对湖泊水库生态系统的影响及其反馈

5.5.1 水文要素及变化过程

5.5.1.1 水文平衡

湖泊水库中各种水文要素，如湖中水量、湖水温度、水中盐分与泥沙等都是不断地变化着的，没有静止平衡的时候。从质量守恒、能量守恒、动量守恒角度，任一水体或区域的物质平衡、热量平衡和动量平衡，可统称为水文平衡[2]。湖泊水库的水文平衡只是在一定时段内动态的相对平衡。其中，物质平衡指的是湖泊水库环境中各要素在湖泊水库之中的收支状况，主要包括水量、营养盐、矿物质等。水文平衡方程式的微分形式如下

水量平衡
$$Q - q = \frac{dV}{dt} \tag{5.1}$$

沙量平衡
$$Q_g - q_g = \frac{dG}{dt} \tag{5.2}$$

盐量平衡
$$Q_s - q_s = \frac{dS}{dt} \tag{5.3}$$

能量平衡
$$Q_e - q_e = \frac{dE}{dt} \tag{5.4}$$

热量平衡
$$Q_w - q_w = \frac{dW}{dt} \tag{5.5}$$

动量平衡
$$Q_u - q_u = \frac{dU}{dt} \tag{5.6}$$

式中 Q、Q_g、Q_s、Q_e、Q_w、Q_u——时段平均收入的流量、输沙率、盐量、功率、热通量、动量通量；

q、q_g、q_s、q_e、q_w、q_u——时段平均支出的流量、输沙率、盐量、功率、热通量、动量通量；

$\frac{dV}{dt}$、$\frac{dG}{dt}$、$\frac{dS}{dt}$、$\frac{dE}{dt}$、$\frac{dW}{dt}$、$\frac{dU}{dt}$——时段水量、沙量、盐量、能量、热量、动量等对时间的变化率。

水文平衡是水文学、环境水文学、湖泊水库水文学重要的理论基础之一，同样也是湖泊水库生态水文学的重要理论基础。水量平衡概念在湖泊水库水文学中应用最广，在计算湖泊水面蒸发、湖泊水位变化、湖泊调节作用以及研究入湖径流的形成过程等，均涉及水量平衡问题，而且水量平衡概念也是沙量平衡、盐量平衡、热量平衡等的基础。

5.5.1.2 波浪与湖流

按照其动力来源，湖泊水库水体的运动可以分为风生流、密度流和吞吐流三类。风生

流指的是由风引起的水体运动；密度流是指水温分层造成的密度不均匀而引起的水体运动；吞吐流是指湖泊水库的出入流带来的水体运动。水的运动不仅会改变营养物质和有机物的分布，还会引起热量、溶解性气体的变化，水生生物对这些变化会产生响应，长时间的水体运动造成的环境因子梯度差异还会引起生物群落的改变。对于浅水湖泊，风浪引起的扰动造成了沉积物中营养盐再悬浮，增加了水体中营养负荷。再悬浮引起的磷释放会使浮游植物生物量增加，并可能改变其群落结构。例如，富营养湖泊水库中蓝藻会占据优势，而重度富营养化水体中绿藻可能更占据优势。

5.5.1.3　换水周期

湖泊水库的换水周期（τ）是指湖泊水库中全部的水被置换一次所需要的平均时间，可简单地用湖泊水库的容积（V）与平均出水量（Q）之比表示，即

$$\tau = \frac{V}{Q} \tag{5.7}$$

式中　τ——湖泊水库的换水周期，年；

　　　V——湖泊水库的容积，m³；

　　　Q——湖泊水库的平均出水量，m³/a。

换水周期，有时也称为水滞留时间（τ_w），即流域内的水全部被置换一次所需的平均时间。在任何气候区内，湖泊形态特征和水滞留时间均取决于盆地和流域的形态特征。大流域接收了总降水中较大的部分，因而具有更大的径流，加上一些地下水输入，使它比附近小流域内的湖泊更快地将水置换掉。两个位于同样大小的流域中但地质概况及面积、深度和容积均不相同的源头湖，即便是气候和径流都相同，也将具有不同的水滞留时间[4]。对于没有水流出口的咸水湖、盐水湖来说，水流只通过蒸发形式离开，这种情况称为理论上的换水周期。

5.5.1.4　光照与透明度

湖泊水库水体的光学特征决定了水下光照强度和光谱的分布，进而决定了湖泊水库水体初级生产力。光合有效辐射进入水体后一部分被有机颗粒物吸收（浮游植物死亡产生的有机碎屑及湖底底泥再悬浮产生的有机无机颗粒物），一部分被有色可溶性颗粒物吸收（主要是黄腐酸、腐殖酸等组成的溶解性有机物）。

透明度是指水体的澄清程度，是湖泊水库水体的主要物理性质之一。透明度通常用塞氏盘方法来测定，以厘米或米表示。影响湖泊水库水体透明度大小的因素主要是水中悬浮物质和浮游生物含量。悬浮物质和浮游生物含量越高，透明度越小；反之，悬浮物质和浮游生物的含量越低，则湖水透明度越大。湖水透明度与生物量间表现出双曲线关系，并非直线关系。因此，利用这种曲线关系，在一定范围内，透明度的大小可以指示浮游藻类的多少。而浮游藻类的多少又与水质营养状况直接相关，所以在很多水质和富营养化评价标准中，均把透明度这一感官指标作为重要的评价参数。

5.5.1.5　温度与热力分布

湖泊水库水体的温度状况是影响水体中各种理化过程和动力现象的重要因素，也是湖泊水库生态系统的重要环境条件。温度不仅影响生物的新陈代谢和物质分解，还直接决定湖泊水库生产力的高低，与渔业、农业均有密切的关系。由于太阳辐射能的变化和水体在

垂线上增温与冷却强度的不同，湖泊水库水体在垂直分布上会呈现分层现象，且具有明显的日变化和年变化。一般，春、夏两季白天以正温分布为主，夜晚—清晨以同温分布为主；秋季降温期是中午前后为正温分布，夜晚—清晨是同温和逆温分布；冬季则以逆温分布为主。

5.5.1.6 营养盐与生物地球化学过程

湖泊水库水体中营养盐的生物地球化学过程主要包括氮、磷的循环。营养物质输入过多会导致湖泊水库的富营养化。虽然有机体中磷的含量仅占其体重的1‰左右，但磷是构成核酸细胞膜、能量传递系统和骨骼的重要成分，且磷为沉积型营养盐，最终归宿为在水体中沉积，因此其成为制约湖泊水库初级生产力的主要因素。这也是湖泊水库水体富营养化防控中重点关注磷控制的原因。

湖泊水库中的磷酸盐被浮游植物吸收后，通过食物链的传递进入浮游动物体内，然后被鱼类和底栖生物所捕食，一部分通过排泄作用向水体中排入有机磷酸盐和无机磷酸盐，无机磷酸盐可以被浮游植物重新利用，有机磷酸盐则被微生物利用。湖泊水库水体中的磷最终都是随着动植物的残体进入沉积物中；但在浅水湖泊中，部分沉积物中的磷会通过微生物作用降解和释放，其中溶解态的磷会在风浪等物理扰动下重新进入上覆水参与循环。相比于磷循环，氮循环为典型的气体型循环。湖泊水库生态系统中，初级生产者通过吸收水体中的氨氮和硝态氮合成自身的蛋白质，部分浮游植物能够通过固氮作用利用大气中的氮气。

5.5.1.7 悬浮物与泥沙

湖泊水库中的泥沙一般由河流带入，流域的面积、坡度、土壤类型和植被覆盖度等都会影响水体中泥沙的含量。一方面，水底的泥沙能够为生物（如水生植物、底栖生物、底栖藻类等）提供栖息场所；另一方面，泥沙在湖底的淤积容易阻碍航道，影响湖泊的通航能力，如水库蓄水会使过水断面增加、流速减缓、水流挟沙能力降低，容易造成泥沙在库区淤积。水底的泥沙在风浪扰动作用下会再悬浮，这类再悬浮颗粒物直径一般较小，沉降速率较慢，其上吸附的大量磷、铁、镁和无机氮等营养物质会随着颗粒物的分解释放到水体中形成再循环。再悬浮的颗粒物也会降低水体的透明度，进而影响太阳辐射在水柱的分布和浮游植物对光照的利用，成为湖泊水库初级生产力的决定性因素。

5.5.2 水文情势变化对湖泊水库生态系统的影响

5.5.2.1 温度、光照和悬浮物对湖泊水库生态系统的直接影响

在湖泊水库之中，温度通过影响呼吸作用影响生物的生长发育。例如，温度是影响浮游植物群落结构、季节效应的主导因子之一，同时还影响鱼类幼体的生长速率、性成熟和繁殖时间及成体大小，并且是很多物种繁殖的触发因子。光照通过改变光合作用影响生物的生长分布。在一定条件下，随着光强的增加，植物光合作用也随之增加。水生植物在浑浊的水体中最多分布在水深几厘米的水下，而在透明度较高的水体中，能够分布在水下十几米。悬浮物通过影响水下光照进而影响初级生产者的光合作用，也可以对底栖动物中的滤食者和鱼类等的滤食作用产生直接影响。

近年大量湖泊水库呈现富营养化和出现灾害性藻类水华，浮游植物在水生生态系统中受到重点关注，越来越多的学者探索环境因子对浮游植物生长的影响。尽管不同物种对光

照的利用率大不相同，但在温度和营养盐适合的情况下，浮游植物的生长速率随着光照的增强而增强，直到光强达到一定程度后（光饱和点）才开始保持稳定。在光照和营养盐充足的时候，温度则成为影响浮游植物生物量的主要因子。湖泊水库中浮游植物有明显的季节演替，不同温度下浮游植物各门类的生长速率各不相同。一般而言，各门类浮游植物生长速率曲线随着温度的增加呈开口向下的抛物线。硅藻门的生长速率在15℃左右最大；甲藻门的生长速率在20℃左右最大；绿藻门的生长速率在25℃左右最大，蓝藻门对高温的适应性最强，在30℃时生长速率达到最大。因此，湖泊水库冬春季节一般以硅藻门物种占据优势，随着温度上升逐渐转向绿藻门物种占优，到夏季后蓝藻门物种逐渐占据优势。

5.5.2.2 水文要素与过程对湖泊水库生态系统的间接影响

换水周期、波浪和湖流等水文要素通过影响营养盐的迁移转化直接影响浮游植物的生物量，进而间接对消费者（包括食物链上行与下行效应变化等）及整个生态系统产生影响。

湖泊水库换水周期长短在一定程度上决定着流域输入营养盐量的多少。换水周期短的湖泊水库从流域输入的营养盐较充分，有利于浮游植物的生长。但当换水周期更短时（水库比较常见），水体中的浮游植物与浮游动物一般还没来得及生长繁殖便被水流冲走。此外，浮游动物对浮游植物的捕食具有选择性，因此浮游植物的物种组成与生物量变化也会影响和改变浮游动物的群落结构，进而使得主要以浮游动物为食的鱼类和底栖生物的种群数量也会因为食物的改变而受影响。

波浪、湖流等物理运动会对湖泊水库中的沉积物产生不同程度的扰动，不断造成沉积物营养盐再释放。我国长江中下游地区的湖泊水库富营养化较严重，且大多数的湖泊水库都是浅水水体，因此风浪扰动条件下沉积物释放的营养盐是水体营养盐的主要来源之一。例如，在太湖中，波浪引起的剪切力贡献了70%的沉积物再悬浮，且当风速大于6m/s时，沉积物就开始大量悬浮。

充分的营养盐输入或再悬浮释放均会促进浮游植物生长，理论上增加了浮游动物的食物资源，而浮游动物数量过多也会通过牧食浮游植物的下行效应降低浮游植物的生物量。实际上，浮游动物对浮游植物的大小、数量、营养价值、口味和化学物质等有不同的要求。经典的生物操纵理论认为，通过放养食鱼性鱼类可以控制小型鱼类以壮大浮游动物种群，然后借助浮游动物控制浮游植物。

5.5.3 湖泊水库生态系统对水文情势变化的反馈

水文要素与生态系统之间的影响是相互的，波浪、光照、温度和悬浮物等会直接或间接地对生物产生影响，反过来生物也会改变湖泊水库的水文条件。例如，蓝藻形成水华漂浮在水面会阻碍光照进入水体，死亡的蓝藻分解会消耗水体中的大量溶解氧；在营养盐循环中，底栖鱼类和底栖动物对沉积物-水界面的扰动会促进营养盐释放，而鱼类捕捞和昆虫羽化等又会将营养物质带离湖泊水库。生态系统对水文要素的反馈作用近年来关注较多的是水生植物对波浪的消减作用及水华对水下光照和溶解氧的影响。

水生植物对波浪和湖流的影响包括阻碍湖流及消浪。水生植物能阻碍波的传播、降低波高，同时还能减少悬浮颗粒物以增加水体透明度。水生植物的密度、枝叶数和茎直径等都会对曼宁粗糙系数与拖曳系数产生影响。一般来说，水生植物越高，拖曳作用越强，对水流阻力越大。此外，植物的柔韧度也是影响水流阻力的重要因素之一。植物对波浪的消减作用也受到水深的影响，沉没比（水深与水生植物的高度比值）大小可以用来衡量水深与植物高度对波浪消减作用的影响。沉没比越小，植物对波浪的消减作用越明显。

富营养水体中藻类会呈暴发式生长，极易在下风向水面聚集形成水华，使得光照在进入水面后迅速衰减，影响水下光照条件。以蓝藻为主的水华藻类在生长过程中会形成聚集体以增加对光照的利用，加剧阻碍了光照透过水面进入下层水体，并使得水面温度急剧上升。另外在微风条件下，高生物量藻类在夜间的呼吸作用会大量消耗水体中的溶解氧。水体中藻类死亡后在微生物作用下分解也会很快消耗掉水体中的溶解氧，导致水体严重缺氧，造成鱼类等水生生物窒息死亡，进而极大地影响水体中生物的种群数量、组成及生态系统的稳定性。

5.6 水库生态调度

5.6.1 生态调度的内涵

水库生态调度有狭义、广义之分。狭义的生态调度是以改善库区及下游河流生态环境为目标的调度方式，是水库调度工作的一方面；广义的水库生态调度是综合考虑防洪、兴利、生态环境等诸多因素的调度方式，是传统水库综合调度的延展。通常水库生态调度更多指的是其广义上的界定。与传统的水库调度方式相比，水库生态调度将生态目标纳入水库调度中来，在调度过程中协调防洪、兴利、生态等多方面的要求，在兴利除害的同时维持或修复河流生态健康，从而实现河流水资源的可持续利用（表 5.2）。

表 5.2　　　　　　　　　　不同水库调度方式对比

项目	传统水库调度方式	水库生态调度方式
考虑因素	防洪（坝体及下游保护目标防洪安全）、兴利（发电、供水、灌溉、航运、渔业等）	防洪（坝体及下游保护目标汛期防洪安全）、兴利（发电、供水、灌溉、航运、渔业等）、生态环境（库区及下游河流的生态环境）
调度目标	在保障防洪安全的基础上提高河流水资源的利用效率及经济效益	在保障防洪安全的基础上，协调兴利目标与生态目标的关系，维护河流健康，实现河流水资源的可持续利用
效益分析	保障防洪效益的基础上，最大限度地发挥河流水资源的经济效益	保障防洪效益、削减部分经济效益以实现生态补偿，发挥水库调度的生态效益、环境效益

防洪、兴利、生态作为水库生态调度的三个重要方面，既相互联系又相互制约。在不同区域、不同时期，水库调度的侧重方向有所不同，但是开展水库生态调度的首要工作基本一致，都要根据水库及其所在河流具体水文情势和关键生物物种确定调度目标。比如，郭文献等[10] 从维持天然河道内环境流量和有利于水库下游中华鲟和四大家鱼产卵繁殖的角度确定了三峡水库生态调度目标，主要包括三峡水库下游河道内环境流量调度目标以及中华鲟和四大家鱼产卵繁殖期水库调度目标。

5.6.2 生态调度的原理与技术方法

5.6.2.1 水库生态调度的原理

以下通过河流生态水文及生态水力机制解释水库生态调度的原理。

在河流自然-社会经济复合系统中,流量过程是河流水生生态系统的重要驱动力,高、中、低流量组分及其持续时间均有特定的生态学意义。在水文因子生态效应研究方面,最为典型的是 Richter 等[11] 提出的 IHA 指标体系,比较全面地分析了水文过程各要素对生态系统的影响,在水库调度生态影响评价及生态调度等方面的研究及实践中得到了较为广泛的应用。

生态水力学是融合水力学及生态学而形成的新兴交叉学科,其研究尺度是中等栖息地和微观栖息地。处于特定生命阶段的目标物种对栖息地的需求可由其生存环境的水力因子(如水深、流速、水温、溶解氧等)表征,并通过选择水力环境更适宜的区域来对外界环境变化做出响应。比如,长江中游三峡-葛洲坝梯级水库蓄水后,不仅改变了河流天然水流情势同时也改变了河流的天然水温情势[12],可通过定量分析水库蓄水对下泄水温的影响进而分析水温变化对水生生物产卵繁殖的影响。

5.6.2.2 水库生态调度的技术方法

调度规则用于指导和制定水库(群)调度运行决策,并与调度图或调度函数相配套使用。调度图由若干基本控制线组成,这些控制线将调度图划分为若干个区域,调度过程中根据当前水库状态所对应区域来确定具体水库调度方案。调度函数则是在水库长时序优化调度成果的基础上,采用统计回归等技术,提取出入库径流、水库最优调度轨迹及决策序列之间线性、非线性或其他形式的回归方程,以此指导水库调度运行。相较而言,调度图直观实用、易于操作,应用较为广泛[13]。

从入库水量过程处理方式考虑,水库优化调度包括确定性优化方法及随机优化方法两大类。前者又称隐随机优化调度法,后者又称显随机优化调度法。隐随机优化调度法是将长期实测或人工生成的有限的径流序列作为入库流量随机过程的一个样本,从而对入流进行确定性描述,并在此基础上采用适宜的优化算法进行调度规则寻优。显随机优化调度法是将水库入库水量处理为一个随机过程,并用特定的随机函数描述,在此基础上通过适宜的优化算法进行调度规则寻优。在目前的技术条件下,由于"维数灾"等问题,随机优化调度方法不完全适用于 3 个以上库群的联合调度。

从寻优方式上看,水库(群)调度规则优化又可分为模拟优化法及调度规则提取法两类。其中调度规则提取法首先利用优化技术进行水库(群)调度过程长时序优化计算,并基于此通过统计回归、神经网络或其他数据发掘技术提取出调度决策与水库运行要素之间的关系,从而获得相应的水库(群)调度规则。模拟优化法则首先预设一组或若干组水库调度规则,按照预设的规则进行长系列水库调度调算,并对全调度期的调度情况进行统计评价,在此基础上通过优化技术对预设的调度规则进行反复调整,从而得到最优调度规则的一类方法。

水库(群)优化调度是一个复杂的非线性多目标决策过程,优化模型的求解算法一直是国内外专家学者关注的重点之一。现阶段我国水库(群)优化调度领域应用较多的算法主要有线性规划、非线性规划、动态规划、遗传算法、粒子群优化算法、蚁群优化算法等[14-15]。

5.6.3 生态调度模型

5.6.3.1 生态调度耦合模型框架

水库（群）生态调度耦合模型框架如图 5.3 所示。在该框架中，涉及的关键技术包括下游生态需水及水库（群）生态放水过程线推求、水库（群）多目标优化模型构建策略、水库（群）调度方案评价优选技术等。

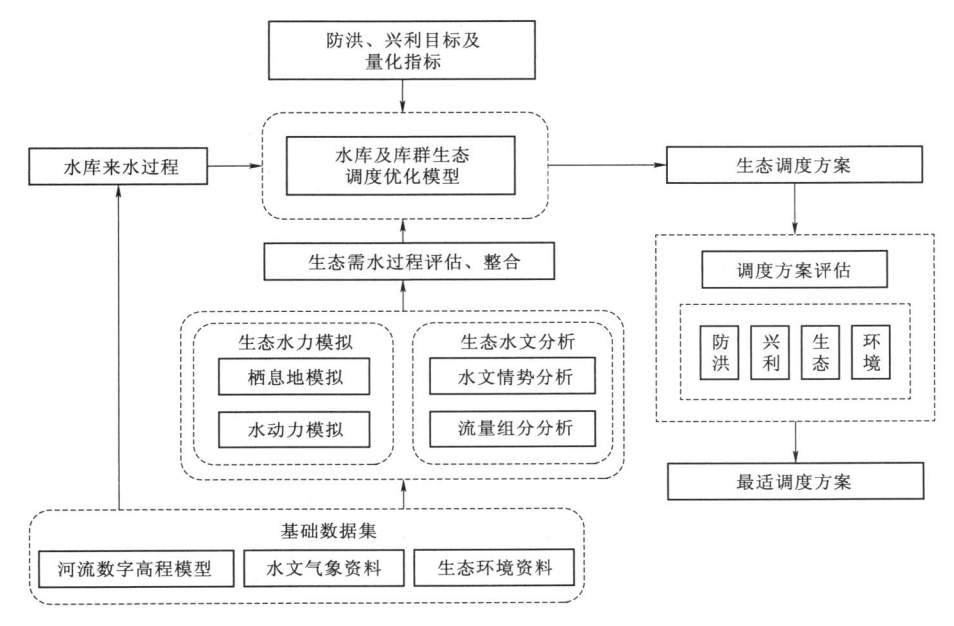

图 5.3 水库（群）生态调度耦合模型框架

1. 下游生态需水及水库（群）生态放水过程线推求

水库（群）生态调度的实质是在保障防洪、兴利要求的基础上，下放一定生态水量入河道以维持下游生态健康。下游影响区各生态系统的需水要求是制定水库生态放水方案的重要依据。在现阶段的研究中，多以下游近坝河段的河流生态需水过程为依据制定生态放水方案，对距坝址较远的河道及受水库调度影响的部分河道外生态系统的需水要求考虑较少，给这些生态系统的健康造成隐患。比如，韩帅等[16]基于对丹江口水库修建前后的分析，提出可采用逐月频率计算法评估水库调度对大坝下游河道生态径流过程的影响，为优化水库调度方式提供依据，依此减少水库运行对河流生态系统的影响。

2. 水库（群）多目标优化模型构建策略

现阶段，生态调度多目标优化模型的构建策略主要有：①在分析计算下游生态需水的基础上，将需求的生态流量作为约束条件[17]；②将水库调度后生态效益最大为一个目标，与其他调度目标联合求解[18]；③依据天然径流过程是维持河道生态健康的必要条件这一原理，将水库调度后河道径流过程相对天然径流改变最小作为目标之一[19]。

3. 水库（群）调度方案评价优选技术

调度方案的综合评价是比选水库（群）生态调度方案的关键技术。评价调度方案的优劣要综合考虑防洪、兴利、生态等多种指标，并构建适宜的评价指标体系及评价模型。其难点是部分指标（如生态效益、社会效益等）难于量化及不同量纲指标之间难于比较。单就水库调度生态影响评价而言，现阶段的研究主要集中于河流生态系统上，且已形成IHA等多种评价指标体系，但对沿河及通河湿地、湖泊等其他受水库调度影响的生态系统考虑较少或做了较大简化，有待进一步研究。

5.6.3.2 水库群联合生态调度模型构建策略

水库群联合生态调度是大系统、多阶段、高维度的复杂决策问题，其核心是在保障基本兴利任务的基础上，充分发挥水库群的生态效益及环境效益，实现河流健康及水资源高效利用。对于不同地区，由于水文特征、社会经济特征、生态环境特征及工程条件的差异，水库群联合生态调度中的限制因子也不尽相同，难以构造通用的生态调度模型。

以下仅以供水水库群为例简述联合生态调度模型的构建策略。水库（群）的调度调节将改变河流水资源在自然与社会经济系统中的分配比例及过程，从而影响河流自然社会经济复合系统的健康。结合上述水库群生态调度原理，供水库群联合生态调度框架可用图5.4展示。

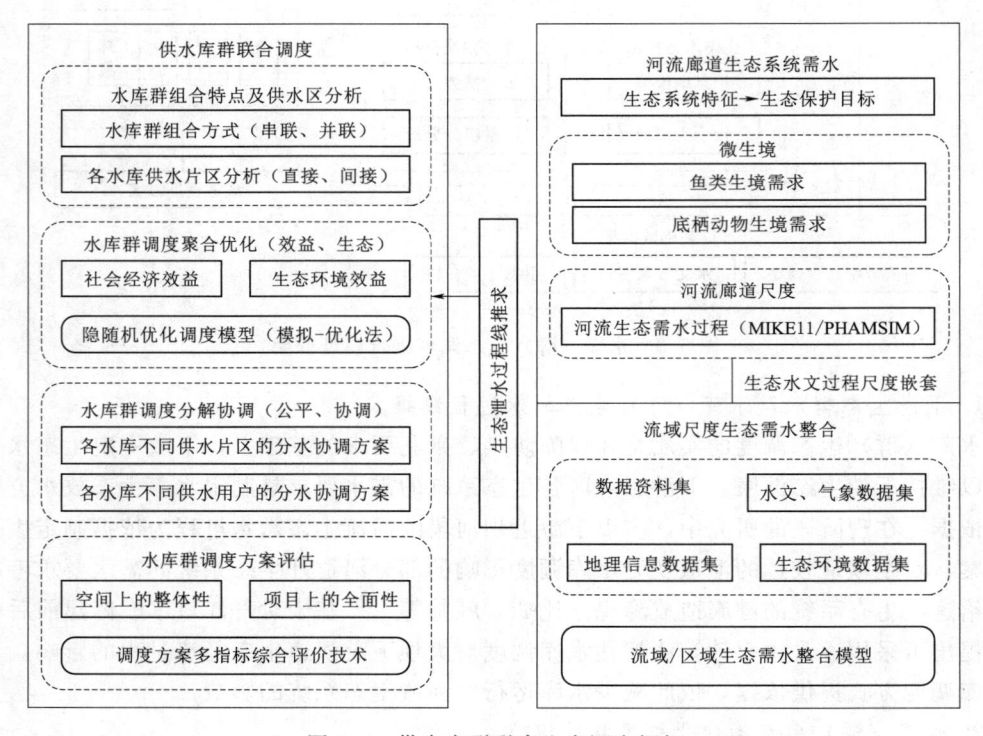

图 5.4 供水库群联合生态调度框架

5.7 湖泊生态需水量及计算

根据《河湖生态环境需水计算规范》（SL/T 712—2021），湖泊生态需水的基本概念、计算原则和规定等与河流生态需水的相关内容相通，本节不再重复介绍。本节主要介绍湖泊生态需水计算的基本思路、主要方法和应用案例。

5.7 湖泊生态需水量及计算

5.7.1 湖泊生态需水计算的基本思路

湖泊生态需水分为入（出）湖泊生态流量和湖泊生态水位（水面面积）两部分。入（出）湖泊生态流量计算，应按照河流控制断面有关要求处理。湖泊生态水位计算，应结合不同工作的要求，合理确定计算范围和生态保护目标，采用天然水文系列，选择合适的方法进行计算。应根据湖泊生态环境功能、生态状态及开发利用程度与存在问题，分别计算湖泊的基本生态水位、目标生态水位。

湖泊基本生态水位的计算，应按最低生态水位、年内不同时段水位和全年水位表述。年内不同时段生态水位计算应根据保护目标所对应的生态环境功能，分别计算维持各项功能不丧失需要的水位后，综合分析确定年内不同时段生态水位。全年生态水位为年内不同时段生态水位的全年平均值或不同时段的范围值。湖泊目标生态水位计算应根据保护目标所对应的生态环境功能，分别计算正常发挥各项功能需要的水位后，综合分析确定年内不同时段生态水位。

天然季节性湖泊可只分析确定非干涸期的生态水位。内陆河尾闾湖泊生态水位应统筹考虑维持合理湖水水面及靠湖水补给维持的湖岸带植被、周边地下水一定水位的需水要求，综合分析确定。

应在河流、湖泊生态需水计算的基础上，按河流水系的完整性，统筹协调水量平衡关系，在河流水系尺度上合理确定河流、湖泊生态需水。河流水系基本生态需水和目标生态需水计算，应根据河流水系整体性和水量平衡要求，并综合考虑下列平衡关系：

（1）上下游、干支流控制断面生态需水之间的协调平衡。
（2）河流控制断面、湖泊生态需水之间的协调平衡。
（3）内陆河控制断面与尾闾湖泊生态需水之间的协调平衡。
（4）外流河控制断面与河口生态需水之间的协调平衡。

应根据河流控制断面、湖泊与河流水系的关系，综合分析河湖生态需水量与河道内生产需水、河道外用水需求的关系，评价河流水系生态需水计算结果的协调性。河流水系生态流量参考阈值可参照表5.3执行。

表5.3　　　　　　　不同类型河流水系生态流量参考阈值　　　　　　　　　　%

河流类型		水资源开发利用程度					
		高		中		低	
		基本[①]	目标[②]	基本	目标	基本	目标
大江大河	北方	10~20	30~40	15~25	35~45	≥25	≥50
	南方	20~30	60~70	25~30	65~70	≥30	≥70
较大江河	北方	10~15	30~40	10~20	30~45	≥20	≥45
	南方	15~30	55~65	20~30	60~70	≥30	≥70
中小河流	北方	5~10	30~35	10~20	30~40	≥20	≥40
	南方	10~25	40~50	20~30	50~60	≥25	≥60
西北干旱内陆区		—	30~40	—	35~45	—	≥45
青藏高原区		—	—	25~35	65~75	≥35	≥80

注　表中值为生态流量占地表水资源量的百分数。
　　①基本生态流量全年值；②目标生态流量全年值。

5.7.2 湖泊生态需水计算的主要方法

湖泊生态需水计算方法主要包括 Qp 法（见 3.3.3 节）、生物空间法、湖泊形态分析法、水量平衡法等。

1. 生物空间法

生物空间法基于湖泊各类生物对生存空间的需求来确定湖泊的生态水位，可用于计算各类生物对生存空间的不同需求下对应的水位。

计算各类生物对生存空间的基本需求所对应的水位过程可采用下式计算

$$H_b = \max(He_{\min}^1, He_{\min}^2, \cdots, He_{\min}^i, \cdots, He_{\min}^n) \tag{5.8}$$

式中 H_b——湖泊最低生态水位，m；

$He_{\min}^i$——第 i 种生物所需的湖泊最低生态水位，m。

各类生物对生存空间的基本需求，应包括鱼类产卵和洄游、种子漂流、水禽繁殖等需要短期泄放大流量的过程。宜选用鱼类作为关键物种，式（5.8）可变为

$$He_{\min_f} = H_0 + H_f \tag{5.9}$$

式中 $He_{\min_f}$——鱼类生存所需的湖泊最低水位，m；

H_0——湖底高程，m；

H_f——鱼类生存所需的最小水深，可根据实验资料或经验确定，m。

计算维持水生生物物种稳定和多样性对生存空间的需求所对应的目标生态水位时，式（5.8）中各种生物生存空间对应的水位要求应按保护目标要求确定。

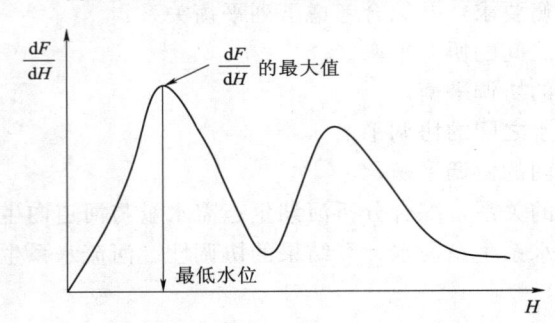

图 5.5 湖泊水位和湖泊面积变化率曲线示意

2. 湖泊形态分析法

湖泊形态分析法通过分析湖泊水面面积变化率与湖泊水位关系来确定维持湖泊基本形态需水量对应的最低水位。采用实测的湖泊水位 H 和湖泊面积 F 资料，构建湖泊水位 H 与湖泊面积 F 变化率 dF/dH 的关系曲线（图 5.5），其中 $F = f(H)$。

在湖泊枯水期低水位附近的最大值对应水位为湖泊最低生态水位，即 $(H_{\min} - a) \leqslant H \leqslant (H_{\min} + b)$。其中，$H_{\min}$ 为湖泊天然状态下的多年最低水位，m；a、b 是和湖泊水位变幅相比较小的正数，m。如果湖泊水位和 dF/dH 关系线没有最大值，则不能使用本方法。

湖泊最低生态水位计算可采用下式计算

$$\frac{d^2 F}{dH^2} = 0 \tag{5.10}$$

式中 F——湖泊面积，m²；

H——湖泊水位，m。

3. 水量平衡法

水量平衡法通过计算维持一定水面面积的湖泊蓄水量来计算湖泊基本生态需水量与目

标生态需水量。通过分析计算范围内各水量输入、输出项的平衡关系，用水量平衡法进行计算。可采用下式计算

$$W_Z = F(E_Z - P) + T + G + W_0 + Q_O - Q_I \tag{5.11}$$

式中　W_Z——湖泊生态需水量，m^3；

　　　F——湖泊水面面积，km^2；

　　　E_Z——湖泊计算面积水面蒸发需水量，m^3/km^2；

　　　P——湖泊多年平均降水量，m^3/km^2；

　　　T——湖泊植物蒸散发需水量，m^3；

　　　G——湖泊土壤渗漏需水量，m^3；

　　　W_0——维持一定水面面积的湖泊蓄水量，m^3；

　　　Q_O——湖泊与河流连通情况下的流出水量，m^3；

　　　Q_I——湖泊与河流连通情况下的流入水量，m^3。

当湖泊敏感保护目标年内不同时段对水深和水面面积有不同要求，水面面积可根据保护目标不同时段的需水要求而具体确定。

5.7.3　湖泊生态需水计算案例

鄱阳湖是目前我国最大的淡水湖泊，位于长江中下游南岸，纳赣江、抚河、信江、饶河和修水五水系以及博阳河、东河和西河诸河来水，经鄱阳湖调蓄后由湖口注入长江，是一个过水性、吞吐型季节性的浅淡水湖。每年秋冬季节，随着湖水位的降落，出现了浅水、草滩、洲滩、泥滩组成的湿地生态环境，为大量的越冬候鸟提供了适宜的栖息场所。候鸟大多在每年的10月开始陆续来到鄱阳湖，依靠枯水期水位的慢慢降落及回升并不断变化，各自在适当的生态位上觅食不同高程浅层水域、草洲泥滩上的水、陆生动物或植物。这些候鸟大多是水禽（游禽和涉禽），具有不同的地带性分布。游禽（如沙秋鸭、潜鸭）喜栖息于漂浮植物、挺水植物及鱼虾等饵料丰富、湖水又相对较深的水域；涉禽和部分游禽如鹤类、鹳类、小天鹅等则栖息于水草茂盛、鱼虾、昆虫及底栖动物丰富、湖水较浅的湖滩湿地。至次年3月，随着鄱阳湖水位的上涨，洲滩逐渐被湖水淹没，不再适合候鸟栖息[20]。鄱阳湖水域辽阔，南北水域鱼类区系分布因自然环境条件差异而不同。永修、松门山以北至湖口水域，以江湖半洄游性的"四大家鱼"、洄游性刀鲚鱼等鱼类为多；都昌、松门以南，水流缓慢，水草丰富，以鲤鱼、鲫鱼、鳜鱼、鳊鱼等鱼类为多。湖区渔获物主要由青鱼、草鱼、鲢鱼、鳙鱼、鲤鱼、鲫鱼、鳊鱼、黄颡鱼、鳜鱼、刀鲚鱼、虾等组成。在丰水期，湖洲、草滩被淹，广大的水域成为草上产卵鱼类——鲤鱼和鲫鱼的良好附着基和幼鱼育肥场所，就促使了鲤鱼和鲫鱼的种群繁衍，使其成为优势种，这些湖泊定居型鱼类在鄱阳湖中完成它们的繁殖、生长、发育的整个生命史过程。

选取鄱阳湖区都昌站1952—2001年的年平均水位资料（吴淞基面，下同）及1952—1977年的日平均水位资料作为分析序列；利用数理统计方法分析鄱阳湖水位的年内和年际变化特征，为掌握鄱阳湖天然条件下的水位变化规律以及生态水位研究提供基础和依据；采用实测水位资料统计法、适宜水位范围法和洪枯水期水位特征值法计算鄱阳湖的月平均最低允许和月平均最高允许生态水位，逐月适宜生态水位范围的上限和下限，以及洪

枯水期不同持续时间下的极限生态水位值[21]。鄱阳湖都昌站的月平均最低和月平均最高允许生态水位以及逐月适宜生态水位范围的上限和下限计算结果见表5.4。

表5.4 鄱阳湖都昌站逐月生态水位

月份	允许生态水位的变化范围/m		适宜生态水位的变化范围/m	
	允许最低	允许最高	下限	上限
1	9.08	12.76	9.65	11.00
2	9.38	12.48	10.62	12.01
3	9.87	13.59	11.48	12.91
4	10.14	15.43	12.71	14.48
5	13.22	18.51	14.55	17.17
6	14.00	19.75	14.77	17.74
7	14.38	21.34	15.80	18.79
8	12.93	21.07	15.20	17.36
9	12.05	20.09	14.77	16.85
10	10.33	18.37	13.29	16.48
11	9.92	15.87	11.58	13.62
12	9.32	12.99	9.89	11.22

鄱阳湖的生态水位过程应该保持其天然状况下水位在年内的丰枯变化特征、保持水位在年际间的波动性。极端干旱年份的水位不应低于最低允许生态水位；极端洪水年份的水位也不应高于最高允许生态水位；平水年份应该保持在适宜生态水位上下限范围之内。鄱阳湖区（都昌站）最枯月份（1月）的月平均水位不应低于9.08m，最丰月份（7月）的月平均水位最好不要超过21.34m。逐月适宜水位的上下限变化幅度在1.33～3.19m之间，月平均最高和月平均最低允许生态水位的变化幅度在3.10～8.14m之间。

思考题

1. 湖泊依据不同分类方法主要有哪些类别？
2. 湖泊生态系统的结构和主要功能有哪些？
3. 湖泊的换水周期具有什么意义？
4. 水库生态调度的基本原理和主要方式有哪些？
5. 请简述湖泊生态需水计算的基本思路。
6. 请简述湖泊形态分析法的基本原理及其适用性。
7. 请辨析流域生态用水与社会经济发展用水之间的关系，阐述新时代流域高质量发展中保障生态需水的重要性。

参考文献

[1] 邬红娟，李俊辉，华平. 湖泊生态学概论[M]. 2版. 武汉：华中科技大学出版社，2020.
[2] 崔广柏. 湖泊水库水文学[M]. 南京：河海大学出版社，1990.

[3] 中国科学院南京地理与湖泊研究所. 中国湖泊调查报告 [M]. 北京：科学出版社，2019.
[4] 卡尔夫，古滨河，刘正文，等. 湖沼学：内陆水生态系统 [M]. 北京：高等教育出版社，2011.
[5] 夏军，左其亭，王根绪. 生态水文学 [M]. 北京：科学出版社，2020.
[6] 张潇，夏自强，郭利丹，等. 1960—2010年巴尔喀什湖流域干湿特征分析 [J]. 资源科学，2016，38（6）：1118-1128.
[7] 贺金，夏自强，刘克，等. 鄱阳湖星子站水位变异诊断研究 [J]. 水文，2019，39（1）：33-37，26.
[8] 郭利丹，夏自强，王志坚. 咸海和巴尔喀什湖水文变化与环境效应对比 [J]. 水科学进展，2011，22（6）：764-770.
[9] 谢高地，张彩霞，张昌顺，等. 中国生态系统服务的价值 [J]. 资源科学，2015，37（9）：1740-1746.
[10] 郭文献，夏自强，王远坤，等. 三峡水库生态调度目标研究 [J]. 水科学进展，2009，20（4）：554-559.
[11] Richter B D, Baumgartner J V, Powell J, et al. A method for assessing hydrologic alteration within ecosystems [J]. Conservation Biology, 1996, 10: 1163-1174.
[12] 郭文献，王鸿翔，夏自强，等. 三峡-葛洲坝梯级水库水温影响研究 [J]. 水力发电学报，2009，28（6）：182-187.
[13] 杨凤英. 梯级水电站群优化调度图研究及应用 [D]. 大连：大连理工大学，2009.
[14] 徐刚，马光文. 基于蚁群算法的梯级水电站群优化调度 [J]. 水力发电学报，2005（5）：7-10.
[15] 王少波，解建仓，孔珂. 自适应遗传算法在水库优化调度中的应用 [J]. 水利学报，2006（4）：480-485.
[16] 韩帅，夏自强，刘猛，等. 水库调度对大坝下游河道生态径流的影响 [J]. 水资源保护，2010，26（1）：21-23.
[17] 康玲，黄云燕，杨正祥，等. 水库生态调度模型及其应用 [J]. 水利学报，2010，41（2）：134-141.
[18] 叶季平，王丽萍. 大型水库生态调度模型及算法研究 [J]. 武汉大学学报（工学版），2010，43（1）：64-67.
[19] 滕燕，高仕春，梅亚东. 面向生态环境的水库调度方式研究 [J]. 水力发电，2008，410（6）：24-27.
[20] 刘信中，叶居新. 江西湿地 [M]. 北京：中国林业出版社，2000.
[21] 郭利丹. 河流和湖泊水域生态需水保障基础理论研究 [D]. 南京：河海大学，2012.

第6章 湿地生态水文

6.1 湿地概述

6.1.1 湿地的定义

根据《湿地公约》的定义，湿地是指不论其为天然或人工、长久或暂时之沼泽地、泥炭地或水域地带，带有或静止的或流动的淡水、半咸水或咸水水体者，包括低潮时水深不超过6m的滨岸海域；同时，又规定可以包括邻接湿地的河湖沿岸、沿海区域或湿地范围内的岛屿及其低潮时水深超过6m的海水水体。这个定义把地球上除海洋（水深6m以上）以外的所有水体及其沿岸都当作湿地。也就是说，海岸带的滩涂（包括低潮时水深不超过6m的水域）、各类沼泽、湖泊、水库、池塘、河流及其沿岸等都属于湿地。这个定义对于湿地下限所涉及的陆地水体与海洋水体做了清楚的界定，但是对于湿地上限"湿"与"干"，即陆地水体和陆地的边界并没有量的界定。

我国陈宜瑜院士1995年在《中国湿地研究》中指出：自然湿地主要指沼泽地、泥炭地、浅水湖泊、河滩、河口、海岸滩涂和盐沼等，人工湿地以稻田、池塘为主[1]。

6.1.2 湿地的类型

在《湿地公约》中，根据不同的湿地结构、功能特征将湿地划分为天然湿地和人工湿地两大类。天然湿地又包括海洋/海岸湿地和内陆湿地两类。海洋/海岸湿地下分12小类，主要有浅海水域、河口、潟湖、盐湖和滩涂；内陆湿地分20小类，主要有河流、湖泊、沼泽、泥炭和冻土；人工湿地分10类，主要有水产养殖、灌溉地、盐池、污水处理池和水库等。

根据我国湿地资源现状及《湿地公约》的湿地分类系统，我国的湿地分沼泽湿地、湖泊湿地、河流湿地、滨海湿地[2]、人工湿地5大类。沼泽湿地又分为8型：藓类沼泽、草本沼泽、沼泽化草甸、灌丛沼泽、森林沼泽、内陆盐沼、地热湿地、淡水泉或绿洲湿地，我国的沼泽以东北三江平原、大兴安岭、小兴安岭、长白山地、四川若尔盖和青藏高原为多，各地河漫滩、湖滨、海滨一带也有沼泽发育，山区多木本沼泽，平原则草本沼泽居多；湖泊湿地分为4型：永久性淡水湖、季节性淡水湖、永久性咸水湖、季节性咸水湖，主要分布在五大区域，即长江及淮河中下游[3]、黄河及海河下游和大运河沿岸的东部平原地区湖泊，蒙新高原地区湖泊，云贵高原地区湖泊，青藏高原地区湖泊，东北平原地区与山区湖泊。河流湿地分为3型：永久性河流、季节性或间歇性河流、洪泛平原湿地。滨海湿地分为12型：浅海水域、潮下水生层、珊瑚礁、岩石性海岸、潮间沙石海滩、潮间淤泥海滩、潮间盐水沼泽、红树林沼泽、海岸性咸水湖、海岸性淡水湖、河口水域、三角洲湿地，主要分布于我国沿海地区。人工湿地分为10型，包括水产池塘、水塘、灌溉地、农用泛洪湿地、盐田、蓄水区、采掘区、废水处理场所、运河/排水渠、地下输水系统。

6.2 湿地生态水文学的研究内容

湿地生态水文学以湿地生态系统为研究对象，揭示不同时空尺度湿地生态格局与生态过程的水文学机制，是研究湿地水文过程如何影响湿地生物过程及其反馈机制的生态学和水文学的交叉学科[4-7]。湿地生态水文学主要研究内容包括以下三个方面：

1. 认识和理解湿地生态-水文相互作用的双向机制

良好的湿地生态系统依赖一定的供给水量和水质，湿地水文过程在湿地形成、发育、演替直至消亡的全过程中起着决定性的作用[8]。周期性水文过程、湿生植被与水成土壤构成湿地的三大要素，湿地植被类型、格局及演替是其与气候、水文、地貌、土壤等环境要素相互作用的综合结果。湿地水文对土壤环境、物种分布及植被组成具有先决作用，是控制湿地发生、类型分异和维持湿地存在的最基本因子。湿地生态系统是一个非常敏感的水文系统，水文过程可直接显著改变湿地营养物质和氧的可获取性、土壤盐渍度、pH值和沉积物特性等物理化学环境，影响物种的组成和丰富度、初级生产力、有机物质的积累、生物分解和营养循环，进而影响湿地的类型、结构与功能，控制湿地生态系统的形成和演化。反过来，湿地生物组成通过多种机制对湿地水文及理化环境进行反馈，从而影响湿地水文过程[9-10]。

2. 认识和理解湿地生态保护与恢复重建的机理

湿地水文情势恢复和合理有效的水管理是恢复湿地生态特征的重要环节和前提条件。湿地生态水文调控是恢复湿地水文情势的重要途径和手段，不仅要解决"水少"的问题（如何补水），还要解决"水多"的问题（如何排水）。依据湿地水文、水质与生物的相互作用关系，以恢复与维持湿地生态系统"合理的水文情势、安全的水质标准和良好的生态功能"为目标，对湿地生态系统进行水文水资源调控，实现湿地生态效益、经济效益和社会效益的协调统一和最大化。调控技术包括：湿地水文情势恢复的多维调控、洪泛平原洪水管理与湿地水文过程恢复[11]、湿地-河流水系连通[12-13]、地表水-地下水联合调控、水库生态调度和生态补水等。流域湿地在不同尺度上往往具有不同的水文连通性并驱动湿地生态系统的演变过程，集中表现为流域上下游之间的水文纵向连通性、湿地与所处集水区水文横向连通性，以及湿地地表水与地下水之间的垂向连通性。湿地恢复不仅应该关注退化湿地的水体、植被和土壤等构成要素的原位恢复，还应该促进恢复湿地与其他水系的水文连通性。新时期湿地水文恢复应顺应我国治水理念的改变，通过筑坝、修建引水渠道、水库生态调度等工程与非工程措施，改变水文过程与水量平衡来恢复湿地自然合理的水文情势，从流域（区域）层面上统筹经济社会发展与生态文明建设的需求，以水资源配置的社会、经济和生态效益的相统一和最大化为目标，科学调配水资源，合理配置湿地生态水量，恢复湿地生态特征。

3. 湿地生态需水与流域水资源综合管理

湿地是流域水循环和水量平衡的重要调节器，流域水循环与湿地水文过程相互影响、相互制约。流域水资源开发利用强度、降水量大小、面积范围、地形地貌、地质条件、土壤特征、土地利用状况及水利工程建设等都会影响湿地水文过程。湿地的类型、面积大小和景观格局等特征对流域水循环过程与水资源补给具有重要影响[14]。随着全球人口剧增和经济高速发展，经济社会用水量不断增加，过度挤占或挪用湿地生态用水的现象时常发生，致使湿地生态需水量得不到基本保障，导致湿地严重退化乃至消失，影响和威胁区域生态安全和社会经济的可持续发展。为了维系稳定健康的湿地生态系统，将湿地生态供水和生态用水纳入流域水资源综合规划与管理，积极发挥流域管理机构的宏观调控作用，进行统一调度和管理，协调好上、下游用水的关系，保证湿地生态用水的需求，同时发挥湿地水文调蓄功能，维持流域湿地健康水循环和水资源可持续供给，实现流域"人-水-湿地"和谐共生，是新时期流域水资源综合管控的重要目标之一。

把湿地作为重要的水文单元纳入流域中研究，不仅有利于湿地的保护和管理，而且也凸显湿地在维系流域水安全和生态安全中的重要作用。《湿地公约》中提出了流域湿地生态配水与水管理框架，如图6.1所示，从国家层面上制定湿地保护法律法规、政策制度和决策框架，鼓励利益相关者参与湿地保护。在国家宏观政策指导下，流域或地方管理机构采取适应性管理、长期规划和科学监测等原则和措施，分析水文情势变化对湿地的影响，评估湿地生态系统服务功能，从而制定湿地生态保护目标并确定其生态需水量，从流域层面上进行水资源合理调配和综合管理，确保湿地合理生态用水量[5]。

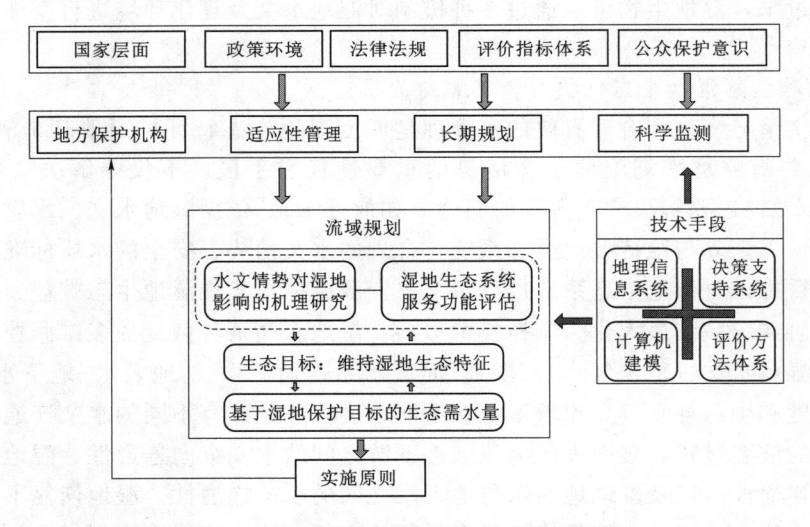

图 6.1 流域湿地生态配水与水管理框架

6.3 湿地水文生态系统的特征

6.3.1 区域地表水资源性质对湿地形成和发育的影响

我国河流、湖泊众多，地表水资源丰富，在各大流域内形成大面积的地表积水和过湿区域，有利于湿地的形成和发育，为湿地形成提供了十分有利的条件。

6.3.1.1 地表水总量

湿地的形成、发育与水文条件关系密切，湿地形成、发育的广泛程度也与水文特征及其空间分布息息相关。通常，年径流高的区域较有利于湿地发育，年径流低的区域湿地发育受到限制，如我国东部年径流量多，湿地发育广泛，西北部年径流量少，湿地发育明显减少。总体分布规律为：年径流深50mm线东南部径流丰富，湿地发育较多，分布广泛；该线西北部径流短缺，湿地发育较少，分布零星。年径流200mm等深线以南径流丰富，湿地发育广泛；该线以北绝大部分地方径流相对偏少，湿地发育较少。在同一区域或气候带内，河流径流量的差异也会导致湿地形成的空间分异性。

6.3.1.2 区域水位面高度

水资源总量在地理尺度上的分异，决定了湿地在地理空间上的分异性。而在区域尺度上，水资源量对湿地形成的影响主要表现在区域水位面的高低，决定了区域湿地的类型、面积及分布状况。区域水位面高，地表水就能淹没较多的负地形区，地下水的埋藏也较浅，也就能使较多的负地形区土壤达到水饱和状态；相反，当区域水位面较低、地下水位埋藏也较深时，地表积水或土壤水饱和的区域面积也小。区域水位面的季节变化和年际波动对区域湿地的形成也会产生影响。这些变化会使区域湿地面积在年内和年际间发生波动，湿地植物群落和湿地土壤的特征都表现出对这种季节波动的适应。

6.3.1.3 水源径流状态

水资源对湿地的影响在总量保证的同时还受到水源径流状态的影响，最主要的径流状态表征指标包括径流深度和径流模数。径流深度决定了湿地植物生长的类型和湿地植物正常生长的可能性。超过一定径流深度，湿地植物无法通过光合作用获取其自身生长所需要的能量，从河流河道中心到两岸径流深的差异决定了湿地类型的分异。径流模数是最能说明与自然地理条件相联系的径流特征。湿地形成的先决条件是地表常年过湿或有薄层积水，地表应保持面状的缓慢流或停滞水。在这一点上，湿地的发育与径流深度及径流模数是呈负相关的。一般而言，区域地表水总量越大越有利于湿地的形成，同时地表水文状况又受到地质地貌、气候条件的制约，并非地表水资源大就定形成湿地。

6.3.1.4 水质对湿地形成的影响

水质也是制约湿地形成和发育的重要因素，决定湿地形成的类型的分异。一般规律为水的矿化度低于2g/L以下，淡水湿地才能得到良好的发育，盐度在18‰以下较有利于盐沼发育。红树林湿地最适生长的海水盐度为5.3‰~25.6‰。此外，湿地补给水的营养条件还直接控制湿地类型的形成与分布。

总之，水文因素是区域湿地形成和演化的重要因素，水量大小及其波动直接关系到区域湿地面积的大小、分布及类型。但是并不是区域水量越大湿地面积就越大，区域水量越大仅能使区域水淹面积越大，而水淹区域并不一定都是湿地生态系统，还有相当一部分是水生生态系统，所以水文因素必须与地貌条件相结合才能反映区域湿地状况。

6.3.2 水源补给类型对湿地形成和发育的影响

湿地的水源补给主要有大气降水、地表水、地下水、冰雪融水和潮水等；同时因地貌类型众多，湿地水源补给条件及其组合空间分布差异较大。由于湿地形成源地和湿地发育阶段不同，各类水源补给又有主次之分。各类水源补给对湿地形成的影响如下。

6.3.2.1 以大气降水补给为主

我国大气降水的季节分配和年际变化深受东亚季节气候的影响。在东部季风区，夏季丰水，冬季枯水，春秋两季介乎其间，但秋季水量一般大于春季水量。这种水源的季节分配对湿地发育较有利，尤其是生长季径流量变化不大，径流分配均匀，利于地表保持长期过湿或积水，使湿地发育能够持续进行，但是往往带来营养的贫瘠和季节性较大的波动。这类水源补给仅限于我国寒温带、中温带及其他热量带的一些山地局部地段，如我国东北大、小兴安岭，黔西和鄂西北山地等地区，许多湿地受地质地貌、气候等因素影响，从富营养湿地阶段发展成为贫营养湿地阶段，由原来多种水源混合补给发展成以大气降水补给为主。仅仅以大气降水补给为主的湿地数量不多，面积较小，范围有限。

6.3.2.2 以地表水补给为主

地表水补给方式主要发生在地表水源充沛且地貌低洼的区域，一般都邻近大江、大河、湖泊，有稳定的水源补充。如湖盆、河流及其支流的河漫滩、河间和古河道等洼地，如图6.2所示，此种类型湿地在我国分布最为普遍，如东北三江平原、松辽平原、长江下游平原、太湖平原、江汉平原等地。这些洼地区地势低平，水系发育，水流缓慢，河湖洼地众多，水量丰富、稳定，在地表水补给十分优越的地段为孕育湿地提供理想的条件。这些地区大气降水丰富，在地表水、大气降水补给的双重作用下，湿地能获得相对稳定充足的水量补给，促使湿地持续发育。因而地表水补给为主，加以大气降水补给下形成的湿地多集中连片，面积较大，发育较好。

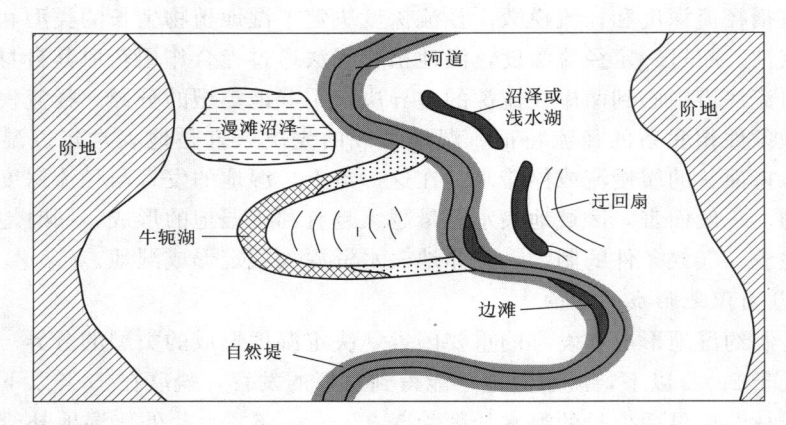

图6.2 河流补给湿地类型示意

6.3.2.3 以地下水补给为主

地下水补给湿地地区主要出现在地下水位浅、地下水位出露的地方，分布在各种构造盆地、构造溶岩盆地以及盆地、山前的边缘冲积-洪积扇缘洼地、发育中期和末期的喀斯特地貌地区。在构造和溶蚀盆地下沉过程中相对稳定阶段，地表进一步被剥蚀夷平，地下水出露，盆地内的河流、湖泊发育，且这些水体受盆地地貌因素作用，河流比降小，水系发达，河网密集，水流缓慢，湖泊水位较稳定，这些水体逐渐变为滞水、半滞水状况，而盆缘则多见构造断裂发育，断裂常穿过基岩含水层而构成地下水通道，以泉和地下径流方式输送，地下水持续不断地补给盆地。双重水源提供丰富的水分补给，加剧了洼地地表积水与过湿程度，使湿地得以广泛发育。我国云贵高原等地广泛分布这些构造岩溶盆地。盆地边缘及山前冲积-洪积扇缘洼地边缘，出现地下水溢出带，因此在这些地区往往发育大面积湿地。例如我国燕山、太行山、大青山等山地山前地带，此类水源补给类型湿地较多。我国西北地区多高大山地，如天山、阿尔泰山，这些山地不仅降水较为丰富，而且冰雪融水亦较丰富，长年的冰雪融水和大气降水不断以地表水和地下水的形式补给山前低洼地，这是干旱区为数不多的湿地赖以形成、发育的水文条件，所以干旱区湿地多见于山前低洼地、冲积-洪积扇缘洼地。

6.3.2.4 以冰雪融水补给为主

冰雪融水补给与地表和降水补给明显不同，主要表现在其季节动态差异上，具有补给时间早、补给量稳定、持续径流时间长等特点，一般会出现春汛和夏汛两次水流高峰。冰雪融水的坡面径流一般在早春 4—5 月即形成，此时受季风影响的夏季降水还没有到来，由于冻土层的存在，有限的坡面水造成地表土层的水分处于饱和状态，从而使湿地得到发育。夏季风带来的降水和冰雪融水对湿地形成混合补给。我国西北干旱区和青藏高原大部分地区，河流水源主要靠冰雪融水补给。丰水期发生在气温最高的 7—8 月，枯水期在冬季。湿地发育的环境也较稳定，多发育泥炭湿地，湿地发育相当广泛，使藏北怒江河源区、若尔盖高原、长江、黄河河源区发育成我国最大的湿地分布区。

6.3.2.5 以海水（潮汐水）补给为主

靠海水（潮汐水）补给水源而形成发育的湿地集中分布在我国东部、东南部沿海地区，主要出现在淤泥质海湾与河口的潮间地带，这些地区平坦开阔，微向海倾斜，有规律地被河水淹没。在这里一般风浪弱，水动力不强，积水不深，淡水与咸水交替或混合补给湿地。接收这样水源补给的主要为一些滨海盐沼、红树林湿地以及海滨、河口三角洲芦苇湿地。其中大河河口三角洲及河口地段，湿地以地表径流补给为主，海水（潮汐水）补给为辅，淡水与咸水交替或混合补给湿地，多发育芦苇湿地，沿海平原以潮汐的水补给为主，地表径流补给为辅，多发育半咸水湿地和咸水湿地。各类红树林湿地大多发育在河口港湾附近的低平原上，水源补给呈流动水形式，主要为潮汐水补给，水位变动在 1~2m 之间。

总之，不同水源补给类型通过其水文周期的特殊性来影响区域水位面的升降，从而对湿地生态系统的形成产生影响。每一类湿地的水文周期都是独特的，其年复一年的恒定性确保了湿地的稳定性。例如，海岸盐沼具有一天两次淹水和退水的水文周期；一些内陆湿地主要依赖于大气降水的补给，水位变化非常大，受到降水季节分配的控制；地下水补给的湿地，水位季节变化较小。

6.3.3 河流对湿地形成和发育的影响

6.3.3.1 河流特征对湿地形成和发育的影响

我国河流沼泽化湿地较多，这类湿地水补给主要以河水为主，特别是平原区河流。因此，河流水系特征、河道纵横断面特征及河流水文特征对湿地形成发育具有重要影响。河流沼泽化湿地区，一般河流比降小，河槽弯曲系数大，河道狭窄或没有明显河道，河漫滩宽广。因此，河流水流缓慢，平槽泄量小，排水不畅，容易泛滥。如三江平原和若尔盖高原中小型河流具有这种水文特征。中小河流在汛期还会受到大河洪水的顶托，抬高河流的水位，使两岸低平的河漫滩不易排出水分，反而被河流补入很多水，加剧了地表积水和过湿程度，促进了湿地的形成与发展。

从流域特性看，一般河流上游比降大、河槽深、河漫滩狭窄、排水条件好，不易发育湿地，因而湿地率小；河流中下游比降小、河槽曲率大、河网密度小、流域面积迅速扩大、沉积物质黏重、河流泄洪能力弱，河水极易出槽补给广阔的河漫滩，易发生湿地化过程，因而下游湿地率大。但是也偶尔存在河流上游湿地发育良好，而下游湿地发育较差的情况。如河流上游谷地宽浅，有大量地下水出露，提供丰富充足的湿地补给水源、有深厚的冻土层存在，阻碍地表水分下渗。比如，长白山区松花江上游玄武岩台地，小兴安岭汤旺河上游、大兴安岭阿木尔河中上游、三江平原别拉洪河上游的湿地以及黄河源头的星宿海，上游湿地发育，均比河流中、下游要好。

6.3.3.2 径流季节分配对湿地形成和发育的影响

径流季节分配影响湿地的水文状况，对湿地的形成和发育均有重要影响。我国径流主要有降水和冰川融水两种补给形式，径流季节分配各有特点。在东部季风区，河川径流的年内分配与降水的年内分配基本一致，全年尤其是生长季径流量变化不大，径流分配均匀，利于地表保持长期过湿或积水，使湿地发育能够持续进行。在西北干旱区和青藏高原大部分地区，河流水源主要靠冰雪融水补给，径流季节分配与气温季节变化相吻合。由于气温年际变化很小，冰雪补给的河流水量要比以雨水补给为主的河流水量稳定。湿地发育的环境也较稳定，多发育泥炭沼泽湿地，湿地发育相当广泛，使藏北怒江河源区，若尔盖高原，长江、黄河河源区发育成我国最大的湿地分布区。

6.3.4 湖泊对湿地形成和发育的影响

我国湖泊众多，分布广泛、类型复杂，起源于湖泊沼泽化的湿地十分普遍。湖泊沼泽化形成的湿地水文情势，一般与其相连的湖泊水位波动相一致，由于水源稳定，湿地水位稳定，季节性波动小。长江中下游平原地势低平、坦荡，湖泊成群，湖盆浅，这些湖泊大多有河流汇入，受河水补给影响，湖水位变幅较大，湖水矿化度不高，发育大面积芦苇湿地，如洞庭湖、洪泽湖等，湖滨湖滩成为我国著名的芦苇湿地分布区。

湖泊及湖泊水文特征对湿地形成、发育具有重要影响。湖泊在丰水期通过水位上涨发生泛滥而补给湖滨湿地，湿地一般呈环状沿湖周分布，湖水补给湿地的水量和范围取决于湖滨地貌与湖水位变化幅度。湖滨为水陆交互作用地区，易发生湿地化过程，特别是平原区湖泊，湖泊边坡平缓、湖滨滩地宽广，常常发育大面积湿地。在平缓且略显倾斜的湖积平原上，湖水位上涨的幅度越高，则补给范围越广，在地势较陡的湖滨，则补给范围狭窄，在入湖河流三角洲地带，湿地承受湖、河泛滥水共同补给。在自然界，湖泊湿地化是比较常见的湿地化过程，特别是浅水湖泊或者湖水浅、光照条件好、波浪微弱的平缓湖岸或风浪微弱的湖泊陡岸，更易因泥沙淤积和植物生长而发生湿地化过程。在我国的青藏高原湖区、东部平原湖区、蒙新高原湖区、东北平原及山地湖区、云贵高原湖区等五个主要湖区均有一些湖泊发生湿地化过程。

此外，湖泊对湿地形成的影响还表现在水质和水化学性质对新生湿地的影响。湖泊沼泽化形成的湿地水质及水化学性质取决于与其相连的湖泊的水质和水化学性质。

6.3.5 影响湿地水文条件的自然地理因素

湿地形成和发育依赖于水文条件，只有在有丰富水源补给的地段才能形成和发育。一般在蒸发量与水源补给量两者大体相适应的情况下，才能使湿地环境得到持续、稳定的发展。在地表常年过湿或有薄层积水条件下，才能促使湿地形成和发育。但是，湿地形成的水文条件又受气候、地质地貌等多种自然地理因素的影响。

在气候上，大气降水的丰富程度，不仅直接决定湿地水分补给量，而且直接影响地表水和地下水的水源补给，从而间接影响湿地补给及其稳定性。气温高低决定蒸发量大小，制约湿地的水分状况，气温变化又对高山、寒冷地区冻土层发育产生影响，从而控制地表水分状况。我国北纬47°以北的东北地区，如大兴安岭北部和位于西南部青藏高原的一些地区，年平均气温在0℃以下，冬季漫长且严寒、夏季短促且冷凉，广泛发育多年冻土，夏季冻土仅表层融化，下层冻土层却依然存在，形成良好的隔水层，受夏季大气降水、地表径流补给，地表水受冻土层阻隔不能垂直渗入地下，使地表长期积水或过湿导致湿地形成发育。另外，这些地区湿地水受低温和地下冻土层影响，水温也低，不利于微生物活动，因而泥炭积累旺盛，形成较厚的泥炭层。

在新构造运动长期缓慢下降地区，多形成低平的平原或相对低陷的盆地、谷地，成为地表水的汇水区，地表径流补给水丰富，地下水资源亦十分丰富，在地下水出露地带为湿地发育提供丰富而稳定的补给水源，所以盆地、谷地和平原常成为湿地广泛发育的地区。在构造盆地、山前平原地带常发育成断裂带，这些破碎地带是地下水溢出的地带，成为地下水与地表水相联系的通道，使地表能获得十分稳定的水源补给，使湿地长期发育。在地表发育黏土、亚黏土地区，它们对地表水构成不透水层，基本切断地表水与地下水的水力联系，使地表水不致渗入地下而流失，从而使地表长期保持稳定的积水或过湿状态，也促进了湿地的形成和发育。在亚热带湿润气候条件下的花岗岩广泛分布区，受花岗岩长期风化作用的影响，易发育成深厚疏松的花岗岩风化壳，在风化壳中富集地下水。在适当地段，地下水出露地表，这类地下水供给量丰富而又稳定，为湿地形成、发育提供良好的水文条件。

6.3.6 湿地生态系统的特征和功能

6.3.6.1 湿地生态系统的特殊属性

湿地生态系统具有某些与水体生态系统相同的特征，如基质因经常性滞水而处于厌氧环境，有藻类、脊椎动物和无脊椎动物等，因此有人将湿地生态系统划入水体生态系统中。湿地也具有某些与陆地生态系统相同的特征，如湿地经常都发育了土壤，生长维管束植物，因此又有人将其划入陆地生态系统中。正是因为湿地生态系统具有与水体生态系统相同的某些特征而不同于陆地生态系统，具有与陆地生态系统相同的某些特征而又不同于水体生态系统，湿地生态系统在结构和功能上既不同于水体生态系统又不同于陆地生态系统，而是单独的一类生态系统，湿地生态系统的生物组成及其环境要素特征与水体生态系统和陆地生态系统都有本质的区别。因此，可以说湿地系统是介于陆地系统和水体系统之间的特殊地理综合体，兼有水陆两种系统的特点。湿地具有积水或淹水土壤、厌氧环境和适应的动植物等特殊性质，是既不同于陆地系统也不同于水体系统的水陆过渡性的本质特征。湿地系统的形成、发育和生态系统特征具有特殊性[5]。

1. 水陆相互作用的形成因素

湿地分布具有广泛性和不均衡性，但其成因都是水体系统和陆地系统相互作用的结果。湿地的形成，一般有两种主要途径。一种为水域湿地化过程，由于水体系统水位、营养状况、植物地理条件、面积和形状、水体底部和地形等条件的变化，水体系统不断淤积使淹水深度变浅，并伴随有水生植物的发育而形成湿地。另一种为陆地湿地化过程，陆地系统由于河流泛滥、排水不良以及地下水水位接近地表或涌水等作用而形成湿地。平坦的盆地或河谷，如果下层由不透水层的黏土沉积物构成，而且周期性或长期被流动缓慢或静止水过饱和，容易产生沼泽化过程。

水体系统和陆地系统相互作用的方式和强度不同，形成不同类型的湿地。湿地一般发育在陆地系统（如高地上的森林、草地）和水体系统（如深水湖泊、海洋）的交界处，如滨海湿地、湖滩湿地、河滩湿地、河口湿地等，但又与陆地系统、水体系统有着本质差异（表6.1）。湿地也可以孤立地发育在水分饱和的地方，如某些内陆沼泽等，这里的水体系统为地下水含水层。尽管湿地与陆地系统和水生系统在结构和功能上具有某些相似性，但湿地与其他生态系统具有明显的差异。

表6.1　　　　　　　湿地系统与陆地系统、水体系统基本特征对比

基本特征	陆地系统	湿地系统	水体系统
水文状况	由干到湿	季节或永久淹水	永久淹水
生物地球化学作用	源	源、汇或转换器	汇
生产力	由低到中	一般较高	一般较低

2. 显著波动的多水环境

湿地在空间分布处于陆地系统和水体系统之间的过渡地带，对水文状况非常敏感。因此，多水环境是湿地的根本特征。水文的波动性，决定了湿地生态系统土壤的氧化还原的波动性、湿地生物的水陆兼性和湿地生态系统的生态交错带和生态过渡带特征。绝大多数湿地水流和水位是动态变化的，具有一定的淹水频率、淹水持续时间、淹水周期等特征，湿地水文周期是湿地的生态特征之一。滨海湿地水位具有日变化特征，几乎所有湿地都具有季节变化特征，有些湿地水位变化也有年际变化特征。

3. 水陆兼性的丰富生物多样性

由于湿地一般发育在陆地系统和水体系统的交界处，一方面湿地具有深水系统的某些性质，如藻类、底栖无脊椎动物、游泳生物、厌氧基质和水的运动；另一方面，湿地也有维管束植物，其结构与陆地系统植物类似，常常导致湿地中高度生物多样性。湿地生物能够和其相邻的陆地或水体中的生物同时出现，但其组成并非陆生群落和水生群落的简单重叠组合，也并非简单的水陆交错分布的过渡组合群落。例如，湿地特殊的生态属性，决定了其无脊椎动物同时包括陆生和水生无脊椎动物两部分。湿地无脊椎动物群落是一个特殊群体，其中的很多物种在典型陆地和深水系统中都无法生存。

4. 氧化还原交替发生的特殊基质

湿地的基质主要为淹水形成的土壤和成土物质，一般包括有机土壤、矿质土壤和未经成土过程的沉积物。许多湿地有机残体积累大于分解，形成有机物质积累，在一些湿地中会形成泥炭。水文条件对湿地土壤的物理化学特征影响很大，如营养物质的有效性、基质下层的缺氧程度、土壤盐度、沉积物的性质和pH值等。淹水使细粒矿物质和有机物质沉

积在湿地中,增加了湿地的营养。湿地的氧化还原条件对湿地生物地球化学循环有重要意义。持续淹水的湿地,具有相对稳定的厌氧环境条件;季节性淹水的湿地,氧化还原过程交替变化。

5. 特殊的物质循环规律

从养分循环的角度来看,湿地系统将丰富的养分储存在有机沉积物中,并随着泥炭沉积或有机物输出等形成特殊的循环规律。湿地与水体系统一样,一般情况下养分长期储存在沉积物和泥炭中。湿地与湖泊或海岸水域相比,在湖泊和海岸的自养区,水生系统的养分循环比多数湿地自养区的养分循环快;多数湿地植物从沉积物中获取营养,而湖泊或海岸水域的浮游植物则依赖于溶解于水中的养分。因此,湿地植物通常被形容成"养分泵",把养分从厌氧性的沉积物中带到地表系统。

湿地独特、多样的水文条件对生物化学过程有显著的影响,不仅导致物理化学结构的变化,还导致湿地内物质空间运动的变化。这些过程通过与周围生态系统水-沉积物的交换和利用植物摄入,还导致有机物质输出,这些过程反过来又影响湿地的生产力。湿地分解缓慢,形成有机物质堆积,在有的湿地中会形成泥炭。水分输入是湿地的一个主要营养源,水分流出也常从湿地中带走生物和非生物物质。一些湿地以比陆地系统高的速率向河流、河口持续输出有机碳。

6.3.6.2 湿地生态系统的组成要素特征

1. 湿地生态系统的水文特征

湿地的水文特征包括湿地在生长季节里周期性淹水或土壤水饱和足够长时间内所具有的水文特征,主要表征指标有水位、淹水历时、淹水频率和水文周期等。湿地水文特征与湿地生态系统之间的关系可用图 6.3 表示。湿地水循环过程主要包括降水、下渗、蒸散发、径流排泄以及湿地与周围环境水文交互等。湿地水分输出的主要途径是蒸散发、地表径流输出以及地下径流输出,在干旱地区蒸散作用是湿地水分消耗的主要方式。

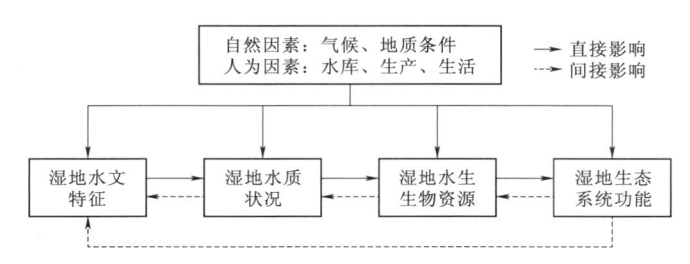

图 6.3 湿地水文特征与湿地生态系统关系

2. 湿地土壤特征

湿地土壤(亦称水成土壤)是指在生长季节水分饱和或淹水历时足够长的环境下形成的土壤,其上层为厌氧环境,有利于水生植物生长和繁殖。湿地土壤一般与低洼的地形部位、底土透水性差以及地表生长喜湿性植被等相联系。地形的低洼、易于汇集地表径流和地下径流而成为湿地土壤形成的主要影响因素之一。所有的成土因素(气候、母质、地貌、生物和时间)都会影响水成土壤特征,但最主要的影响因素是水文情势。湿地土壤一般分为两大类型:有机土壤和矿质土壤。有机土壤发育在近乎持续性淹水或水饱和的条件下，矿质土壤是由于周期性水饱和足够长的时间，使得土壤具有与还原环境有关的物理、化学特征。几乎所有的土壤中都含有一定量的有机质，但只有当土壤有机质含量不超过20%～35%时才是矿质土壤。

3. 湿地小气候特征

湿地作为一种特殊的下垫面，其组成物质的热力学性质以及湿地蒸散发过程中的水分供应条件等与陆地生态系统构成的下垫面都有明显的差别，因而在湿地生态系统分布会形成与地带性气候特征有明显差异的湿地小气候。湿地由于长期或季节性积水，湿地蒸发蒸腾水源充足，导致近地面空气湿度增加，绝对湿度随高度递减。一般地面越湿润，蒸发越旺盛，绝对湿度的垂直梯度越大。湿地通过水平方向的热量和水汽交换，使其周围的地方气候具有温和湿润的特点。特别是干旱地区的湿地，给周围地区的生产和生活带来良好的影响，无论白天还是夜晚，湿地的绝对湿度和相对湿度都高于周围地区。例如，新疆博斯腾湖沿岸地区，受湿地小气候的影响，降低夏季气温、调节空气湿度、减少沙暴出现次数。在湿润地区，因为高温多雨，湿地对大气湿度调节能力不大。

4. 各要素间的相互作用

在湿地水文、湿地植被和湿地土壤三项识别湿地的指标中，湿地水文是具有决定性的因素，它能促成其他两个湿地特征。水文过程通过影响湿地的物理化学条件，对湿地植被和湿地土壤的形成、发育、演替直至消亡的全过程中都起着直接而重要的作用，其对湿地土壤和湿地植被的形成和分布的影响主要表现为两方面。一是湿地水文与湿地植物的构成、分布、生长及枯落物的分解等密切相关，湿地水文状况的差异是区分不同类型湿地的最主要因子，水文条件对养分循环和养分有效性都有显著影响。二是湿地水文是决定湿地土壤成土过程的最重要因素。有机质的泥炭化过程、矿物质的潜育化过程都是因为湿地地表淹水或土壤水饱和历时足够长。湿地的生物组分能通过一系列的机制来控制其水环境，这些机制包括泥炭积累、沉积物的积淀、减少侵蚀、干扰水流、水面遮阴和呼吸蒸腾等过程。许多河漫滩和海岸沼泽累积的沉淀物和有机物，通过阻碍水流而最终减少湿地的淹没程度和被洪水淹没的频率。

6.3.6.3 湿地生态系统的结构特征

湿地生态系统的水平结构，是指在湿地生态系统内部，由于影响湿地植物群落类型空间分布的水文条件（"淹埋深-历时"条件）沿"陆地—湿地—水体"方向发生有规律的变化，使得在地形坡面上不同的部位分布着不同的湿地生物群落，这种湿地生物群落的空间分布格局即湿地生态系统的水平结构。

1. 湿地中的环境梯度

湿地生态系统内部根据水分梯度可分为不同的水文带。湿地生态系统在地表分布的区位有两种情况：一是位于水体与陆地之间的过渡带上；二是孤立于陆地生态系统或水体生态系统中。无论哪种情况，湿地都是位于一个地形坡面上。因为水的平面特性与地形坡面的坡度特性相互作用，随着坡面上地势由高到低，"淹埋深-历时"会逐渐增大。根据"淹埋深-历时"的规律变化，沿着水体向陆地方向，可将地形剖面划分为水生生态系统（典型深水水体区域）、间歇暴露带、半永久水淹带、季节性洪泛带、临时水淹带、间歇水淹带等不同的水文带。不同的湿地生态系统对水分梯度带的描述不尽相同，但一般都有明显的水陆过渡带的水分梯度特征，如图6.4和图6.5所示。

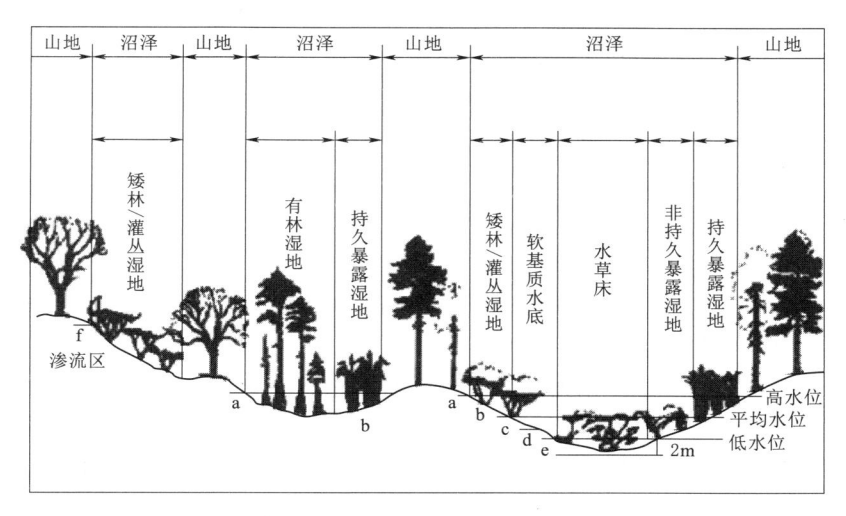

图6.4 沼泽湿地的界面结构示意
a—短暂水淹区；b—季节性水淹区；c—半永久水淹区；d—中等暴露区；e—永久水淹区；f—渗漏区

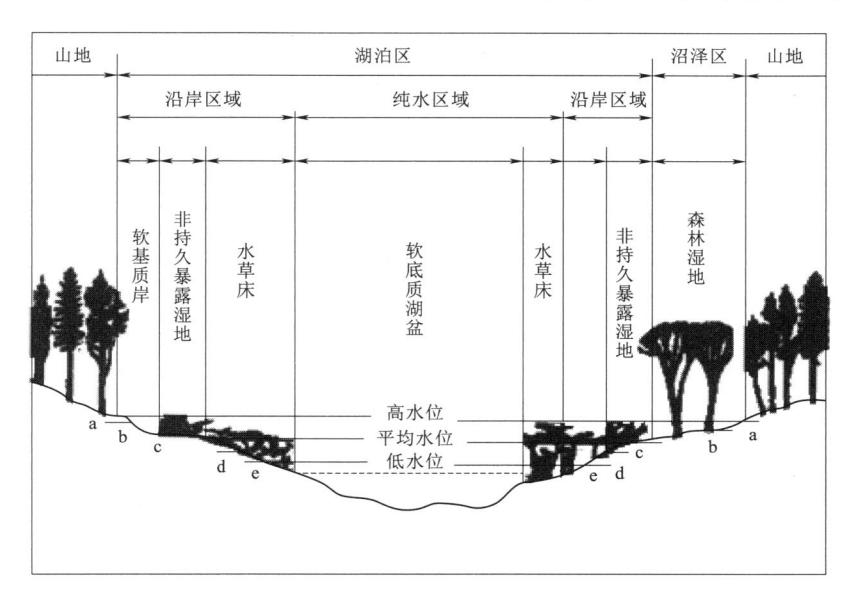

图6.5 湖泊湿地的界面结构
a—短暂水淹区；b—季节性水淹区；c—半永久水淹区；d—中等暴露区；e—永久水淹区

在滨海盐碱湿地，伴随着"淹埋深-历时"的变化，还存在水分盐度的有规律变化。由海到陆，因受潮水淹没时间及程度的不同，土壤含盐量、水分、有机质含量均不同。湿地中盐分梯度的存在，也导致了湿地植物群在水平方向上的有规律的更替，形成盐碱湿地植物群落的水平结构。

2. 湿地植物群落的水平结构

水文情势的多样性使得湿地具有较高的物种多样性，在地形剖面上湿地植物群落又具有分异的序列结构特征。在湿地生态系统内部，湿地水文情势（"淹埋深-历时"）沿地形剖面有规律的变化，使得地形坡面的不同高度部位适生不同的植物群落、形成不同厌氧程度的土壤，从而形成水平方向上的植物群落和土壤类型的序列结构，即湿地生态系统的水平结构。当湿地生态系统位于水陆过渡带位置时，沿"陆地—湿地—水体"方向，湿地植物群落类型更替序列依次为湿生草本植物、挺水植物、浮叶植物、沉水植物。湿生草本植物随着地势的升高演变为陆地中生植被，随着淹水深度的增加，沉水植物过渡到以浮游或浮水植物为生产者的水体生态系统。孤立湿地由于仅与陆地或水体相邻，湿地植物群落的空间分异序列的组成往往只是上述分异序列的一段。例如，孤立于陆地生态系统中的湿地生态系统，植物群落的组成往往缺失浮叶植物和沉水植物；孤立于水体生态系统中湿地生态系统往往缺失湿生草本植物群落。

湖泊湿地生态系统属于静水系统，湖泊的水面相对静止，有利于有机物质的沉积，也为动植物的繁殖提供了必要的营养元素和相应的水热条件。水生绿色维管植物和浮游藻类等生长尤为突出，由湖岸向湖心的方向深入，在水平上呈现不同类型植被的水平结构，植物呈现环带状的分布状况。在垂直结构上按植物个体群落高低的不同，呈现垂直的变化。湖泊湿地生态系统中由湖心向高地湿地植物呈环带状分布，依次为湿生沼泽植物带、挺水植物带、浮叶植物带、沉水植物带、深水区植被物种。图6.6以鄱阳湖湖边湿地为例说明湖泊湿地的空间结构。鄱阳湖湿地兼有水、陆生态系统特点，依据植物种群结构特点，湿地植物群落带呈环带状和片状分布，地面由高向低分布着不同群落。

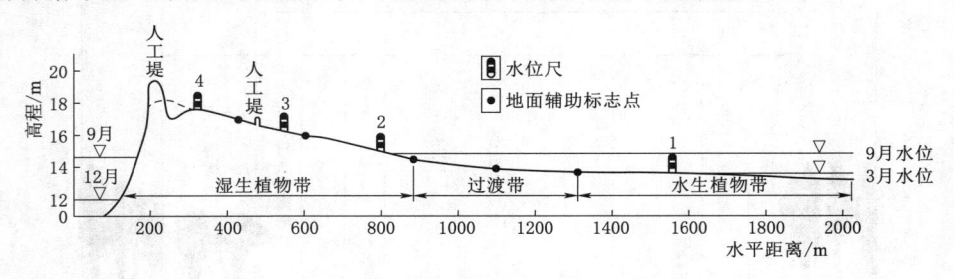

图 6.6　鄱阳湖典型湿地断面的结构示意

滨海湿地植被的分布具有明显的条带性和镶嵌性。例如，滨海湿地由于自海向陆方向，水分、盐分含量渐低而有机质含量渐高，呈现生态条件的有序变化，从而导致滨海湿地植被分布的条带性。

6.3.6.4　湿地生态系统的功能

湿地生态系统的功能是指为使湿地生态系统自我维持的物理、化学和生物过程和属性。一般认为湿地比较重要的功能主要包括水文调节功能、物质循环功能和生态功能，这三种功能又由许多具体功能项构成。

1. 水文调节功能

湿地的调蓄洪水功能是指湿地在丰水季节可以存储部分上游来水，在补给地下水的同时可以有效地削减洪峰流量，推迟洪峰推进的时间，减少了下游的洪水量；在洪水过后的枯水季节，湿地又可以释放其储存的水量补给河流，避免河道干枯，实现对河川径流的调节，使河川径流年内分配均化，维持区域水循环平衡。水文调节功能可概括为蓄积洪水、减缓洪水流速、削减洪峰、延长水流时间等功能。

2. 物质循环功能

湿地是物质重要的源、汇与转化场。如果湿地有某元素或那种元素的某一特定形式（如有机和无机）的净剩余，即输入大于输出，这种湿地就是汇。如果某一湿地能向下游或邻近的生态系统输出更多的元素或物质时，并且若无此湿地便不会有此输出，该湿地就称源。湿地生物地球化学过程是指碳、氢（水）、氧、氮、磷和硫及各种生命必需元素在湿地土壤和植物之间进行的各种迁移转化和能量交换过程。物质循环功能包括元素的转化及循环过程、地表水中可溶性物质的迁移与积蓄过程以及泥炭及无机物的积累，其中，最受关注的是湿地固碳功能和湿地净化功能。

天然湿地由于具有较高的生物生产量和较低的分解率使得湿地土壤能够储存大量的有机碳，是一个重要的"碳汇"。破坏湿地就意味着储存在湿地中的有机碳大量降解，产生大量的 CO_2 气体向大气中排放，成为"碳源"。湿地在全球碳循环和碳平衡中起着重要作用[15]。湿地的净化与过滤作用是指湿地独特的吸附、降解和排除水中污染物、悬浮物、营养物，使潜在的污染物转化为资源的过程。湿地是一个"沉积箱""转换器"，可以通过拦蓄径流中悬浮物、移出和固定营养物、有毒物质，沉淀沉积物等，降低水中营养物质、有毒物质及污染物含量，或使其转化为其他存在形式。湿地对进入水体系统和渗入地下含水层的地表水中的污染物质可以截留阻滞和富集，从而成为和陆地与水体系统、地表水与地下水之间的重要生态缓冲区[16]。

3. 生态功能

湿地具有丰富的生物多样性，是世界上生物多样性最丰富的地区之一。据初步统计，湿地中约有高等植物1642种，野生动物（哺乳类、鸟类、爬行类、两栖类、鱼类）520种。我国湿地在世界湿地生物多样性中占有重要位置。比如，亚洲57种濒危鸟类中，我国湿地就有31种（占54%）；全世界共有雁鸭类166种，我国有46种（占28%）。我国湿地哺乳动物有65种，约占全国哺乳动物总数的13%；湿地鸟类300种，约占全国鸟类总数的26%；爬行类动物50种，约占全国爬行类动物总数的13%。许多濒危动植物依赖湿地生境而生存，为珍稀、濒危和特有物种提供生境是湿地最基本和最重要的功能。但在人类活动长期影响下，特别是近年来湿地过度开发与利用的影响下，湿地被不断围垦、污染和淤积，面积日益缩小，物种逐渐减少。

湿地是一个多功能共存体系，这些内在功能是相互联系，不可分割的，某种功能的丧失会导致其他功能的退化。同样，如果过分强调某单一功能也会对其他功能产生不利的影响。如果把一个天然湿地仅仅用作污染物的处理场，那么它所具备的提供生物栖息地的功能就会受到影响。因此，湿地功能的发挥，应该从湿地整体功能角度考虑。

6.4 湿地生态水文过程和水文特征

6.4.1 湿地水文过程

6.4.1.1 湿地水文过程的生态影响机制

湿地是位于陆生生态系统和水生生态系统之间的过渡性地带，湿生植被、水成土壤和周期性的水文过程构成湿地的三大要素,其中,水文过程及其伴生的物质循环和能量流动决定着湿地土壤环境、物种分布及植被组成,是影响湿地生态系统形成、发育、演替和维持的首要环境因子,是湿地类型和湿地生态过程的重要控制因素。湿地水文过程在湿地的形成、发育、演替直至消亡的全过程中都起着直接而重要的作用,进而从物种组成、丰富度和初级生产力等方面改变湿地生态系统功能。同时,湿地生态系统对湿地水文过程及理化环境又具有反馈作用,最终引起水文特征的改变(图 6.7)。湿地生态水文过程研究的核心是生物与水分之间的关系,目标是揭示湿地水文格局时空演变与湿地生物过程之间的相互作用和反馈机制,并为湿地科学保护和恢复提供理论依据[17]。

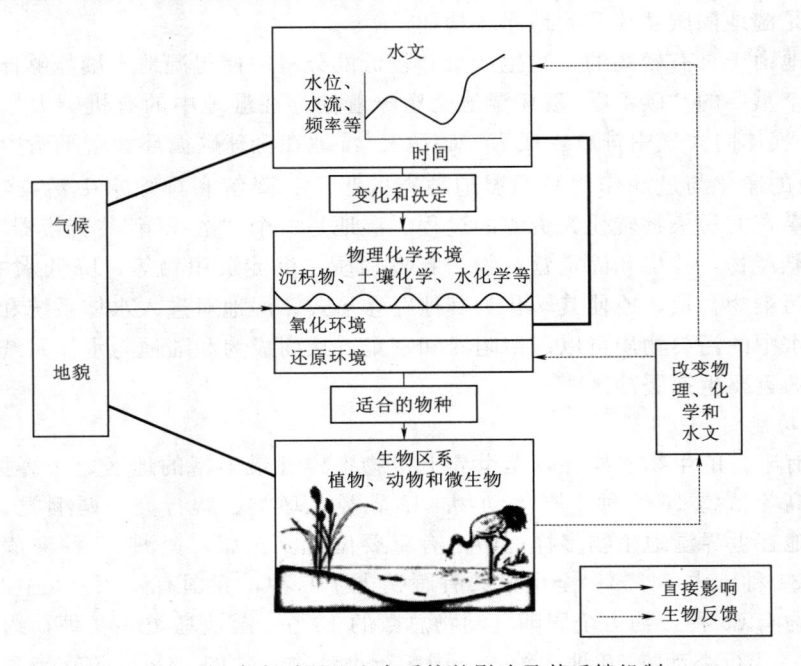

图 6.7 水文对湿地生态系统的影响及其反馈机制

6.4.1.2 湿地水文过程及水质变化的生态效应

1. 水文过程的生态效应

湿地水文过程的生态效应主要指水文过程对湿地植被生长和分布的影响。湿地水分条件是连接湿地物理环境和物理过程、化学环境和化学过程的重要环节,影响湿地生物地球化学循环和生态系统能量流动,包括土壤盐分、土壤微生物活性、营养有效性、C、N、S、P 等大量元素,以及 Hg 等重金属元素和微量元素的迁移、转化与循环等,进而调节湿地中的动植物物种组成、丰富度、初级生产力,有机质分解与积累的过程控制以及维持湿地生态系统的结构和功能。

水文过程对生物组分的影响主要体现在对植被的影响上,湿地植被的生长状况、植物群落的组成、结构、动态分布和演替特征均会受到湿地水文条件,如淹水周期、淹水频率和水位梯度的影响,且洪水规模、季节性洪水发生时间、最低水位、年平均水位、长期和短期的水位变化等对河滨湿地生物多样性有较大的影响。水文条件可以形成独特的植被组成，并对物种的丰富度起限制或促进作用，一般而言，流水通常对多样性具有促进作用，至少在植物群落中，物种丰富度随着水流流速的增加而增加。主要由于流动水体有利于矿物质更新、促进沉积物的输运，提高空间异质性，形成更多生态位空间。湿地水文过程是影响湿地初级生产力的重要因素，具有缓流湿地或者开放的河滨湿地通常具有较高的生产力，而水流停滞或者持续淹水或排水的湿地生产力则较低。湿地初级生产力的增加或有机物的分解与输出的降低使湿地有机物不断累积；同时，湿地水文过程对有机碳输出也有明显影响，如与流动水体相连的湿地通常有机碳的输出率也较高，而水文条件封闭的湿地有机物输出较少。

干旱期水文周期缩短和水位下降导致旱生植物种覆盖增加；相反，洪水重新泛滥和较长的水文周期导致水生和挺水植物种的扩展。淹水历时、平均水深等对湿地植物组成与分布等具有较大影响。一方面，水深变化将引起植被生长环境中土壤水分、盐渍化程度的改变，进而对植被空间分布和植被特征产生重要影响；另一方面，在不同的水深梯度下，植物通过改变自身的高度、茎粗、群落密度来适应不同环境的胁迫。例如，对生长在不同水深环境下的芦苇对比发现，深水中生长的芦苇茎秆更高、数量更少，地上生物量比地下生物量大，同时水位太深对植物的生长和繁殖有显著的抑制作用，淹水环境下水深变化会通过限制植物可利用的资源（如二氧化碳和氧气）的量影响植物的生长、繁殖与分布。此外，湿地水文具有显著的周期特征，不同高程植被带的淹水频率、淹水历时和淹水周期都有明显差异，因此湿地植被分布呈现显著的带状特征。

2. 盐分对湿地植被的影响

盐渍化是导致湿地生物多样性减少和生态服务功能下降的关键因素。在水土盐渍环境条件下，高浓度盐分主要通过离子毒性效应和渗透胁迫等途径来抑制植物的发育生长。当水体盐度达到1000mg/L时，将会对淡水生态系统带来负面影响，降低淡水大型植物生长速率和根叶发育，同时通过大量野外调查证实，水体盐度达到400mg/L时，淡水湿地通常分布的水生大型植物将会消失。内陆湿地大部分遭受不同方式和不同程度的水文改变，从排水疏干、洪水泛滥到水资源开发利用都会导致干湿状况变化，影响湿地盐渍化发生和发展，进而威胁湿地生态系统的健康和可持续性。因此，探索水体盐度升高对湿地、河流等淡水生态系统生物个体不同生长发育阶段、物种耐盐阈值及机理、生物多样性和群落结构与功能、食物网结构乃至整体水生生态系统的结构和功能等方面的影响，可为淡水生态系统保护和水盐管理提供科学依据与决策支持。

此外，盐胁迫会对盐沼植物的生长周期、光合速率和呼吸作用等产生直接的抑制作用，还会通过改变土壤电导率等其他环境因子，对植物的营养物质利用等产生间接影响，进而影响盐沼植物的存活及生长。由于长期的自然选择，每种盐沼植物都能适应一定的盐度环境，并有其特定的适应范围。当盐胁迫在植物的耐受范围之内，盐沼植物可通过形态、生理和生态特征的调节适应盐度变化；反之，当超过植物的耐盐阈值，盐沼植物将出现不可逆的死亡。同时，盐度将显著限制水生植物对水深忍耐的范围。

6.4.1.3 湿地生物对水文过程的影响

湿地生态水文过程除包括湿地水文过程对生态的影响外，还体现在湿地生物通过自身生长和活动直接影响水文过程，或通过改变理化环境对湿地水文过程产生反馈控制作用。

湿地植物，特别是大型维管束植物，是影响湿地水文过程的主要生物类群。它们往往直接与水文过程发生作用，或者本身就是水文过程进行的基本载体，如对减缓水流、截留降水、蒸腾蒸发作用等，进而对湿地水文过程具有重要的反馈控制作用。

1. 对水循环要素的影响

不同类型的湿地，由于所处位置的气候、地形、地质条件、植被及湿地特征的不同，降水-径流过程具有明显差异。降水开始后，一部分降水没达到土壤而被植被冠层拦截，称为植物截留，其发生在冠层和枯枝落叶层，截留量最终消耗于蒸发。与其他植被类型一样，湿地植被截留量通常取决于降水量、降水历时、雨前干燥期、降水强度等降水特征以及树种、叶面积指数、枝叶簇状形态、侧枝开度、树皮纹理、冠层厚度、叶片成分及健康状况等林分特征；另一部分降水根据下垫面状况产生不同的地表水文过程。

对于湿地生态系统，蒸散发作为该系统水循环的重要组成部分，维持着陆地生态系统的水平衡。它不仅是能量的主要消耗方式，还影响湿地的水位变化和生产力的大小，同时在很大程度上控制着湿地生态系统的动态机能。湿地蒸散发是湿地水分损失的主要途径，对湿地水深、水温、水体盐分、水面面积及淹水历时等都有显著影响，同时，湿地蒸散发过程受到下垫面环境的影响，是反映区域水文、气候、土壤的活跃因素。湿地植被对湿地蒸散发有很大影响，在枯水期，蒸腾作用的主要控制因素是植物有效水容量和冠层阻力，实际蒸散只有潜在蒸散的一小部分。在丰水期主控因素为平流、净辐射、叶面积和湍流输送。在平水期，相对重要的因素会依据气候、土壤和植被等改变。

植被的自身生长也会改变湿地环境条件，特别是地貌等特征，进而影响湿地水文过程。主要表现在以下两个方面：一方面，湿地植被的茎和叶可以减缓水流，有利于促进泥沙等颗粒物的沉积，而根系和地下茎的生长，又可以增加沉积物的稳定性，增强沉积物对水流冲击的抵抗能力，从而使湿地基底分布高程改变，在影响植被自身生长条件的同时，也会影响区域的水文过程，包括水文周期，如长江河口盐沼，由于植被减缓水流的作用，大量泥沙沉积，主要植被分布区往往呈凸起地貌，反映了植被分布区的快速淤高特征，而随着高程的改变，盐沼湿地淹水特征也会发生明显改变。植被的这种缓流作用与植被覆盖度呈正相关。植被覆盖度增加可以降低水的流速，减少地表径流。另一方面，植被枯枝落叶层还会提高地表粗糙度，增加地表水下渗，减小洪峰流量，延长地表径流形成时间。植物根系和地下茎的生长又可以增加沉积物的稳定性，在洪水来临时期保持沉积物和防止其他物质流失，为土壤有机物质和水生有机物质提供来源，同时湿地土壤特殊的水文物理性质，使湿地成为天然的蓄水库，对河川径流起到重要的调节作用。

湿地植被动态变化过程主要取决于湿度条件与地下水深度和渗透性。浅层地下水为植物供水，并通过地下水位的波动影响土壤中的氧气和养分。反过来，植被通过生长动力学、蒸腾作用和拦截作用影响土壤水量平衡，进而通过地下和流域过程影响地下水与河流的补给。湿地植被和地下水位之间的耦合关系促使水文过程与生态过程之间的相互作用及反馈。现阶段，地下水与植被相互关系的研究还主要侧重于地下水对植被的影响，且主要考虑植被对地下水位埋深的响应，研究区多集中于干旱半干旱地区，湿地地表水与地下水交互作用、湿地植被与地下水相互作用关系等方面的研究成果相对缺乏。水分在土壤-大气、植物-大气、地下水-根区土壤底边界等界面的传输过程直接制约湿地生态系统的水量平衡。但由于湿地生态环境复杂，目前湿地水分传输的研究主要侧重土壤-大气、植物-大气界面蒸散发通量的变化特征、影响因素与驱动机制，湿地地下水-根区土壤界面的水分交换过程由于观测难度较大，相关研究还相对滞后。事实上，根系、土壤-地下水界面是物质交换和能量传递最为频繁、生物化学过程最活跃的一个区域，特别是在季节性洪泛湿地，水位波动使湿地在"陆生（干）"和"水生（湿）"生境间交替变化，地下水的向上补给和土壤水分的深层渗漏过程直接决定湿地生态系统的水分动态，影响植被蒸腾用水过程。

2. 对水化学环境的影响

淡水生态系统周围的湿地、洪泛平原可通过改变地表径流和水文格局来影响地下水的补给、径流与排泄，在控制和降低营养物的沉积、运移、营养负荷，以及净化水质量等方面具有重要作用。例如，在景观格局与营养负荷研究方面，湖泊破碎化、斑块镶嵌程度越高，湖泊周围的河网、湿地斑块在营养物的运移、输送过程中起的作用越大。另外，湿地中的植物、微生物和细菌等通过湿地生物地球化学过程的转换，影响环境的水文和化学过程，对天然水化学特性的改变和污染物的迁移起到非常重要的作用。在净化水质方面，湿地利用生态系统中物理、化学、生物的三重协调作用，通过过滤、吸附、沉淀、植物吸收、微生物降解来实现对污染物质的高效分解与净化。例如，湿地中常见的芦苇对水体污染物的吸收、代谢、分解、积累等，减轻水体的富营养化，使湿地水体得到净化，并使河口湿地成为富含营养物质河水入海前的最后过滤屏障，对于防止近海水体的富营养化具有重要意义。

6.4.2 湿地水文特征

湿地的水文条件创造了独特的物理化学环境，使湿地生态系统既不同于地势相对较高的陆地系统，也不同于深水水体系统。一些水文条件如降水、地表径流、地下水、潮汐和河流泛滥为湿地输送或从湿地中带走能量和营养物质。水文输入和输出形成的水深、水流模式和洪水泛滥的持续时间及频率都会影响土壤的氧化还原等环境因子，从而影响湿地生物区系。湿地由于位于负地貌部位而表现为地表季节性积水或常年积水，水处于静止或缓慢流动状态。湿地中的水常常被储存于草根层或土壤中，形成不明显的"蓄水库"。气候和地貌是影响湿地水文的重要条件[5]。一般而言，在条件相同的情况下，湿地更普遍地发育在冷、湿的气候条件下。

除贫营养湿地外，水分输入一般是湿地的一个主要营养源，水分流出也常从湿地中带走生物和非生物物质。水文条件直接影响湿地的其他生态过程，直接或间接改变湿地的物理、化学特征，物理、化学环境的改变反过来又会影响湿地中生物的响应。湿地构成了许多陆生植物、动物的水生边界，也构成了许多水生动物、植物的陆地界线。当湿地的水文条件改变时，也会引起生物区系在物种丰富度和生态系统生产力方面的很大变化。湿地在发育过程中通过泥炭积累、固定沉积物、蒸发作用等改变湿地水环境，降低被洪水淹没的频率。

一般将湿地水位的变化模式称为湿地水文周期，分季节性水文周期和年际水文周期。每一类型湿地的水文周期都是独特的，其年复一年的恒定性确保了湿地的稳定性。一个特定湿地的水文周期或水文状况主要受水的流入和流出之间的平衡、地貌、土壤性质和地下

水条件等因素影响。湿地储水量和水流入与流出量之间的平衡关系可表示为

$$\Delta V/\Delta t = P_n + S_i + G_i - ET - S_0 - G_0 \pm T \tag{6.1}$$

式中 $\Delta V/\Delta t$——在一段时间 Δt 内湿地储水量变化量，m^3 或 mm；

P_n——净降水量，m^3 或 mm；

S_i——地面入流量，包括泛滥溪流，m^3 或 mm；

G_i——地下水入流量，m^3 或 mm；

ET——蒸发蒸腾量，m^3 或 mm；

S_0——地面出流量，m^3 或 mm；

G_0——地下水出流量，m^3 或 mm；

T——潮水入流量（+）或出流量（-），m^3 或 mm。

各项单位需统一，可统一采用 m^3，或统一采用 mm。

任一时间的平均水深，可进一步描述为

$$d = V/A \tag{6.2}$$

式中 d——平均水深，m；

V——湿地储水量，m^3；

A——湿地面积，m^2。

湿地生态系统中水通量与平均体积（容积）的比率，称为湿地水更新率或水周转率，一般用下式表示

$$t^{-1} = Q_t/V \tag{6.3}$$

式中 t^{-1}——周转率，s^{-1}；

Q_t——总流入速率，m^3/s；

V——湿地储水量，m^3。

湿地系统的化学和生物属性常取决于系统的开放度，更新率表明系统中水更新的快慢，是开放度的一个指标。周转率的倒数就是周转时间或滞留时间。除潮下带湿地或洪水永久淹没的湿地以外，湿地在静水中的淹没时间称为淹水持续时间。在一定时期内，洪水泛滥的平均次数称为淹水频率。

地表长期积水或过湿是湿地的重要特征。水文因素是湿地形成和发育的先决条件，是湿地形成、发育至关重要的环境因素。与地质地貌、气候条件相比，水文因素在湿地形成和发育中的作用更为直接。影响湿地形成的水文要素主要包括水量、水质、水文季节变化和年际变化、淹水时间及频率和水源补给方式及持续程度。

6.5 湿地生态需水量

6.5.1 湿地生态需水量的概念与特征

生态需水机理本质上是生态系统对不同水文情势的响应规律[18-19]，主要集中在对水文情势指标与生态指标之间关系的定性或定量描述。广义的湿地生态需水量是指湿地为维持自身发展过程和保护生物多样性所需要的水量；狭义的湿地生态需水量是指湿地每年用

于生态消耗而需要补充的水量,主要是补充湿地生态系统蒸散需要的水量。

湿地生态需水量具有阈值性、时空变异性和目标性等特征。

1. 阈值性

一般将湿地生态需水量分为最小生态需水量、适宜生态需水量和理想生态需水量。最小生态需水量是指在生态环境不再退化、湿地生物生存空间不再萎缩的条件下湿地生态系统所需水量,是生物存在的前提,低于此值,生态系统的结构和功能将受到严重损失,甚至毁灭;理想生态需水量是指在水量满足的情况下,供水充分合理,湿地生物处于最佳生存状态、生态系统各种生态功能都能相互协调,并产生最大生态效益,同时湿地生态系统保持相对稳定、处于动态平衡及最佳状态,高于此值,生态系统将发生不可逆转的变化。湿地生态需水量超过上下限值都会导致湿地生态系统结构和功能退化。

2. 时空变异性

水文过程的时空变化造成湿地生态系统的演变,反过来湿地生态系统的演变又会影响水文过程,从而使湿地生态需水量具有时空变异性。计算湿地生态需水量时首先要界定湿地生态系统的区域范围,并考虑湿地生态需水年内、年际变化,要在充分掌握湿地生态需水时空变异规律的基础上结合具体的生态目标估算湿地生态需水量。

3. 目标性

湿地生态需水量计算需要与湿地保护目标和管理措施相结合。不同类型的湿地有不同的生态建设和保护目标,比如维系湿地生态环境现状、维持新生湿地生态系统不再退化、恢复历史某个时期的湿地生态景观和功能、维持湿地基本特征或者某些具体目标等;为了维系不同的生态功能、保护不同的物种,湿地生态系统所需的水量也不同。

6.5.2 湿地生态需水量计算方法

6.5.2.1 水文学方法

水文学方法主要是从湿地生态系统的完整性出发,根据水量平衡原理,只考虑进入和流出生态系统的水量(主要包括降水、蒸发、地表径流)和下渗,不考虑生态系统内部分配等问题。此方法所需数据易于获取,特别是对一些人类不易进入的区域,具有良好的应用前景;但是没有对湿地生态系统组成、结构和功能之间的关系进行辨析,结果具有较大的不确定性。水文学方法主要包括水量平衡法、换水周期法、最小水位法等。

1. 水量平衡法

根据水量平衡原理,在几乎不受人类影响情况下湖泊湿地处于水量动态平衡状态,其水量动态平衡方程为

$$P+R+G_i=(D+E+G_0)+dV/dt \tag{6.4}$$

式中 P——计算时段内的湖面降水量,m^3;

R——计算时段内进入湿地的地表径流量,m^3;

G_i——计算时段内进入湿地的地下径流量,m^3;

D——计算时段内流出湿地的地表径流量,m^3;

E——计算时段内流出湖面蒸散量,m^3;

G_0——计算时段内流出湿地的地下径流量,m^3;

dV/dt——湿地蓄水量随时间的变化值,m^3。

2. 换水周期法

换水周期是判定一个生态系统水量可否持续利用和水质能否维持良好状态的一项重要指标。换水周期法是用研究区域多年蓄水量均值与换水周期的比值来确定湿地生态需水量的一种方法。计算公式为

$$T = W/Q_t \quad \text{或} \quad T = W/W_q \tag{6.5}$$

式中 W——多年平均蓄水量,亿 m^3;

T——换水周期,年;

Q_t——多年平均出湖流量,m^3/s;

W_q——多年平均出湖水量,亿 m^3。

根据式（6-5）计算出湿地的换水周期,进而可得湿地生态需水量的计算公式为

$$\text{湿地生态需水量} = W/T \tag{6.6}$$

湖泊湿地的最小生态需水量,可依据换水周期和枯水期出湖水量计算;而适宜生态需水量则可以根据换水周期和多年平均出湖水量计算。

3. 最小水位法

最小水位法是利用研究区最小水位和水面面积来确定生态需水量的方法,最小水位值要综合考虑湿地生态系统各组成部分的用水需求,其计算公式为

$$W_{\min} = H_{\min} S_{\min} \tag{6.7}$$

式中 $W_{\min}$——湿地最小生态需水量;

$H_{\min}$——维持湿地生态系统结构和满足湿地生态环境功能所需的最小水位;

$S_{\min}$——$H_{\min}$ 对应的水面面积。

6.5.2.2 生态学方法

生态学方法主要依据生态系统的组成、功能和相关的环境因素,从保证和维持正常的湿地生态系统生态功能角度出发,在分析不同需水类型的特点、关键指标的基础上,根据湿地生态系统的组成部分分别计算然后再耦合分项,确定生态需水量。生态学方法主要包括湿地植物需水量法、湿地土壤需水量法、生物栖息地需水量法、补给地下水需水量法（渗漏法）、防止盐水入侵需水量法、防止岸线侵蚀及河口生态需水量法、稀释净化污染物需水量法等。

此方法需要生态系统组成和性质等基础性数据与资料,在资料获取方面存在一定难度。另外,不同学者对生态系统相同组成部分或功能重要性的认识不同,赋予其权重存在差别,对生态需水量的计算结果就存在较大偏差;并且,此方法局限性在于湿地中的各组成部分是相互联系的,很难区分各类功能明显界限,湿地水资源量是湿地整个生态系统共用的,很难区分这些水量被某类物种用了多少,在计算过程中存在重复计算,生态需水量计算结果具有较大的随意性。因此,不再对各类生态学方法进行详述。

6.5.2.3 生态水文学法

生态水文学法主要是通过生态系统对区域内生态水文格局改变的响应,实现生态系统现状不退化以及健康发展,确定所需水资源量。生态水文学法主要包括曲线相关法、生态水位法、生态水面法和生态水文模拟法等。生态水文学法对于生态和水文的考虑都更为全面,但计算方法也相对复杂,而且需要大量水文数据和生态数据的支持,在数据积累不足

的条件下，生态水文学法的应用也受到限制。生态水文学法包括曲线相关法、生态水位法、生态水面法和生态水文模拟法等。因此，不再对各类生态水文学方法进行详述。

6.5.3 湿地生态需水计算案例

黄河兰州银滩湿地地处黄河上游，是黄河兰州段河流湿地中最大，最具代表性的湿地。然而，近年来由于受到自然因素及人类活动的影响，同时缺乏对水资源和湿地的统一管理，银滩湿地面临水资源短缺、水质及生态环境恶化、水土流失加重、湿地面积萎缩、动植物资源衰退、生态功能下降等一系列问题，生态环境的恶化不仅威胁银滩湿地生态系统的存在和良性循环，而且影响当地经济社会的可持续发展。以下将以黄河兰州银滩湿地为例，运用水量平衡法对其生态需水量进行计算，以期为政府以及相关建设部门根据湿地生态需水量对湿地补水量进行宏观调控提供科学依据。

根据水量平衡方程式（6.4），可知研究区的生态需水量主要取决于蒸发量与降水量。据此对银滩湿地的生态需水量进行计算，结果见表 6.2。结果显示，银滩湿地的动态需水量为 $60.8 \times 10^4 \mathrm{m}^3$，此结果为银滩湿地年均最小生态需水量，即维持湿地生态系统水面蒸发所需要的最小动态需水量[20]。

表 6.2　　黄河兰州银滩湿地全年需水量的计算

指　　标	纯水面蒸发量	沼泽蒸发量	渗漏量	降雨量	总计
蒸发量/mm	1448.00	1056.78	—	293.60	—
面积/$10^4 \mathrm{m}^2$	5.90	42.73	—	48.63	48.63
折算后的水量/$10^4 \mathrm{m}^3$	8.5	45.2	21.4	14.3	60.8

思考题

1. 湿地的定义和常见类型有哪些？
2. 湿地生态系统具有哪些特征和功能？
3. 影响湿地形成和发育的因素主要有哪些？
4. 中国湿地的特点主要有哪些？保护湿地的意义有哪些？
5. 如何理解湿地生态-水文相互作用的双向机制？

参考文献

[1] 陈宜瑜. 中国湿地研究 [M]. 长春：吉林科学技术出版社，1995.
[2] 栾兆擎，闫丹丹，薛媛媛，等. 滨海湿地互花米草入侵的生态水文学机制研究进展 [J]. 农业资源与环境学报，2020，37（4）：469－476.
[3] 徐力刚，谢永宏，王晓龙. 长江中游通江湖泊洪泛湿地生态环境问题与研究展望 [J]. 中国科学基金，2022，36（3）：406－411.
[4] 谭志强，李云良，张奇，等. 湖泊湿地水文过程研究进展 [J]. 湖泊科学，2022，34（1）：18－37.
[5] 夏军，左其亭，王根绪. 生态水文学 [M]. 北京：科学出版社，2020.
[6] 赵婉雨，孙玉玲，吕璐成，等. 2006—2020 年湿地领域国际研究态势分析 [J]. 世界科技研究与发展，2022，44（5）：654－667.

[7] 徐力刚，赖锡军，万荣荣，等．湿地水文过程与植被响应研究进展与案例分析［J］．地理科学进展，2019，38（8）：1171-1181．
[8] 严思睿，刘强，孙涛，等．湿地生态水文过程及其模拟研究进展［J］．湿地科学，2021，19（1）：98-105．
[9] 陆健健，何文珊，童春富．湿地生态学［M］．北京：高等教育出版社，2006．
[10] 王慧亮，吕翠美，原文林．生态水文学［M］．北京：中国水利水电出版社，2021．
[11] 王学雷，蔡晓斌，杨超，等．长江中游河湖湿地系统演变与生态修复［J］．中国科学基金，2022，36（3）：398-405．
[12] 陈月庆，武黎黎，章光新，等．湿地水文连通研究综述［J］．南水北调与水利科技，2019，17（1）：26-38．
[13] 吴玉琴，李玉凤，刘红玉，等．水文连通度对湿地生态系统服务功能影响综述［J］．南京师范大学学报（工程技术版），2020，20（1）：57-65．
[14] 吴燕锋，章光新．流域湿地水文调蓄功能研究综述［J］．水科学进展，2021，32（3）：458-469．
[15] 钱玺亦，毛思谌，蒋雨洁，等．基于文献计量学的中国湿地碳循环研究进展［J］．环境工程技术学报，2023，13（2）：742-752．
[16] 钟文军．鄱阳湖流域磷环境过程及其影响因素研究［D］．南昌：南昌大学，2022．
[17] 王根绪，张志强，李小雁．生态水文学概论［M］．北京：科学出版社，2020．
[18] 冯夏清，章光新．湿地生态需水研究进展［J］．生态学杂志，2008，27（12）：2228-2234．
[19] 陈敏建，王立群，丰华丽，等．湿地生态水文结构理论与分析［J］．生态学报，2008（6）：2887-2893．
[20] 张云亮，齐广平，曾晓春．基于水量平衡法的黄河兰州银滩湿地生态需水分析［J］．甘肃农业大学学报，2014，49（1）：129-133，139．

第7章 河口生态水文

河口地区是海陆之间的过渡地带,具有丰富的生物多样性和很高的生产力,能为人类提供很多的生态系统服务,但也是对人类活动极为敏感的生态脆弱区。沿海经济的快速发展使滨海资源的有限性与人类需求的无限性之间的矛盾日益突出,导致滨海地区的湿地多样性丧失、生物多样性减少、服务功能退化等。因此,对滨海生态系统的保护刻不容缓。生态水文学从水文学的角度为解决滨海区域的生态与环境问题提供了新的视角和技术方法[1]。

7.1 河口水循环

7.1.1 河口潮汐

潮汐由一组相位不同的正弦波状的潮汐谐波分量序列组成。潮汐的主分量分为日变化分量和半日变化分量,日变化分量周期分别为 23.93h、25.82h、24.07h、26.87h 和 24.00h,半日变化分量周期分别为 12.42h、12.00h、12.66h 和 11.97h。上述不同周期谐波曲线的叠加,产生一个大-小潮周期,即在 28 天周期内,潮差从最大值(大潮)到最小值(小潮)再回到最大值。因此,潮差和涨潮时间每天都变化,其中涨潮时间每天变化约 50min。潮汐河口分为弱潮河口(潮差<2m)、中潮河口(2m<潮差<4m)、强潮河口(4m<潮差<6m)和高潮河口(潮差>6m)。涨潮、落潮、中间潮也被称为涨潮、退潮、平潮。

潮汐在河口传播时发生扭曲,当其传播发生变形直到无法观测到时的位置,即为潮汐入侵边界或潮汐边界。通常,河口退潮和涨潮持续时间不同,称为非对称潮汐。

7.1.2 水流滞留时间

水循环决定水流在河口滞留时间的长短和流速的大小,也是决定河口恢复力和河口健康受人为应力影响程度的关键物理过程。在河口同样受到污染的前提下,如果河口水流流速较快,河口则可能没有足够的时间耗尽溶解氧并使沉积物很好地沉降。因此,流速快的河口生态具有更强的抗干扰性。滞留时间还影响其他方面,如污染程度以及河口和沿海水域的健康状况,其中包括溶解的营养物质、重金属和其他持久性污染物、悬浮颗粒物、浮游生物以及大量繁殖的有害藻类。水流滞留时间计算方法如下。

7.1.2.1 垂向混合均匀河口

河口作为河流与海洋的交接过渡地区,其上游是河流,包括感潮河段;下游是沿海水域,这里发生盐水和淡水的混合作用。流入河口 $Q_f(\text{m}^3/\text{s})$ 的淡水量为流域径流量与其地下水流量之和。除非是在如石灰岩这样的多孔底层,否则地下水的流入通常忽略不计。流出河口的淡水流量为

$$Q_r = Q_f + 降水量 + 当地河口区间入流 - 蒸发量 \tag{7.1}$$

河口的水是海水和河水的混合物，河流的含盐量 $S_f=0$，沿海水域的含盐量为 S_o，河口水域的含盐量 S_e 介于 0 和 S_o 之间（$0<S_e<S_o$）。河口的海水入流流量可用扩散通量理论近似计算，即与（S_o-S_e）成正比。盐的质量是守恒的（流入的量等于流出的量），因此

$$入盐量 = Q_x(S_o-S_e) = 出盐量 = -Q_rS_r \tag{7.2}$$

其中 $S_r=$ 河口的平均含盐量 $=0.5(S_o+S_e)$。根据式（7.2），可以计算出来自海洋的扩散通量为

$$Q_x = -\frac{Q_rS_r}{S_o-S_e} \tag{7.3}$$

已知河口水体体积 $V(\text{m}^3)$，就可以计算水体的更新时间（与冲刷时间相关）T_r，即水在河口的滞留时间

$$T_r = -\frac{V}{Q_r-Q_x} \tag{7.4}$$

上述计算水分滞留时间的方法又称为 LOICZ 法。

7.1.2.2 河口垂向分层

河口垂向分层是浮力作用下垂向混合不足的结果，密度较小的淡水位于上层，而密度较大的海水在下层。在这种情况下，量化滞留时间的最简单的方法是构建一个隔板模型，将河口水体用隔板隔成一个个不同盐度的水箱。通常情况下，从表层流入河口的淡水流量为 Q_f，盐度为 S_f（通常 $S_f=0$）；从底层流入河口的海水流量为 Q_{in}，盐度为 S_o；在河口的表层有一部分水流入海洋，其流量为 Q_{out}，盐度为 S_l。根据质量守恒定律，同时忽略地下水的出入流及蒸发量，质量守恒方程为

$$Q_{\text{in}} = Q_{\text{out}} + Q_f \tag{7.5}$$

根据盐的质量守恒，因此流入和流出的盐量相等，即

$$Q_{\text{in}}S_o = Q_{\text{out}}S_f + Q_fS_f \tag{7.6}$$

河口水体的体积除以河流流量定义为滞留时间 T，即

$$T = \frac{V_{ol}}{Q_f}\left(1-\frac{S_l}{S_o}-\frac{S_f}{S_o}\right) \tag{7.7}$$

式中 V_{ol}——河口的水体体积。

根据方程式（7.7）右边的各项实地测量结果，已计算出世界上许多河口的 T。从这些经验测量中可以发现，T（单位：d）随平均大潮潮差（MSTR，m）的增加而增加，随潮长（T_L，km，即从河口到潮边界的距离）的减少而减少，有

$$T = 0.23(\text{MSTR})^{-0.4}(T_L)^{1.2} \tag{7.8}$$

式（7.8）忽略了三个可以改变单个河口滞留时间的过程。第一，滞留时间不是一个常数，它随河口位置而变化，河口外部河段通常比上游河段滞留时间短。第二，由淡水和盐水之间的密度差驱动的水流会产生停滞区，在那里滞留时间会增加，从而导致水质严重恶化。第三，在盐沼和红树林为主的潮间带湿地，会以日或半日潮频率临时蓄水，这也增加了水在当地的滞留时间。

因此，需要对滞留时间做出一个更可靠的定义。t 时刻，在河口标记某个水质点，它通过河口的时间记作 t_{in}，离开河口的时间记作 t_{out}。对于 t 时刻的某个水质点

$$\text{residence time} = t_{out} - t \tag{7.9}$$

$$\text{transit time} = t_{out} - t_{in} \tag{7.10}$$

可以通过对河口内水质点进行标记和跟踪来计算其滞留时间。如果在 0 时刻和 x_0 位置标记一个单位质量的水质点，则质点会形成随水流运动的一个团，并在河口内部混合，这些质点的浓度 C 会随释放后的时间 t 和位置 x 改变而变化。t 时刻在河口处水团的数量 m 为

$$m(t) = \int C_{(t)} \mathrm{d}x \tag{7.11}$$

由于冲刷的作用，质点逐渐远离河口，m 随时间减小。根据定义，平均滞留时间 T 是指在 $t=0$ 时，标记质点在河口的数量下降到初始值的 37% 所需的时间。这个定义不是随意给出的；实际上，如果冲刷是由河水与海水混合引起的，那么 m 会随时间的增加呈指数递减，即

$$m = \mathrm{e}^{-t/T} \tag{7.12}$$

式中 T——平均滞留时间。

7.1.3 暴露时间

滞留时间的计算基本上考虑了河口处某一水质点的来回振荡情况。高淡水流量导致水质点在退潮时向下游移动很长一段距离，在涨潮时又返回河口。由此产生的次落潮，潮汐振荡和行进距离构成潮汐游程。这对于水质子（包括悬浮沉积物、生物散布阶段或浮游生物）的运动距离产生影响。滞留时间只考虑了水质点第一次通过河口时离开的时间。然而，有些在落潮时离开河口的水质点可能会在下一个涨潮时重新进入河口。这就引出了暴露时间的概念，即在研究域中开始计算时间，直到质点永远不再返回河口的时间范围。如果大部分质点在退潮时离开河口、涨潮时返回，则暴露时间会远大于滞留时间；返回的质点数与离开的质点数之比称为返回系数 r，且其小于 1。然而，质点返回河口水体的能力取决于水流在河口处的动能；一旦质点离开河口，只有当沿岸水流不携带质点远离河口时，质点才可能返回河口内。因此，要量化暴露时间，需要知道河口外（沿岸、近海）的水循环。由于几个河口和沿岸水域之间有潮汐与不稳定的淡、盐水混合过程，导致这种循环在河口附近特别复杂，且河口内有岬角，沿岸崎岖不平，这又会产生漩涡、喷流和停滞区镶嵌组成的复杂流场。小海湾中一些在退潮时离开的质点在随后的涨潮时返回——该暴露时间约为 4 天，是平均滞留时间的两倍。

由此，可以看到海岸边界层的复杂性。从河口到近海的水团是沿直海岸线与毗邻河口的一部分。该水团是否返回河口决定了暴露时间。如澳大利亚传教士湾等几个潮汐小溪排水的三角洲和湿地，退潮时从一条小溪退出的水可在涨潮时进入另一个河口或支流。若一个河口的潮汐出流在涨潮时重新进入另一个河口，则一系列河口的暴露时间也会比单独河口的暴露时间更久。这对有机体（卵、种子、休眠孢子等）的繁殖产生了重要影响，也可导致河口之间的遗传混合和重新定居。

在崎岖并有岬角的海岸线，由于沿海的岬角和岛屿的边界混合，海洋的混合可能很强

烈。因此，离开河口时，河口水不会滞留在沿岸边界层。相反，它被冲出近岸海域，并不随之后的潮汐返回。此种情况下，暴露时间和滞留时间大致相等。

在某些情况下，可以通过潮汐循环来测量整个河口的体积、盐分和温度通量。由这些数据可以计算出 $(1-r)$，其中 r 是返回系数。$(1-r)$ 等于落潮时离开河口的水 V_{TP}（即平均潮棱柱体体积），在重新进入河口之前用沿岸水代替。若 $r=1$，则水重新进入河口；若 $r=0$，则落潮时离开河口的水已被涨潮时进入河口的沿岸水所取代。暴露时间 τ 估计如下

$$\tau = \frac{V_{\text{estuary}} T_{\text{tide}}}{(1-r) V_{TP}} \tag{7.13}$$

式中 V_{estuary}——河口平均容积；

T_{tide}——潮汐周期。

7.1.4 海岸流和波浪对河口冲淤的影响

河口的形状、深度和宽度决定了回流系数。即在退潮时离开河口的水，会在涨潮时返回河口，这是河口冲淤的主要过程。

潮汐的往复、混合发生在不受阻碍、宽而深的河口与沿岸水域间。受到浮力作用，出流形成了河流羽状流并发生内部循环，聚集了浮游生物和碎屑，且沿羽状流前缘形成明显的泡沫线。水流是否在下一次涨潮时返回河口取决于海岸环流。

如果沿岸流与潮汐方向相反，那么在涨潮时，潮汐会把羽状流带回河口，回流系数就会增加，而且这种反向水流使得羽状流内有片状低盐度的水域嵌入在河流羽状流内。

如果沿岸流较小，河口较大，则河流羽状流呈径向对称，类似半圆形。在这种条件下，大部分水将在涨潮时返回河口，回流系数也会增大。如果沿岸流与潮汐同向，羽状流就永远不会回到河口，回流系数会达到最小，而且可以接近于零。

当河口较窄时，河口外近岸海域的水流在落潮时形成潮汐射流，在涨潮时形成汇流。如果退潮潮流较大，潮汐射流不稳定，河口水会迅速混入沿海水域，因此，在涨潮时，水很少会再次流向河口。如果河口处落潮流较小，潮汐射流就是稳定的，落潮出流由射流和前缘的偶极子（一对涡偶）组成。河口的回流系数取决于潮汐反向时偶极子是否重新被卷入河口。当潮汐逆流时，若退潮时向海的自推进偶极子速度 V_{dipole} 大于涨潮时向陆的自推进偶极子的速度，则该偶极子可能继续远离河口，反之则可能被汇流重新挟带入河口。在实际应用中，可由 W/UT 的值进行判断，其中 W 为河口宽度，T 为潮汐周期，U 为射流速度。若 W/UT 小于 0.13，则偶极子在涨潮时从河口向外传播且不再进入河口，这种情况下回流系数变小，进而增强了河口的冲淤。若偶极子重新进入河口，则回流系数增大。水深是判断发生何种情况的重要指标。对于平坦的海底，涨潮水流呈径向对称，回流系数达到最小。对于浅水倾斜的海底，涨潮时的水流呈漏斗状，流线集中在近海，回流系数因此增大。

风暴来临时，由风力驱动的表面波在沿海浅水区破裂。沿着海岸的沿岸流由此产生，当地的水位也随之提高。

海平面上升时，水会由海洋向河口流动，最终会填充河口，并使较低河口的海平面上升，可达到近海有效波高的 15%。当河口填满以适应近海岸海平面的上升时，退潮潮流

减少,涨潮潮流增多。

因受飓风强烈影响,波浪落潮时流量可能减少到零。这是风暴经过期间的一个短暂过程;随着风暴的消退,储存在河口的过量海水被冲到海里,此时,退潮潮流增多,涨潮潮流减少。

7.2 河 口 泥 沙

7.2.1 泥沙在河口生态中的作用

泥沙在河口生态中起着关键作用,通常决定了生境的类型,例如,砂粒和泥浆分别为不同种类的植物和动物提供生存环境。

水体中的悬浮物质(悬浮颗粒物,SPM,mg/L)影响天然水域的能见度。

营养物质的利用和水体初级生产力会受到悬浮物的影响,其在一定程度上限制了光照区和河口作为营养库接收来自流域营养物质或成为邻近海岸的营养物质来源的能力。悬浮物大多由无机沉积物和生物物质组成,尤其是碎屑和浮游生物。水的能见度随着SPM的增加呈指数级下降。

河口的SPM值较高;在开阔的海岸,SPM通常在10~100mg/L范围内,而河口地区SPM一般达到或超过1000mg/L。

进入水中的光被SPM散射或吸收,许多物质影响光在水中的传播,包括:浮游植物、有机(如碎屑)和无机(如无机沉积物)悬浮颗粒,以及溶解物质,如有色溶解有机物(CDOM)。在包含有机物丰富地区(如一些湿地和泥炭地区)径流的上游河口,CDOM含量明显,这些地区含有大量的腐殖酸,因此,即使悬浮颗粒物很少,水体也会呈现出特有的褐色。光的吸收效率随着悬浮物中颗粒的大小和横截面积的增加而增加,而散射效率却没有变化。

光线能到达的区域称为透光区。在高SPM下,光穿透的水层不深,与光发生物理、化学、生物反应的过程也随之减少。通常,SPM=0.2200mg/L时,能见度小于5cm,而SPM=11000mg/L时,能见度小于1cm。自养生物和异养生物的相对比例受到影响。在浑浊的水中,浮游植物只能在被湍流带到水面的短时间内进行光合作用;底栖生物的主要生产者要么表现不佳,要么就适应低光照条件。即使SPM值较低(<4mg/L,一个经常与"清澈"的水有关的值),能见度仍然显著减弱。

水中的生物影响构成了环境的物理化学性质,即生物本身及它们的进食、生长或运动方式,都会影响泥沙和河床的性质。附着在海床上的生物,如海草、管状多毛类动物或大型藻类,对泥沙动力学起到关键作用,而且它们会改变水-沙界面的边界条件。对于海草和定居的多毛类,如棘状蠕虫,柔性的树冠减缓了水流速度,扰乱边界层流,从而控制砂粒运输。当海草冠层出现时,流速较小,叶片保持突现状态,并沿水流方向弯曲,而水绕叶片流动。在速度更大和更深的水中,叶片在水流中弯曲更大,在弯曲的冠层水平有一个拐点。在水流速度更大情况下,冠层尺度的涡流变为一系列规则的涡流并向下游移动,雨棚的渐进波动由此产生。

7.2.1.1 侵蚀

生物过程在微观尺度、中尺度和宏观尺度影响物理过程。在微尺度上，细菌和酵母菌会影响颗粒的絮凝，侵蚀力由此产生。在中尺度上，硅藻可产生大量氧气，泥沙中会形成气泡，这足以将泥沙本身移走，从而增加侵蚀率。在宏观尺度上，小型动物对床面的扰动深度约为几毫米，双壳动物约为 0.1m，螃蟹约为 1m。这些洞穴促进地下水冲刷和洞穴的迅速冲刷，这对营养循环和地下水化学很重要。

洞穴会改变泥沙的化学性质，因为洞穴和洞穴壁可能含氧，而泥沙可能厌氧，特别是低于泥沙氧化还原不连续电位时。因此，成岩过程被定义为泥沙沉积后的变化，一些物质会从泥沙中释放出来，而另一些物质则会与泥沙结合，这取决于它们在普遍的缺氧/厌氧条件下的溶解性。这对于在缺氧条件下形成不溶性沉淀的污染物尤其重要，除非化学条件发生变化，否则污染会留在沉积物中。生物扰动或疏浚可以增加泥沙的通气性，从而释放出先前结合的污染物。

生物扰动使得穴居动物的排泄物变少，削弱底床，促进侵蚀。生物扰动增加了表面粗糙度，因此，在种群丰富的潮间带地区，生物活动广泛，潮间带吸收的能量可能特别强烈。这可以通过生物扩散系数 K_{zb} 来确定，该系数量化了生物扰动中泥沙的垂向混合速率。以类似的方法处理，水平湍流混合通过湍流扩散系数 K_x 来量化，根据特征时间尺度 T 和深度尺度 D 计算生物扩散系数 K_{zb}

$$K_{zb} = \frac{D^2}{T} \tag{7.14}$$

根据生物扰动水平，K_{zb} 的典型值为 $0.1 \sim 370 \text{cm}^2/\text{a}$，这意味着根据生物扰动水平，20cm 厚的泥沙在 1.08～4000 年可以通过生物扰动混合。当生物扰动很小时，泥沙的垂向混合仍然存在；这主要是由风暴引起，但前提是水深不太大，以免风暴搅动底部；泥沙混合呈现周期性，而非永久性。

相反，生物过程可以在微观水平、中位水平和宏观水平稳定泥浆。微生物种群增加了颗粒的黏性，硅藻产生吸附泥沙的黏多糖（黏液）。藻丛和泥质生物膜使泥堤表面硬化，保护泥沙免受侵蚀。显微镜观察表明，泥质生物膜不仅包括藻类，还包括土壤颗粒、气泡和细胞外聚合物物质（EPS、多糖等），以及有机物的碎屑，包括底栖生物、细菌、微藻、较小型底栖动物和硅藻。

海草底床可以改变或吸收侵蚀力，从而间接地稳定泥沙。

在中位水平上，小型线虫的摄食行为刺激黏液的产生，从而影响泥沙的稳定性。

相反，在泥沙里打洞的动物，如水螅螺，既会使固结的泥沙变得不稳定而更容易被侵蚀，又会将泥沙压实成颗粒使其变得稳定。虫蛹分泌的黏液对洞穴的生物作用，会使泥沙变得更稳定。悬浮物、泥沙进食者可以将泥沙全部摄入，并将其与有机物混合产生粪便，或部分摄入产生假粪便；粪粒能增强悬浮物的沉积，它们可以通过粉粒来过滤水从而使泥沙稳定。由于底栖硅藻的生物稳定作用，河床形态的波峰可能比波谷更稳定。相反，穴居的两足动物一方面减少泥沙的内聚力，并以附着泥沙颗粒的底栖硅藻为食而使其易于侵蚀，另外，它产生具有稳定作用的黏液内衬管。因此，以这种两足动物为食的鸟类会间接影响泥沙的结构、凝聚力和可侵蚀性。

7.2 河 口 泥 沙

大型生物群还可以抑制泥沙的侵蚀，并在生境或生境区尺度上产生影响（其中生境区表示生物与其环境之间形成密切关系的生境，特别显示包括建礁物种在内的许多生物的生态工程特性）。例如，贻贝层被认为是生物礁保护着海床。其有三种影响泥沙结构的机制：①贻贝以下的泥沙隐蔽且不可侵蚀，只有贻贝之间的泥沙为可侵蚀；②假粪便增强了泥沙的生物沉积，提高了河床的质量，从而使其具有较高的性质；③由于贻贝层的粗糙度，水流速度减慢。尽管贻贝在用足丝线附着在其他贻贝或石头上定居下来后移动的能力有限，但可以迁移到沉积物质顶部，并能捕获细小的沉积物。类似地，夏威夷毛纳鲁阿湾的一种海洋入侵者——皮革泥草能够固定草冠下 $0.2kg/m^2$ 的底泥和草冠中 $0.2kg/m^2$ 的泥浆，保护下层底泥免受海浪的侵袭。这种入侵物种占地 $0.3km^2$，其中包含了 120t 泥浆。类似地，世界各地河口地区的海草，如地中海的大叶藻属、鲁皮亚的海浪蛤，都有地下根茎系统，束缚和稳定泥沙。

7.2.1.2 沉降

沉降物可能是外来的、重悬的沉淀物或由沉淀物质、絮凝体或蜕皮、死亡或排便生物体在水体中产生的物质。后者被称为"海洋雪"，通常由包含一种称为 TEP（透明的外聚合物颗粒，主要由细菌和硅藻分泌的多糖）的絮凝体、EPS（来自细菌和附生硅藻的 EPS）和 TEP（来自浮游生物和死浮游生物的透明外聚合物颗粒，粪便颗粒和组成宏观生物体的聚集物）组成。这种黏液非常黏稠，是小泥浆絮凝成大的絮凝体的黏合剂，被称为泥质海洋雪絮。在非常浑浊的水域，由于缺乏光合作用，原产的海洋雪絮很少，因此，絮凝体主要是无机的，一般较小。在较浊水中 TEP 很常见，由此产生的泥质海洋雪絮非常大。泥质海洋雪絮孔隙很多，絮凝体大小一般随 TEP 可用性的增加而增大。小的泥浆絮凝体会在死的有机物上聚集。在其他泥质海洋雪絮体中，黏粒和粉粒被分离成小的亚单元，它们聚集在一起，形成一个大的絮体，由黏液聚集在一起。

沉降速度 w_f 既取决于絮凝体的大小，也取决于絮凝体的密度，而这些又都取决于生物特性。由于黏液的存在，河口絮体具有复杂的结构；每个絮凝体内部都像一个迷宫，由絮凝物中的无机、不渗透和有机渗透区域组成。絮凝体以 w_f 速度向下沉降，并在沉降的过程中向外部排水。水或在絮凝体周围流动，或通过絮凝体内流动，主要流经低密度、有机质丰富的区域。

富含有机物絮凝体的密度也因絮凝体的不同而不同。双壳贝类摄食后形成的颗粒比其他生物絮凝体密度大得多，沉降速度也更大。然而，它们的生产率不是恒定的，随 SPM 的变化而变化。如果 SPM 浓度低于 300mg/L，双壳贝类的过滤速率随 SPM 的增加而增加，但当 SPM 大于 300mg/L 时，双壳类动物就很难在非常浑浊的水中发挥过滤作用。EPS 和 TEP 聚集的大絮凝体沉降速度降低。生物会降低沉降速度，当浮游动物以絮凝体中的有机物为食时，沉降速度会降低，并且会将大型絮凝体分解成较小的絮凝体。

絮凝体的大小随潮汐而变化：在湍流引发的剪切量较小时，絮凝体尺寸会增大；在湍流引发的剪切量较大时，絮凝体会破裂。

7.2.1.3 固结

沉降颗粒的固结受沉降速率、颗粒的大小和形状、生物的存在以及温度和盐度等环境特征的影响。固结材料的性质会影响泥沙的孔隙度和渗透性。沉降的泥浆最初很容易被侵蚀，随着时间的推移，它会固化，变得不易被侵蚀。泥浆通过微通道排水固结。对于有机物含量很少的泥浆，这一过程需要3周至3个月的时间。内部形成的微通道内有向上的水流，其速度足以使泥浆絮体上升并排出，微通道由此打开并加深。无机、高密度的泥浆更加密实，排出水更快，因此，它也比富含有机物、低密度的泥浆固化更快。

泥沙淤积产生的斑块和分层使固结过程更加复杂。在河口，泥沙通常形成数厘米厚的薄层。每一层都是不连续的沉积泥沙，密度在 $1.4\sim2.1\text{g/cm}^3$。这一过程是混乱的，因为较深（较老）薄层的密度可能比上覆薄层的密度小，这表明当新的泥沙沉积在上面，并堵塞了必要的微通道时，它们就停止固结。此外，从目视观察看来，在薄层上钻孔的底栖生物明显只选择固结/高密度沉积物，这可能是因为低密度的泥沙薄层不是虫类的适宜栖息地，因为它们很容易坍塌，也更容易被再悬浮破坏。

侵蚀和沉积过程与水文过程密切相关，在河口内，很容易观察到几个侵蚀—沉积循环。日尺度上，在涨潮和退潮最强烈的时候，急速水流会造成侵蚀，而在平潮期间，水流较缓慢或几乎没有，这使泥沙沉积；在每两周的时间尺度上，较高的春季潮差和进入河口的水量将产生侵蚀，而侵蚀甚至淤积也可能发生在较弱的小潮期间。在月周期中，大潮中的一个通常比另一个强，小潮也一样，这也再次影响沉降。一年中，最大的潮汐出现在春分和秋分，这又导致严重侵蚀；雨季河流的高流量在上游河段产生侵蚀，在河口下游或海岸带沉积。相比之下，在干旱时期，潮汐使泥沙沿河口回流，上游地区会有更多沉积。

7.2.2 淤泥对沿海水域的生物学影响

泥浆受风浪的作用悬浮，并运移到河口和沿海水域。从泥滩和填海区流出的泥浆可以远距离传播，并影响海草和珊瑚礁等敏感的生态系统。

流出的泥浆可减少高度富营养化河口中的有害藻类水华，对沿海淤泥堤岸的虾以及产生高浊度和低光照水平有益。然而，这可能会使环境退化，泥浆使浊度降低对海草不利，海草会大规模变为藻类区域，这也反映出它们对浊度的不同耐受性。事实上，海草的退化通常是沿海水域变得更加泥泞的第一表现。泥泞的海洋雪絮体对小型底栖生物和滤食性生物的危害很大，这些絮凝体会附着在它们鳃表面，导致窒息致死。泥泞的海洋雪絮甚至会附着在活的浮游植物和浮游动物身上，将它们压住并下沉。此外，在浑浊的环境中，捕食者为保持鳃不受外界干扰的能量消耗增多，而用以生长和繁殖的能量减少了。河道出口泥泞的海洋雪絮可导致河口几十千米以外沿海水域的珊瑚礁死亡并降解。

7.2.3 淤泥与人类健康

河口污染物可通过食物链或直接通过食物感染人类。河口是城市化和工业化的排污口，富含微生物病原体。例如，霍乱弧菌O1和O139是霍乱的病原体，导致许多发展中国家人体发病和死亡。霍乱弧菌为热带河口地区特有，主要通过水传播，也可通过鱼或虾间接传播。长期以来，人们都认为人类行为干预以及与浮游动物的相互作用是控制霍乱发病率的主要手段。然而，最近的研究表明，受污染的滩涂泥沙的再悬浮可影响水体中霍乱弧菌的浓度。这表明，在受污染的热带河口，霍乱弧菌的动态是基于底层和中层泥沙耦合的。目前尚不清楚泥沙中的弧菌是独立的底栖生物群落的一部分，还是在它们附着的颗粒沉降后到达泥沙的浮游群体的一部分。

7.3 潮汐湿地

潮汐湿地是以植被为主导的生态系统，其主要植被由于生存在荫蔽的自然环境所以通常位于泥沙中且具有耐盐性。潮汐湿地包括盐性湿地、红树林区域、上游河口桤木和柳树林区域、芦苇床以及将被植被覆盖的潮间带泥滩地。

湿地是生物和附生植物的栖息地，是主要生态系统工程和碎屑的主要来源。这些碎屑不仅支持湿地系统内生物群，而且被输出到河口系统的其余部分和更远的区域去支持外地生物群。

湿地系统是由植物截留悬浮物导致地形上升的沉积系统，当现有的水文条件允许（侵蚀力不太大），湿地就会延伸到河口。因此，湿地的主要功能是通过吸收能量和阻止海平面上升来保护湿地后方的地区免遭侵蚀、风潮暴、波浪等活动的影响。因此，湿地被外缘的红树林和盐沼所保护，从而减少了风暴潮、河流洪水、小型海啸等主要水文事件造成的不利影响。

7.3.1 湿地水动力

湿地边缘潮沟的流速峰值可以到达 1m/s，但是仅 10m 外的植被湿地的最大流速小于 0.08m/s。这是由于潮沟是完全非线性，开放水域的水动力占优势，但在植被覆盖的湿地中，水动力因植被周围水流摩擦而减少。由于茂密的植被阻碍了水流进入，这种环流很难在野外进行研究，但是该区域可以通过使用基于单元格的模型进行建模来研究，这个模型单元格是曲线的、形状不规则，以用于适应复杂的水深测量。由于涨潮时水流扩散范围广，在退潮时水流限制在狭窄的河道中，水流有着复杂的时空特征。潮汐和水流不对称表现在：在涨潮时，沿潮沟的水面从河口向下倾斜，下游的湿地首先被淹没，而上游的湿地暴露时间较长；在落潮时，水面朝着河口倾斜，下游的湿地首先暴露出来，而上游湿地则更长时间被淹没。退潮时潮沟内的水面坡度和水流均大于涨潮时。类似的潮汐不对称在盐沼中尤为普遍。

湿地的重要因素速度矢量也是不对称的。事实上，在涨潮时，湿地内的流速很小，通常小于 0.04m/s，并且流向垂直于河岸。在落潮时，潮汐的最大流速通常是涨潮的两倍，流向下游方向，以大约 30°角与河岸相交。潮汐的不对称性对植被凋落物的运输很重要。事实上，在涨潮时，漂浮的植被凋落物常常被植被拦截；而在退潮时，水流足够大，迫使漂浮的植物凋落物穿过植被，并将其运输到潮沟。

在基于单元格的模型中，湿地中的水面坡度 S_f 是由摩擦力引起的，因此可得

$$S_f = n^2 Q / A^2 R^{4/3} \tag{7.15}$$

式中 n——曼宁摩擦系数；

Q——两个单元格间的流量；

A——两个单元格间水流的横截断面面积（即宽度乘以深度，并考虑被植被占据的面积）；

R——水力半径（即，表明实际深度）。

根据模型和实测数据可以量化植被对摩擦的贡献程度。对于盐沼地和红树林地区，

$n≈0.1～0.2$，其值是河道区（$n≈0.025$）的4～8倍。

因此水流流经湿地的最大阻力主要受植被控制。

7.3.2 湿地植被减弱海浪侵蚀

7.3.2.1 红树林

由于波浪会在植被周围引起反向和不稳定流动，所以红树林可以通过阻力和惯性力吸收波浪的能量来保护海岸免受波浪的侵蚀。红树林还能减弱风暴潮在内陆的传播，从而减小淹没的范围，但与风浪衰减发生在几十米的尺度不同，风暴潮的衰减以千米为尺度，其一般在8～20cm/km范围内。

7.3.2.2 盐沼

在温带国家，盐沼植被通过吸收波浪能来扮演热带红树林的角色。在30cm处，盐沼植被密度可大于红树林；因此，当一个波浪进入盐沼时，像进入红树林一样，波浪的水能会被盐沼植被耗散。模拟和现场研究表明，在风暴进入盐沼时，在浅水（深度<2m）中0.9m的风浪在约200m内减半。即使在海浪把植物压平之后，盐沼植被仍然是防止侵蚀的有效屏障。且较小的波在盐沼植被中衰减更快，例如，当米草属植物长度大于25cm、波高小于水深的55%时，海浪可以在20m内减少50%。

对于红树林和盐沼来说，海浪袭击的强度很大程度上取决于海岸线的结构。红树林和盐沼在被淹没时都能吸收海浪的能量，从而保护海岸线。但在退潮时，它们很容易受到小型风浪的侵蚀，风浪会破坏根茎深度以下的河岸，使其形成侵蚀悬崖，导致盐沼和红树林中的植物在水中翻倒。

7.3.2.3 海草

海草草甸也可以减弱海浪，尽管减轻的程度低于红树林和盐沼，但也有助于保护海岸。

7.3.3 潮汐湿地生态作用

盐沼和红树林是主要的初级生产者，因此都能以植物生物量的形式固定碳，并产生驱动河口生态系统的碎屑。这些潮汐湿地储存了大量的营养物质。红树林和盐沼的物理和生物过程有许多相似之处，包括捕获细沉积物和污染物，将营养物质转化为植物生物量，通过输送本地和外来有机质来增强河口生产力，并作为鱼类和甲壳类动物的栖息地。

淡水潮汐湿地的作用类似于盐沼湿地，因为盐胁迫较小且内部循环的营养物质较高，所以多样性增加。成熟的淡水潮汐湿地由于植物的腐烂而具有较大的泥炭储量，而新出现的沼泽湿地沉积物有机质含量较低，更依赖于洪水来供给其养分需求。淡水潮汐湿地与红树林和盐沼一样，也是鱼卵或幼鱼等水生动物的重要避难所。

7.3.3.1 红树林

一个红树林生态系统的功能如何，目前还鲜有定量的认识。海拔决定了潮汐淹没的频率，进而造成氧化作用的变化，甚至造成缺氧，沉积物质量的差异又反过来引起树种的分带梯度。

红树林泥富含有机质，厌氧性普遍低于盐沼泥，这可能是因为蟹孔和有机质生物可利用性低。红树林沉积物孔隙水中溶解的硝酸盐、铵和磷酸盐浓度较低，而根系和凋落物浸出和分解产生的单宁浓度较高。红树林沉积物中孔隙水磷酸盐浓度的变化与潮汐淹没频率变化有关。磷是红树林地区的限制因子，而微生物-营养物质-植物的联系有助于保护这种稀缺但又是森林生存所必需的营养元素。红树林沉积物中长期储存的磷受到铝和铁氧合物的吸附以及铝、铁和钙磷酸盐沉淀的控制。淹没频率的增加，氧化机会增加，提高了可利用磷的浓度，进而提高了植被生物量。

蟹在红树林物理-生物联系中起着重要作用。腐烂的植被和蟹洞的存在增强了地下水流动，它们形成了水、盐和营养物质循环的重要渠道。像海榄雌属这样的红树林从地面吸收盐水，然后从叶子上析出盐晶，随后被风吹走。其他红树林，如红树科红树属，从咸水中提取淡水，把盐留在地下，这种盐通过蟹洞被地下水冲走。因此，螃蟹可以防止土壤的高盐度。蟹对湿地生态也很重要，因为它们回收了落叶中大约一半的营养物质。螃蟹能够通过挖洞和清除沉积物来促进地下水流动，加速地下生物的氧化和降解；这就产生了地层的局部凹陷，但也增加当地的潮汐流；同时也会侵蚀沉积物，最终形成一条新的潮沟或将潮沟延伸至潮汐湿地。

7.3.3.2 盐沼

盐沼也维持一个复杂的内部生态系统，同时输出植物碎屑。盐沼植被既有地上生产又有地下生产。就沼泽对河口的作用而言，地上生产力更为重要，因为它的产物可以通过水流从沼泽地运输到河口。地下生产的产物很大程度上保留在盐沼子系统内。

基于植物的月度抽样对盐沼群落初级生产力进行测量。欧洲和美国盐沼通常地上干物质产量为 $0.5\sim1.5kg/(m^2 \cdot a)$。这些值对应碳生产量为 $250\sim750gC/(m^2 \cdot a)$。潮间带滩涂微藻类可以额外增加 10%～50% 生产力。

植物死后有机物去向尚未被完全认识。其中一些有机物靠潮流移动进出沼泽，最终结果取决于有机物的形式。有机物存在三种形式：①溶解的有机物（DOM），定义为通过 $0.45\mu m$ 过滤器上的一部分有机物；②细（悬浮）颗粒状有机物（POM）；③粗糙的（>0.2mm）有机物（COM），一般为漂浮物质。DOM 和 POM 的形成取决于潮汐水动力。COM 的形成依赖于平静天气条件下的潮汐水动力。但在暴风雨期间，漂浮物质的运行轨迹是风力驱动而不是潮汐驱动。植物凋落物主要是冬季地上植物死亡时产生，死亡的植物在冬季很少腐烂；相反，它们通常堆积在湿地上，一次暴风雨后，可以产生大量的植物凋落生物量。排除暴风雨事件，地下水是氮最大流入的主要来源，大气氮和降雨氮仅占 20% 左右。磷的去向尚不清楚，因为磷强烈吸附在黏土上，而氮不是。对 COM 的输送知之甚少。对于受规律性潮汐淹没的沼泽而言，测量的 COM 输出量（排除暴风雨期间）只有地面净生产总量的 7%～8%。对于海拔较高的沼泽，COM 的输出量由偶尔的暴风雨潮汐控制，净输出可以达到最大输入的 6 倍。

7.3.3.3 潮上泥滩

潮上泥滩很少被潮水淹没，这为沉积物干燥并产生深层裂缝提供时间。这些泥滩偶尔会被淹没，导致沉积物被浸水至几十厘米深。在退潮时，盐类从沉积物中被滤出并向河口涌去。每个潮汐周期通常每平方米形成 90g 盐，1.0mol 硅酸盐，0.03mol 正磷酸盐和 0.04mol 硝酸盐。

7.3.4 地下径流

一般而言，地下径流要比地表径流小得多。但其作用不容忽视，地下径流决定了土壤的性质，特别是土壤盐碱度，从而对植被生长产生影响。

7.3.4.1 红树林

在红树林中，降雨通常直接下渗，不会产生地表径流。同样，在土壤中有众多蟹洞的红树林里可以观测到，涨潮时地表水最先是通过蟹洞从地下涌出的，这表明地下水流动的重要性。

退潮时，河槽水位低于下垫面水位，地下水涌出地表。地下水流速 u 根据达西定律计算

$$u = K_B \mathrm{d}h/\mathrm{d}x \tag{7.16}$$

式中　K_B——导水率；

　　　x——距河槽的距离；

　　　h——地下水位高程。

在低潮带内，即使在低潮时，地下水位仍保持与河流水位相同。在高潮带内，地下水位较高；当河岸高程介于河流水位和地下水位之间时，河岸产生裂缝，地下水大量外流。

作为土壤孔隙度、沉积物粒度和水黏度的函数，K_B 值现已有许多工程计算公式。K_B 值在 $10^{-7} \sim 5 \times 10^{-5}$ m/s 的范围内变化较大。蟹洞和腐烂植物的存在会使 K_B 值较高，因而产生导流地下水。由此流出的地下水会在河岸形成盐水泉。

红树林下的地下水矿化度很少超过50，潮沟的地下水矿化度为35～37，而盐田下的地下水矿化度通常超过100，最高可达200。枯水期时，盐分会因相互联系的物理-生物过程而被清除，因此红树林下的土壤盐分含量较低。一些红树属树种会从盐田下的地下水中吸收淡水而将盐分留在土壤中，由于蟹洞和腐烂植被的存在，这些盐分更易被涌出的地下水冲走。其他红树植物会提取含盐地下水，并将盐分变为晶体从叶片上排出。潮上泥滩没有蟹和树木，因此不存在这样的机制，这些区域的高盐度因水分蒸发生成。

7.3.4.2 盐沼

无论是淡水还是咸地下水都可能出现在盐沼下方，而盐沼中的淡水和咸水流量变化很大，这主要跟沼泽下垫面的渗透性、陆面的水压力以及潮汐的变化有关。受生物扰动和植被腐烂的影响，盐沼中地下水的流动十分迅速，使地下水盐度界面出现明显的潮汐波动。同时壅水效应会导致盐沼下方及上游地下水位波动，控制了森林和盐沼之间的过渡点的位置。在一些情况下，盐沼下方存在黏土淤泥层，当淡水流量足够大时，盐沼下方可能产生淡水，并侵入潮沟。

与红树林类似，随着潮差的增加，沼泽孔隙水的渗透量增加，沼泽底层向潮沟输出的营养物质增加。因此，大潮汐河口的地下水养分交换比微潮汐河口频繁。

7.3.4.3 地下水对河口的影响

在河口和沿海水域，土壤质地为石灰岩土和火山土时地下水的泄流量通常较大，这是因为地层中的大孔洞和裂缝导致其孔隙率高，使底层地下水集中在排泄口和渗漏处，甚至喷涌而出。这些小范围的集水区会排放出大量的营养物质，在当地产生污染点源。这种局部的地下水与海水之间的相互作用也会影响汞的分配及溶解动态变化。

同时，在河口和沿海水域，海底地下水径流量不仅由水文和地质条件决定，还受到河口或沿海地区风暴潮的控制。波浪的形成使海水迅速流入含水层，然后在风暴过去后逐渐

流出，含水层中的盐分分布恢复到风暴前状态可能需要 100 天的时间。

7.4 河口生态结构与功能

任何生态系统的结构指的是任意时刻的特征，而功能指的是速率过程。系统的结构由物理化学系统创造的生态位形成，系统越复杂，所创造的生态位就越多。生物体根据它们的环境耐受性和偏好来占据这些生态位，例如盐度状态、温度阈值、沉积物类型等。一旦生物占据了这些生态位，它们就会在物种内部和物种之间相互作用，包括竞争、捕食-猎物关系、繁殖相互作用、互惠/寄生和其他相互作用等速率过程。所有层次的生物体都需要三种基本资源：食物、空间和生殖媒介/伴侣/繁殖体。当任何一种资源受到限制时，竞争就会发生。

7.4.1 简单食物网

与所有系统一样，河口食物网由自养生物和异养生物组成，其组成部分分为初级生产者以及初级、次级和高级消费者。这些都发生在两个基本的生态位中——水柱和底层。其中，两者之间的界面（沉积物和水之间的界面）和它们之间的相互作用（底栖和浮游耦合）是起主导作用的。此外，底栖硅藻和细菌等生物在不同时间内可能既在河底也在水中，这取决于水文条件和重新悬浮床层物质的主要能力。

许多河口是基于岩屑的系统，其中本地（本地生产的）或外来（输入到系统中的）的有机材料支持着所有生态成分。自养生物作为初级生产者，使用无机的二氧化碳或碳酸氢盐作为唯一的碳源，包括高等植物、藻类和浮游植物的光合作用。异养生物是不能用光或无机化合物制造自己食物的生物；相反，它们以生物或其他生物的遗骸为食。其中占主导地位的，是低级的异养河口生物，如浮游动物、双壳类、虾和鱼以及真菌和许多细菌，它们要么利用大量的本地的和外来的岩屑物质，要么以利用这些岩屑物质的生物为食。在大多数海岸和近岸生态系统中，主要的初级生产是基于光合作用，但在一些河口，有越来越多的证据表明细菌可以通过化学合成作用使用其他能量。

原生生物是由非动物、植物或真菌等真核生物组成的异质生物群。其中原生动物大多是单细胞的、能动的，通常只有 0.01～0.5mm 大小。原生动物在河口水域中很常见，并且可以作为包囊或孢子在干旱时期存活下来。它们的一种进食方式是吞噬作用，其中大颗粒被细胞膜包裹并内化形成吞噬体。原生动物包括鞭毛虫和纤毛虫，它们以细菌、其他原生生物和浮游植物为食。这些小型微生物群落通过微生物循环在再矿化有机物方面起主导作用。

真核生物的遗传物质存在于细胞内以核膜为边界的单个或多个细胞核，包括动物、藻类、植物和真菌（如酵母菌），它们大多数是多细胞的，而原生生物大多是单细胞的。原核生物是包括细菌在内的生物，缺乏细胞核和复杂的细胞结构。硅藻是一种真核微藻，以浮游植物形式存在于水柱中或以底栖微藻的形式存在于河床上。硅藻细胞的细胞壁由二氧化硅构成，因此，在某些条件下，这一因素可能具有局限性。病毒是一种微小的粒子，可以感染更大的生物的细胞。

生态系统模型是基于对限制性营养物质的假设。这通常被认为是淡水中的磷，半咸水中的氮，硅作为触发器，但不是作为有害藻类开花的限制性营养物质。选择氮或磷作为限制性养分，过度简化了生物学，因为氮磷之间以及氮磷和其他营养物质之间存在反馈。氮的生物有效性取决于固氮作用和反硝化作用之间的平衡。这种平衡依赖于磷酸盐，因为更多的磷酸盐对反硝化有促进作用，进而导致更多的固氮。因此，磷可能是最终的限制性营养物质。

河口支持初级生产者的能力取决于水柱中光的状态和光照区的深度以及微观和宏观初级生产者生长的表面的可用性。与其他水生环境一样，河口可分为贫营养、中营养或富营养，虽然后一种环境更适合被称为有机富营养化或营养过剩，但"富营养化"一词通常用于由于人为有机物和营养物质过剩造成的生态系统退化。

最简单的食物网出现在悬浮沉积物很少的清澈水体中，比如深水湖泊。深水湖泊浮游植物吸收的营养物质部分因死亡、呼吸和沉降以及被浮游动物摄食而流失，而浮游动物获得的营养物质中一部分由于排泄、呼吸、浮游动物食性鱼类的捕食和死亡而流失。其余的可以用于浮游动物种群的生长。在沉淀、排泄和呼吸的物质中，有些可以通过再矿化进行回收，其余的通常通过沉淀或外流而流失。有机物质和营养池可以根据降解或分解的难易程度，分为易降解和难降解两类，易降解材料与其他工艺相关时，可以在短时间内降解，而难降解的材料降解缓慢，可能被认为是惰性的。新产生的岩屑富含碳，被微生物群落使用后，微生物生物量中的氮增加，这减少了沉降和降解有机物时的碳氮比。

任何营养物质从水体或河口输出的净流失，最终都可能导致营养物质贫乏的状况，为了使食物网发挥作用，必须确定营养来源。河口是源还是汇，反映了河口水文状况的影响以及与邻近淡水和海域的连通程度。营养物质进入河口的来源通常是以下一种或几种方式：河流流入、海洋营养物质的流入、近海的深层营养物质上涌、湿地向外扩散、底栖生物和底部沉积物的浸出、深水层的夹带（分层湖泊和高度分层河口的底层）以及大气悬浮物。虽然这些来源中大多数多年来已经得到被量化，但近海上涌系统中营养物质来源的重要性直到最近才得到认识。

浮游植物按照细胞大小增加的顺序，包括微型浮游动物、鞭毛虫和硅藻，而浮游动物按照大小增加的顺序，包括异养生物、微型浮游动物和中型浮游动物。浮游生物可被分为全浮游生物和半浮游生物。对于前一组动物来说，全年的水文条件将影响它们在河口维持种群的能力，它们甚至可以在沉积物中进行休眠越冬以防止冲刷。相比之下，产卵时期（通常是初夏）的水文模式，决定了河口半浮游生物能否保留下来。

细菌形成了一个单独的类别，自由生活、絮凝和附着（在悬浮颗粒上）的细菌很普遍，特别是在浑浊的河口上游。

7.4.2 岩屑作用

河口地区普遍存在的岩屑和细颗粒泥沙通过底栖食物网（即基质中和基质上的食物网）将以有机岩屑为中心的微生物循环与浮游食物网（即水生食物网）耦合起来，让食物网变得更加复杂。岩屑来源于浮游植物、植物生长和腐烂、湿地流出以及河流。

铵在浮游食物网中具有突出地位，因为它通常是河口中氮元素的首要形式。在这个食物网中必须添加与底栖食物网和与食草鱼类的链接。河口鱼类占主导地位的食物网表现为两种类型：第一种是基于水体和岩屑的食物网，在食物网中鱼类以糠虾和片脚类动物等小

7.4 河口生态结构与功能

型岩屑动物和移动甲壳类动物为食,岩屑正是河口食物网的中心;第二种是底栖食物网,鱼类以双壳类虹吸管或多毛类附属物这样的大型无脊椎动物群落为食,这些群落有可能会被全部或部分吃掉。可以看出第二种食物网的核心特征是底栖大型动物群,这些大型动物群反过来也以河床岩屑为食。

因此,许多鱼类通过岩屑系统将河口植物的能量和物质转移到上层营养层。在微生物环中,氮在浮游植物、细菌、原生动物和浮游动物之间循环。微生物环存在于所有系统中,尤其是富含岩屑的河口系统。细菌生产力差异与生物量都非常大。在浑浊河口,细菌的生产量通常超过浮游植物的初级生产量。

原生动物可以去除浮游植物和悬浮的底栖微藻和岩屑,而这些原生动物又会被浮游动物吃掉。浮游动物不仅以浮游植物、悬浮的微型底栖动物、原生动物和细菌为食,还摄取悬浮和底部富含有机物的沉积物颗粒上的岩屑和相关微生物。这类有机物包含食物网的残余物(包括死去的浮游植物、大型植物和藻类)、河流和海洋岩屑和相对较少的活生物体。浑浊河口中的浮游植物含量通常非常稀少,水体中的叶绿素生物量一般来自再悬浮的微型底栖动物,大多是底栖硅藻。上游河口主要是桡足类,它们既能过滤悬浮土壤中附着的细菌,也能过滤有机物颗粒,而且它们的摄食机制也足够精细,可以捕食自由生活的细菌。

在水生食物网中还必须考虑小型底栖生物和滤食性动物,如双壳类生物(例如:牡蛎、贻贝和蛤蜊等)的作用。在一些健康河口,双壳类动物可通过过滤河口水流来大大提高水的透明度。因此,双壳类动物可以降低浮游植物和其他水体颗粒的密度并控制藻类大量繁殖。然而,这些有机岩屑以及从水体中沉降下来的其他有机物质,并没有全部丢失。在沉降时,有机岩屑中的营养物质一部分被转移到底栖食物网中,它们使大型植物和大型藻类得以生长,另一部分被包括微生物在内的底栖动物使用。这种底栖食物网和河口中的上层食物网之间的耦合是通过矿化过程发生的,矿化过程将沉积在底栖动物上的颗粒有机物质以溶解形式转化为上层食物网使用。小型动物和底栖动物通过改造沉积物、建造管道、生物扰动、土壤通风、排便、呼吸、分泌黏液和摄食来刺激岩屑矿化过程。生物扰动具有额外的好处,它使沉积物曝气的深度超过了基质中氧化还原电位的间断,否则会导致底质的缺氧。此外,微生物膜主要由硅藻组成,可以在低潮时在泥滩上形成,在涨潮时,即使没有生物扰动也会被重新悬浮。这种重新悬浮通过增加细菌来刺激中上层初级生产力和微生物食物网改变底栖动物-中上层食物网(图 7.1)。

生态结构和功能受到水文物理过程制约和控制,该过程包含四个关键机制。

(1) 物理特性控制着水体的分层和消层(均质化)。富含有机物的底层水由于水体的分层阻止了沉淀颗粒和底层水从水体底部返回到表层而滞留在河口的底层。当物理过程导致水体消层时,底层水及其溶解物和颗粒营养物与表层水混合,提高了初级生产力。因此,河口物理特性控制着河口的生产能力。

(2) 与侵蚀-沉积循环等相关的细粒沉积物的物理特性决定了浊度,这会降低透光率和光合作用,尤其是在最大浊度区。当悬浮泥沙浓度大于 50mg/L 时,光合作用受到严重限制。因此,即使颗粒养分可能是丰富的,河口也可能是异养的,有害藻华(有害藻类大量繁殖)会减少甚至被抑制生长。世界上大多数大潮、浑浊河口都是这种情况,包括我国高度富营养化的珠江口。

第 7 章 河口生态水文

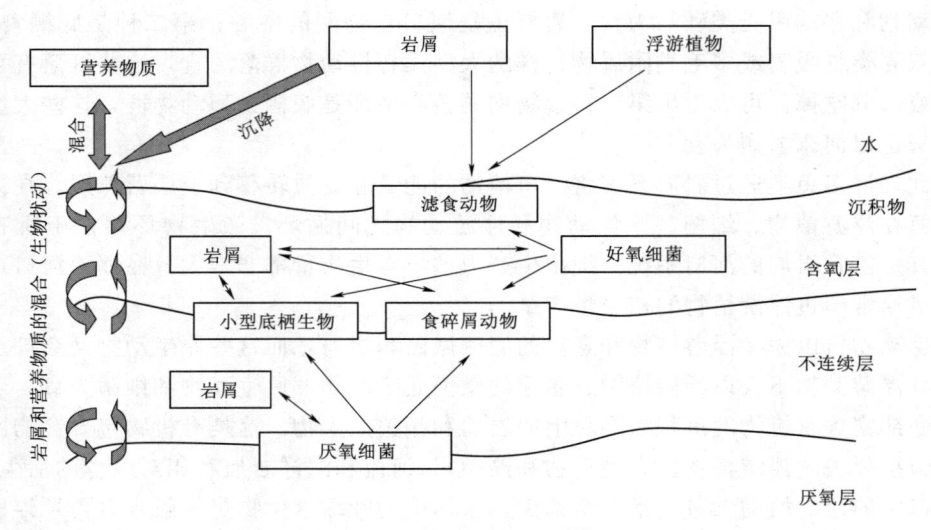

图 7.1 底栖食物网[2]

（3）水物理连通性控制着从淡水和海水带入的岩屑和生物，即保留在河口的物质和从河口带入海洋的物质。淡水浮游生物不耐受微咸水和咸水，并且在进入微咸水和咸水时通常会发生细胞裂解。除了河流岩屑之外，浮游生物也会变成可用于河口食物网的岩屑。相比之下，大洪水会冲刷浮游植物和浮游动物，除非它们有能力预防这种情况，例如在一年中的特定时间在沉积物中可以发现桡足类和鞭毛类等形成休眠孢子。纺锤水蚤属在春季和夏季形成快速孵化的浮游卵使大量的种群聚集，而接近冬季时，该生物体形成大型底栖卵，表面上是为了能够留在河口。

（4）浮游生物和岩屑在河口辐合线和弯道遮蔽区高密度聚集。自游生物受海洋学特征的吸引，例如聚集以便进食和繁殖。一些鱼类将它们的层性卵产在会聚的漂浮物中，这为一些幼虫提供了合适的条件。其他鱼类在滞留区产卵，即停留时间大于幼虫生长时间的区域。一些浮游生物只会在聚集时产卵。许多水母和幼型海鞘主要在海洋集中产卵，因此受精的机会最大。这些聚集有助于支撑强大的初级和次级生产力，并形成鱼类和鸟类汇集于表面辐合线觅食的壮观景象。

7.4.3 河口连通性

河口生态功能的本质是由一组生态过渡区之间的连通性所决定的，生态过渡区被定义为相邻生态系统或栖息地状态之间的界面。河口是一个多交错群落的地方——从河床到水体，从水体到水面，从水体到岸边，从河口到海洋，从河口到淡水区域。这些过渡区反映了面积变化（从米到千米尺度）、能量补贴（涉及水力和食物能量）、驱动内部过程和生态系统功能的界限（如上所述，从小到大尺度）、环境条件梯度和物种更替[3]。

物质和生物体跨越这些边界的运动，以及物质和生物体在河口内停留、迁移或从河口被运输的能力，赋予了河口独有的特征。此外，由于每个生物体对每个环境主因子（如盐度、温度、pH 值、氧状态）都有耐受性，而群落交错带的迁移将使生物体受到不同的环境条件的支配，生物体对这些条件的耐受性决定其生存情况。此外，由于河口每日、潮汐、月球或其他基础上的环境特征变化很大，任何在河口生存的生物都必须具有耐受能力，那些具有广泛耐受性的生物将存活下来，并可能在大量种群中出现。因此，水文物理条件根据河口物种的耐受性来控制群落的性质。

上面所描述的连通性导致河口具有多种营养源，而河口保持作为外来和本土物质的汇或保持作为出口到海岸的物质的源的能力决定了河口的营养状况。通过利用包括营养、光和空间在内的所有资源最大限度地减少浪费使浮游食物网的营养损失最小化；营养物质在子系统之间的快速循环也使营养物质的损失最小化。由于在河口停留的时间较长，有机岩屑可以将营养物质吸收到食物链中。河口的生态结构和功能使水流停滞的情况最小化。在较高的生境多样性、结构复杂性和不同的浊度下，资源在河口上游的淡水-海水界面进行分配。对河口条件高度变化耐受的物种生存下来而不耐受物种消亡，岩屑资源的丰富和种内竞争，促进了生态稳定。

河口的浅水栖息地，包括潮汐湿地和海草床，为幼鱼提供食物和躲避捕食者的庇护所。不同的盐度对咸水、湿地生境、耐咸水的鱼类和虾类产生生理和物理上的吸引力。在一些沉积物稳定、水体清澈的河口，也有淹没的海草群落，它们对整体生产力有显著贡献，而以岩屑为基础的系统使春季和秋季的光合高峰变得平滑。

河口是最高产的生态系统之一，其生产力随时间变化。在温带河口，春季和夏末之间的产量高峰是对太阳辐射、温暖的水域和可能更高的营养可利用性的响应。在热带河口，生产力高峰出现在季风季节后，此时河流养分仍然丰富，水的清澈度和光能利用率在季风季节的高水流高浊度之后得到改善。

河口生产力在空间上以米到千米的尺度变化，这是由于河口生态位不是均匀分布的。在千米尺度上，河口上游的群落以广盐型（宽耐盐）为主，河口附近的群落以窄盐型（窄耐盐）为主。在几十米的尺度上，物种的分布反映了基质的斑块性。如果水体清澈光线充足，岩石底层主要由大型藻类构成，这些藻类可以供养食草动物；如果水体过度浑浊缺少光线，岩石底层将裸露出来。沙质海床可能是由清澈海水中的海草和适应移动基质的动物组成的。

生态位是生物能够成功占据的基本面积。在河口中，由于下层基底由砂质到泥质的变化和浊度的迅速改变，生态位可能非常小，有时只有几米宽。生态位宽度表明物种对环境条件耐受的范围，以及因此占据的合适的空间大小。一些在海床上游动的鱼类对许多基底类型都有耐受性，因而具有广泛的生态位宽度。另外，一些多毛类蠕虫的生态位宽度很窄，因为它们只占据一种特殊的基质。相似的，特化捕食者的生态位很窄，而猎物范围广泛的非特化捕食者的生态位很宽。当生态位偏好重叠或资源有限时，物种之间或物种内部就会出现竞争。如图7.2所示，群落生态位（即群落作为生态引擎的功能）是由基本生态位、生物-生物关系和生物-环境关系共同塑造的。生态位是由物理化学属性塑造的，群落生态位反过来又改变了群落的理化属性。人类活动改变了这个生态系统的所有组成部分。

盐度是河口主要的环境胁迫，因此河口的多样性受内部、海洋和淡水的水动力状况、河口的混合特性和生物的盐度耐受性控制（图7.3）。

河口水载生态系统是由水沙输运时间尺度、生境、气候、河川入流、潮汐和养分分配系数决定的。所有这些都决定了浮游植物、浮游动物、双壳类和甲壳类、鱼类和岩屑之间营养物质循环程度；潮汐湿地为河口提供岩屑和幼年生物。这个生态系统受到海洋和集水

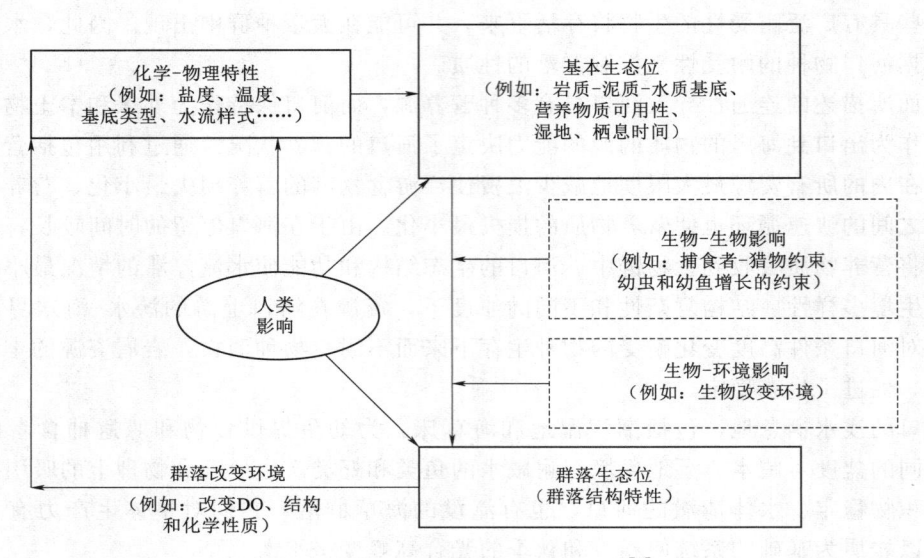

图 7.2 生态系统构成及人类影响[2]

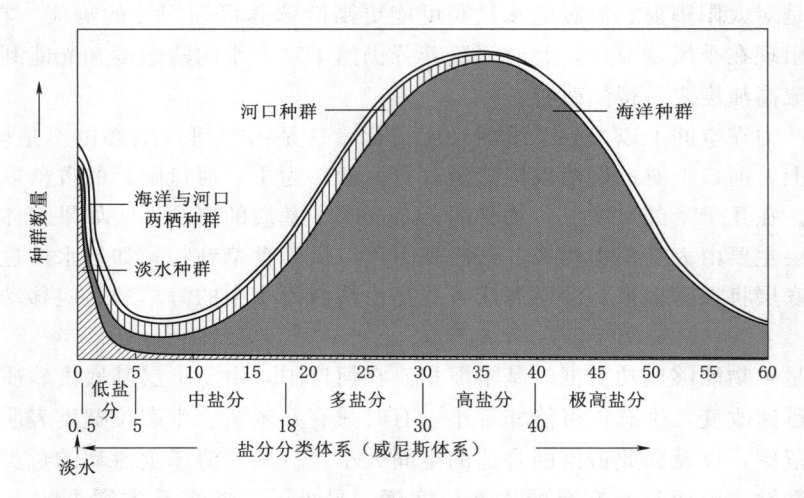

图 7.3 河口生物各类群的物种丰富度[2]

区的进一步支持，并反过来支持来自海洋和集水区的营养物质、鱼类和浮游生物的流入，其中一些物质流出到海里。水载食物网随着水流移动，它被冲刷的速率由水运输的时间尺度决定。

底栖动物是河口的主要生态成分，它们与沉积系统有着密切的联系，是越冬涉水鸟类和栖息鱼类及幼鱼的主要猎物。这被分为底生动物区系和内动物区系。底生动物区系在底层的表面，例如生物礁（贻贝礁、牡蛎礁、多毛类礁），而内动物区系（多毛类蠕虫、穴居动物、软体动物和片脚类动物）在沉积物中。底栖生物群落结构反映了中等能量水平流动的沙砾底层的水文模式，反过来，被浮动的有机体定居，而低能量系统允许淤泥沉积而被以定居、穴居和固着的形式占据。底栖生物是生态系统工程师，因为它们改变生境，不仅对水文状况做出响应，还影响海床的物理性质。底栖生物是环境影响评估的主体，因为大多数人类活动通过影响沉积物，从而导致底栖生物群落结构的改变。因此，试图将人类活动对底栖生物的影响与水文物理系统的影响分离是一项重要任务。

任何自然或人为的改变都会对底栖生物产生影响，但对于高度变化的河口环境，如盐度和温度以及侵蚀-沉积循环的日变化，底栖生物具有很强适应能力。虽然河口可能被认为是不适合该物种的压力生态系统，但它们却创造大量适应的物种种群。此外，由于河口底栖生物群落自然地表现出与人为压力群落相同的特征，那么人类活动的影响将变得难以检测，即所谓的河口质量悖论。

7.4.4 河口与鱼类

7.4.4.1 河口鱼类群落及其与水文物理因素的影响

从开放海域到沿海和过渡水域（如河口、峡湾、潟湖等），再到流域上游的连续性，河口对鱼类起着主导作用。这包括作为觅食、育幼和避难区域，以及在淡水或海洋中生长和生殖的物种的迁徙路线。一系列水文物理过程和生物地球化学的主要因素创造了适用于鱼类定居的生态位、栖息地和条件，以及创建和支持鱼类群落所需的资源。不同栖息地（泥滩、湿地、水体、上游和下游等）的可用空间、食物和庇护所允许不同的用途。丰富的觅食场所由巨大的水体和床面无脊椎动物种群依次创造，而这又是系统中大量有机物生产和循环的结果。

与所有河口生物一样，鱼类群落是根据物种对环境的忍受能力而形成的。对环境盐度具有较大容忍度的生物被称为广盐性物种，因此很可能存在于整个河口连续体中，并能够忍受水文物理条件的变化。这样的物种因此具有更高的抵抗力，能够承受河口自然和人为变化带来的影响，以及在环境应激因素后具有更强的恢复能力。这种在河口等环境多变的地区能够抵御环境压力而维持群落的能力，被称为环境稳态。相比之下，耐盐性较差的窄盐鱼类主要生长在河口附近，因此对增加的河流流量特别敏感，导致河口处于形成半咸淡水环境而非海洋条件。任何导致鱼类等移动生物改变行为的环境条件变化都会对其能量和生理产生影响。

在特定条件下，鱼类的存在既表明它们的耐受性，也表明缺乏造成水质屏障的条件。此外，对包括协同和拮抗的相互作用在内的各种环境因素组合的耐受性也很重要。例如，在英国东部的福斯河和泰恩河河口，当溶解氧水平低于 5mg/L 以及温度超过 15℃时，比目鱼是不存在的。因此，在对河口水文的管理以及任何生态水文操作中必须确保防止出现这种情况。这些等级可以作为水质和水量管理的环境质量标准。

虽然生活在河口的物种通常具有耐受不稳定盐度和温度的广盐性和广温性，但是为了繁殖而在海洋和流域之间迁徙的洄游物种必须经历大幅且相对持久的生理变化。因此，它们更容易受到不利的水文物理条件的影响。比如，生活和成长在海洋中但在淡水区繁殖的逆游性鱼类（如鲑鱼），以及在淡水中生活和成长但在海洋中繁殖的顺游性物种（如鳗鱼），必须穿越像淡水海水交界面这样的具有压力和变化的关键区域。另外有一些物种，它们既不是广盐性的，也不是窄盐性的，而是在适当的时候必须在淡水适应性和海洋适应性之间转换，这再次产生能量效应。在穿越河口期间，一些物种会遵循盐度分层，以尽量减少它们所面临的盐度变化，从而适应盐度与流量相关的条件。

7.4.4.2 鱼类幼苗洄游

河口及其湿地被鱼类用作育幼场所和庇护区，尤其是对于海洋物种而言。根据鱼类物种的不同，产卵可以发生在河流中、河口或近海的水域（图7.4和图7.5）。有些鱼类物种会将它们的卵附着在底部基质上并守护它们，从而防止卵和幼体被冲向海洋。其他鱼类物种会产卵为浮游性卵，这些卵和即将孵化的幼体会在海洋中分散数天到数周的时间。还有一些鱼类物种会产卵为底栖卵，通常是较重和较大的卵，它们会沉积在底物上，这可能是为了防止卵被从河口冲走。目前尚不清楚浮游幼体在海洋经过长时间的分散后如何返回河口，欧洲的比目鱼和鳎目鱼以及美国的大西洋鲱鱼等具有重要商业价值的鱼类的情况就是如此，回到河口前它们的仔鱼在海上分散（图7.6）。

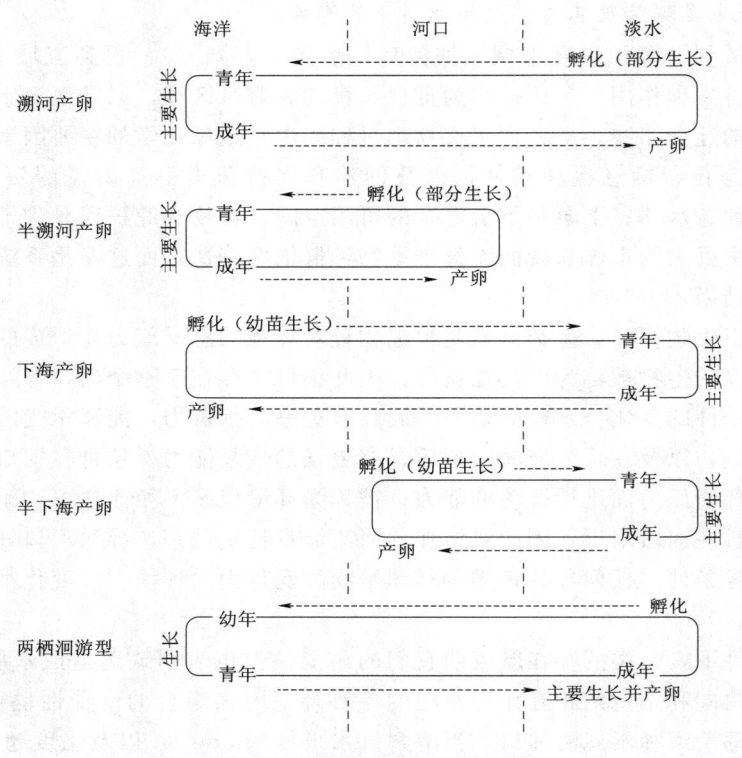

图7.4 鱼类海水淡水间洄游路线

长期以来，人们一直认为成熟的鱼类幼体（即它们变得具有活动能力）通过选择性潮流运输返回河口。也就是说，它们能感知潮汐，并在水柱的上层移动，利用涨潮的洋流朝着河口移动，而在退潮时则靠近底部以避免被洪流冲向海洋。然而，有三个原因使得这个假设看起来是站不住脚的。

第一，海洋中的幼体通常停留在水表面，或者进行昼夜周期性迁移，只在夜间来到水面，而这与高潮和低潮的时间无关，因为潮汐与白天的光照不同步。因此，幼体没有一个参考点，不能感知由于潮汐引起的水压变化。第二，野外研究表明，仔鱼没有利用选择性潮流运输进入河口，但一旦进入河口，它们就利用选择性潮流运输在河口内向陆地移动。第三，前弯曲期仔鱼通过盛行流被动平流到沿岸；当它们到达后弯曲期时，理论上它们可

7.4 河口生态结构与功能

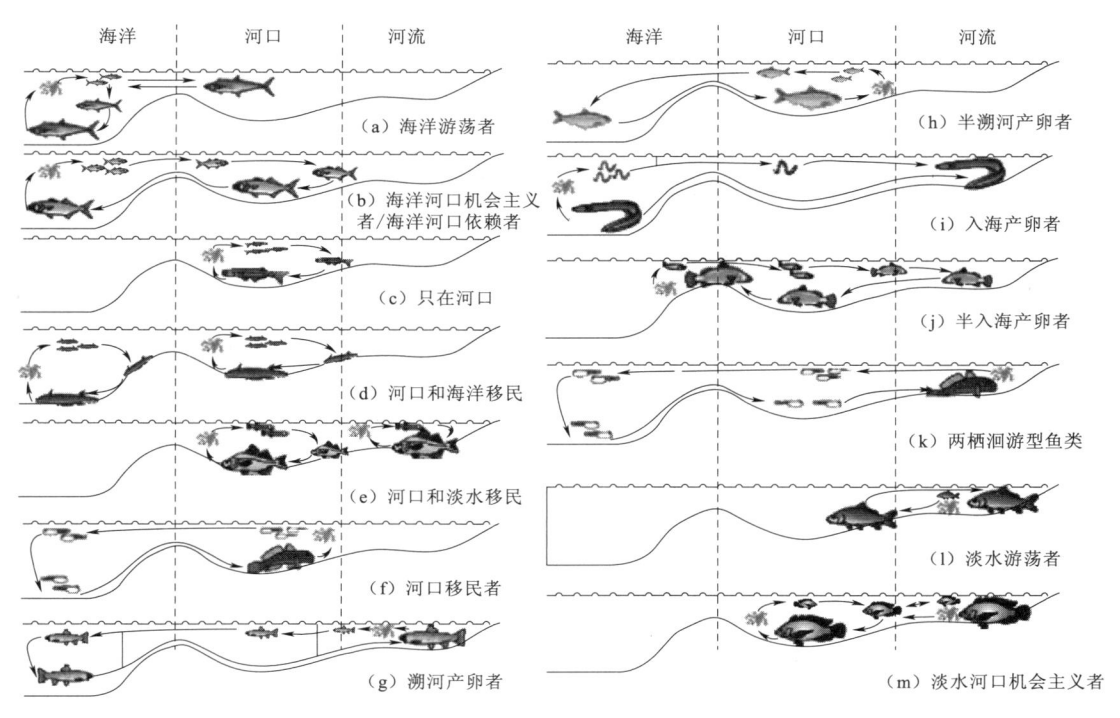

图 7.5 不同河口鱼类的生命周期策略[4]

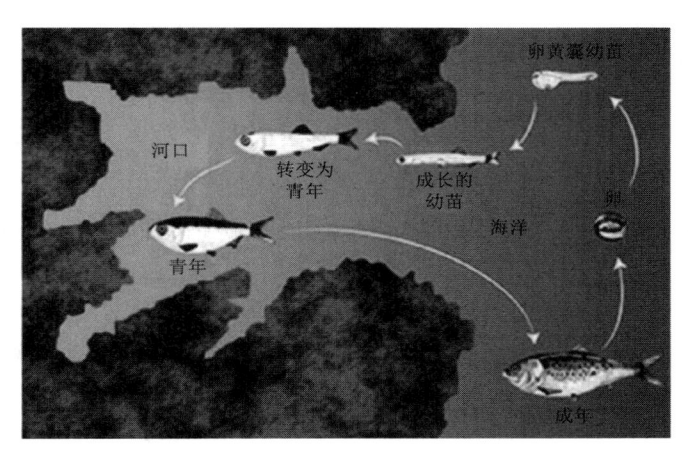

(a) 海洋游荡者
(b) 海洋河口机会主义者/海洋河口依赖者
(c) 只在河口
(d) 河口和海洋移民
(e) 河口和淡水移民
(f) 河口移民者
(g) 溯河产卵者
(h) 半潮河产卵者
(i) 入海产卵者
(j) 半入海产卵者
(k) 两栖洄游型鱼类
(l) 淡水游荡者
(m) 淡水河口机会主义者

(a) 大西洋鲱鱼的生命周期，突出了一个关键的问题，即仔鱼经过海上长时间分散后如何返回河口

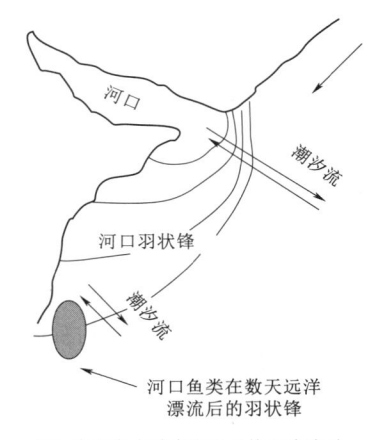

(b) 当沿海水域中出现平均沿岸流时，在河口附近产卵的仔鱼会在海上漂流

图 7.6 鱼类幼苗洄游

以游泳并利用选择性潮流运输，但此时它们通常远离河口和潮汐流[图 7.6（b）]。事实上，在典型的 7 天前弯曲期内距河口 30~60km 处，沿海水域速度为 0.05~0.1m/s 的典型平均沿岸流将运输快速发育的仔鱼。

鱼卵和不具有游泳能力的温带鱼类幼体通常会被水流带离沿海产卵区域。有时候，风和潮流可能会将该幼体带入河口，但这种情况很少发生。为了使鱼类种群茁壮成长，已发育具有游泳能力的幼体必须察觉到河口并朝向这些栖息地游动。实际上，一些具有游泳能力的鱼类幼体会在退潮时上溯；也就是说，它们会逆着潮流游动。通常，迁移到河口的温带鱼类幼体没有"印记"，因为它们从未生活在河口中，卵的水合作用发生在海域。然而，温带鱼类幼体能够察觉并追随一些感觉线索来指引它们的游动方向。一些物种会朝向源自河口海草的气味线索游动，例如南非鲈鱼、澳洲鲷鱼和一些金头鲷鱼幼体。河口的声景也可以用来引导幼体游向合适的河口。盘鳍鲽鱼的幼体利用盐度作为游动方向的线索。温度和水质浑浊度也可能被温带鱼类幼体用作发现河口栖息地附近距离的线索，并且可能不仅仅依赖单一的线索。晚期温带幼体的游泳巡航速度通常相当快，温带鱼类幼体可以以每秒几倍于自身体长的速度游动。实际上，耳石微量化学数据显示，美洲鳀鲆可以上游移动最高达 6.5cm/s，这证明温带鱼类幼体不仅会避免被带离，还能够主动进入河口。

7.4.4.3 鱼卵死亡率

一些无脊椎动物和鱼类物种在潮间带沙滩环境中产卵，形成了几十厘米厚的富含卵的前滩，如大西洋蛇尾鳌蟹、加利福尼亚沙鲽鱼、沙鳕鱼、鳀鱼和浪鲱等。这些卵经常面临被捕食、干燥、缺氧、挖掘和波浪搬运的风险。除了最近有关于波浪挖掘卵的影响研究，上述大部分都鲜有研究。被冲浪和破浪释放的卵会在其背风侧形成一个缺乏卵的区域。这些卵是岸鸟的重要食物来源。

7.4.4.4 与浮游食物网的联系

鱼类在河口中的浮游和底栖食物网的有机通量中起着重要作用。草食性鱼类将能量和物质从河口植物转移到上层食物链，但通常只消耗大型植物和大型藻类的约 10%，其余的 90% 通过岩屑系统进行处理。利用河口作为育鱼场的沿岸鱼类和甲壳类动物影响了有机物质的摄取和排放，包括排泄产物和沉积物团聚/穴居。河口羽流也支持像鳀鱼或沙丁鱼这样的浮游食性鱼类，在沿岸水域中产生商业重要的渔获。

7.4.5 河口与鸟类

河口湿地供养大量的候鸟和留鸟。这些鸟类为人类提供了与高质量生活息息相关的精神欣赏和艺术美感。这是保护河口湿地的强大动力。同时，实践证明鸟类有助于维持河口生态系统。

鸟类在连接河口与周围生态系统方面起着重要作用。热带生态系统由森林、红树林、潮间带、稀树草原和海草床等各个组成部分组成，而鸟类促进了这些组成部分之间的连通性（图 7.7）。某些鸟类根据资源的可用性和丰富程度可能会停留在红树林内，而其他物种可能会在红树林和相邻栖息地之间移动。同样地，鸟类展示了温带地区泥滩和盐沼之间的觅食区连接性，以及这些区域与河口相邻的合适栖息地之间的联系。因此，水文物理状况决定了觅食区域的面积，潮汐状况决定了这些区域觅食的相对时间，以及栖息地和觅食区之间的相对距离[5]。

鸟类改变河口的营养收支，关于这一方向的研究正在兴起。鸟类具有机会主义性，它们会迅速转换栖息地以寻找食物。鸟类会利用人类提供的适宜的创造性栖息地资源，如潮间淡水湿地和盐沼泽地，并避开它们认为不适宜的沿海湿地，如米草属入侵的湿地。在间歇性开放和关闭的河口，鸟类多样性随河口开放或关闭状态而变化，这可能与可获得的鱼类有关，如食鱼鸟类在关闭的河口占主导地位。这表明它们是机会主义的捕食者，实际

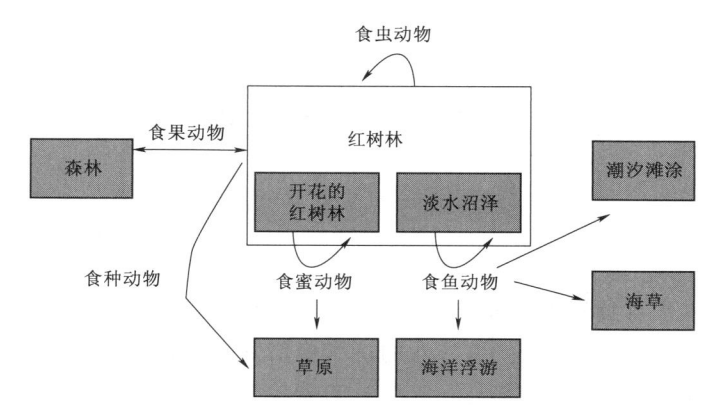

图 7.7 鸟类在生态系统的各种组成部分之间建立连接的概念模型[2]

上，它们在特定河口的不同湿地上广泛觅食，比如暂时性淹没沼泽地、永久性沼泽地、潮间淡水沼泽地和盐田，且它们很容易以入侵物种为食，比如蛏子和太平洋牡蛎。鸟类可能有助于传播感染蓝贻贝的寄生虫。鸟类的排泄物是一种营养来源，可以改变海草、底栖鱼类和无脊椎动物的密度和物种丰富度。鸟类向沿海湿地输入和输出植物生物量，在一些盐碱滩，候鸟消耗大量的活植物生物量，随着鸟类迁离摄食地，这些植物生物量会输出到附近或远处的其他沿海湿地。鸟类还受到沉积物化学污染的影响，其影响程度取决于它们对被污染湿地的使用情况。鸟类也会受到滩涂营养不匹配的影响，因为这些会阻碍潮间带动物的穴居行为。

思考题

1. 水流的滞留时间表征了什么物理意义？如何计算？
2. 简述地下水在河口生态功能中的作用。
3. 简述鸟类在河口生态水文中的作用。
4. 简述泥沙在河口生态中的作用。

参考文献

[1] 夏军，左其亭，王根绪，等. 生态水文学 [M]. 北京：科学出版社，2020.
[2] Wolanski E, Elliott M. Esturine ecohydrolgy [M]. Amsterdam: Elsevier Science, 2016.
[3] Basset A, Barbone E, Elliott M, et al. A unifying approach to understanding transitional waters: fundamental properties emerging from ecotone ecosystems [J]. Estuarine Coastal Shelf Science, 2013, 132: 5-16.
[4] Potter I C, Tweedley J R, Elliott M, et al. The ways in which fish use estuaries: a refinement and expansion of the guild approach [J]. Fish and Fisheries, 2015, 16: 230-239.
[5] Buelow C, Sheaves M. A birds-eye view of biological connectivity in mangrove systems [J]. Estuarine Coastal Shelf Science, 2015, 152: 33-43.

第8章 农田生态水文

我国耕地面积约占陆地面积的14%，农业用水量约为3600亿 m³/a，占全国用水量的65%左右，灌溉水有效利用系数为0.54，高效节水灌溉面积超过3亿亩。农业是我国国民经济的基础，水资源短缺制约着农业的持续稳定发展，是危及国家粮食安全的重要因素。由于人口增加和生活水平的提高，农产品的需求量也逐步上升。受气候变化、生态环境保护等影响，在水资源总量有限甚至下降的情况下，农业用水量势必减少，农业生产和粮食安全与水资源短缺的矛盾日益突出。

8.1 基本概念与内涵

8.1.1 基本概念

农田生态水文学是以农田生态系统为对象，重点研究农田生态水文过程的相互作用和反馈机制、环境变化对农田生态过程的影响及作物耗水和产量响应的学科。农田生态系统是自然和人工双重作用下的生态系统，其生态水文过程既遵循自然生态系统相应过程的客观规律，又有其内在的特殊性。生态水文的研究通常以流域为单元。流域具有层级结构和自然边界，可以把它看成众多气候和非气候因子效应的自然集成体，因此流域是开展生态水文过程观测分析和模拟研究的合适尺度。在大尺度流域上，农业生产活动是流域地表过程的重要组成部分。农田生态系统受自然因素（气候、土壤）和人类活动（化肥、农药、品种更新、灌溉等管理措施）的共同影响，其能耗强度高，与周围环境物质和能量交换过程复杂且频繁。农田生态系统物种和结构单一，系统更替频繁，高度依赖水分、肥料的投入和农田管理，所以更易受环境变化的影响，呈现较高的脆弱性。农田生态系统对气候波动变化尤为敏感，如降水量的季节分配变化、高温干燥天气等极端事件很可能造成农田灌溉需水量增加和产量损失。灌溉农田由于灌溉水质、犁底层透水性差和高蒸发能力等问题，通常容易引起盐分在根区积累，产生土壤次生盐渍化，导致土壤质量退化、生态系统服务功能下降。在地下水位埋深低于2m时，因土壤毛细管的上升作用，盐分在根区的积累更快。农田作物因生长周期短，根系较浅，不能直接吸收利用地下水，从而导致流域地下水位上升，在雨季更易产生地表径流，面临洪水致灾风险。此外，农田根层土壤的频繁翻耕、作物秸秆的回收可能改变土壤结构，增加土壤紧实度和有机质含量，导致土壤持水能力下降，不利于农田生态系统生产力的提升和服务功能的改善[1]（图8.1）。

8.1.2 基本内涵

自然界的水在不断地运动中产生的水文现象，在水-土-植-气系统中为农业水文现象。在农业水文现象中，水因太阳辐射而成为水汽，水汽因大气环流而在所到之地降为雨、雪，形成径流，出现地面水、土壤水、地下水及其汇流；通过土壤水作用于植物，影响于

8.1 基本概念与内涵

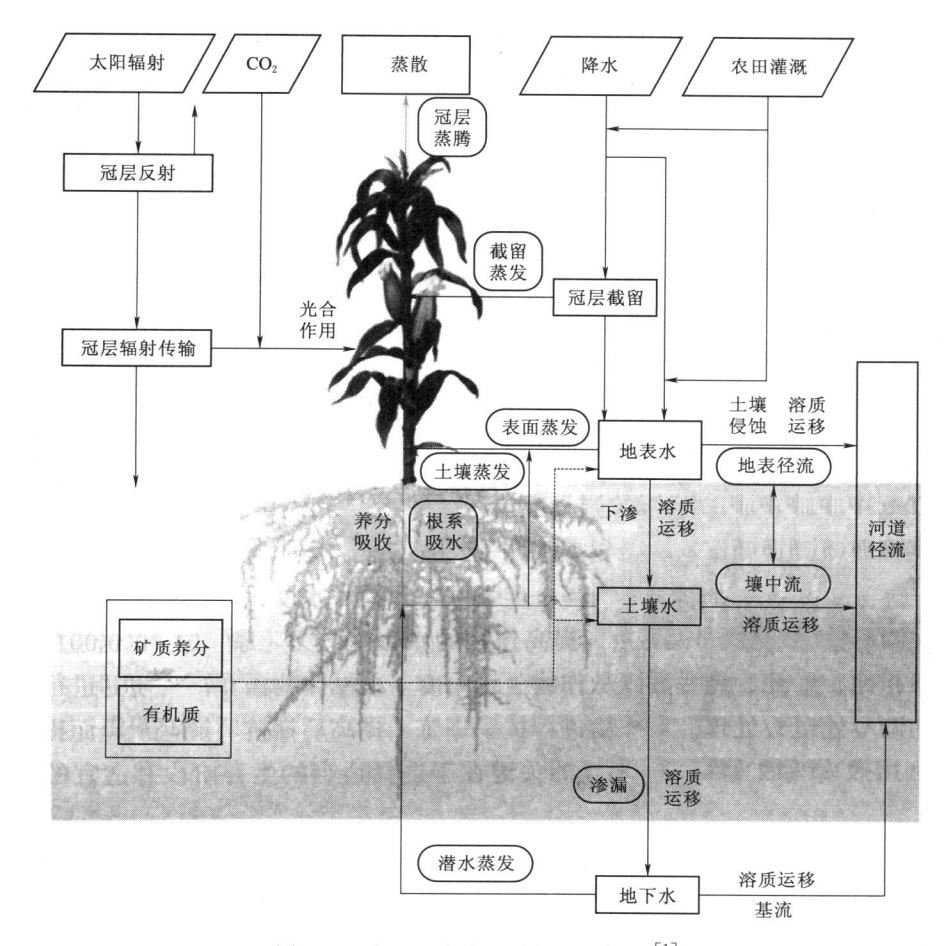

图 8.1 农田生态水文关键过程示意[1]

植物的生活生长。这些基本水文现象的形成以及通过水文循环所形成的水分交换、转化，大之还受到下垫面的制约和人类活动的影响，小之不免于水分物理和水文化学的调控作用。由于这种农业水文现象在时空分布上的不均匀、不稳定，在农业生产上可出现洪涝旱情，可引起水利土壤改良乃至环境水利问题。农业水文学就是从水文循环、水文气象、水文物理、水文化学阐明其理论基础，从产流、地面水、土壤水、地下水径流动态阐明其运动机制规律，从植物水分条件、旱涝分析、农业用水的特点论证农业用水的水文问题，这样来组成农业水文学的主体，反映农业水文现象的整体[2]。

8.1.2.1 农田水文研究

从微观上研究水-土-植关系中的水文现象问题。

1. 土壤水文的研究

土壤水的运动受到土壤水分物理的制约，不同的土壤具有不尽相同的土壤水分物理特性，影响土壤的水力学特性和向植物的供水条件与能力，并因含水量的不同而具有不同的水、肥、气、热状况，构成植物的地下生活环境，左右着植物的生长发育。土壤水分状况也影响土壤微生物的活动，从而影响土壤中矿物质转化为植物的营养物质及其在土壤水中的溶解和植物的吸收。在干旱地区,土壤水的下渗可起土壤脱盐作用,土壤水的蒸发可起反盐作用,土壤水化学变化可引起水质标准问题;在湿润地区,水淋溶则可引起酸土问题。研究土壤水文不仅可以深入认识土壤水在水文循环中的基本性能作用、了解土壤水分与植物空间的关系,对解决许多农业技术问题也具有重要的意义。

2. 植物的水分条件研究

水对植物生理具有重要的作用。水是光合作用的一种原料,通过叶绿素的光合作用,与二氧化碳相化合而形成植物有机质,构成植物机体,把光能转化为生物化学能。水也可比喻为植物的"血液",没有水,植物组织就会死亡。它是土壤与植物间的接连环,是溶解物进入植物并通过其组织而运动的介质。水对生化作用能创造较均匀的温度条件,通过从暖热环境的吸热或本身水分的蒸发、散热,以调节其体内的水分运动,进行生化活动,并借以适应小气候条件中的水、热变化。因此,植物从种子的顺利萌发,根系的充分发育,植株的苗壮成长,直到成熟收割,都要满足其生理、生态需水的要求。联系水文现象研究植物的水分条件,探求植物需水规律,并把这一研究提高水文循环的高度和调度水资源的高度,应是农业水文研究的一个新的动向。

3. 水文小循环的研究

水通过表细胞与根毛进入植物体,水在植物体中从根部向上运行至叶柄,然后至叶面,通过气孔散发至大气中,与土壤蒸发一道,起调节地面小气候的作用,同时完成水在水-土-植-气系统中自大气中来,又回到大气中去的水文小循环,使植物在其生长过程中对生理、生态需水得到满足,并完成水资源的一次小循环和再生。这一循环,在白天以蒸散发的形式,在夜晚以凝结的形式,在植物的一生进行不息,形成水-土-植-气系统中的一种水文循环现象,其过程受制于农业水文气象条件和灌溉排水、耕作栽培等人为因素的影响。可以说,把水文小循环的研究具体到农田,无疑将扩大田间农业实验在水文研究方面的领域,使田间农业实验向前进一大步。

8.1.2.2 区域农业水文研究

在水-土-植-气系统中,把参与水文大循环的降水、地面水、土壤水、地下水作为一个组成整体,从宏观上分析研究其水文特征。土壤水作为植物水文条件可纳入农田水文研究,作为水资源问题则可纳入地下水范畴。

1. 水文循环与降水的研究

海洋水面蒸发的水汽成为大气水,随大气环流进入大陆,产生降水,形成地面水和地下水,三水可以相互转化。它们中的一部分以小循环复归于大气中,一部分则汇集于海洋,完成其一次大循环。事实上,水文循环是一种连续性的水分运动,在其运动过程中可产生水旱灾害,也产生水资源的再生和净化,形成大气环流左右的时空分布及动态规律。相应于全球的气候分带,水文循环也有世界范围内的分带性和在分带内以地形条件所形成的大江大河为单元的分区性。在我国,广大的东部地区为太平洋季风所控制,西南局部为印度洋季风所控制,西北内陆则属北冰洋气候区,水文循环和降水均取决于这些季风气候与欧亚大陆冷高压相互交锋,产生我国所特有的四大天气过程。其中的降雨天气过程决定了我国因地不同、因时而异的雨水时空分布和动态,制约着各地的农业生产。

8.1 基本概念与内涵

2. 产流的研究

产流的过程决定着地面径流和地下径流的形成。降水产生地面水、地下水，形成地面水和地下水径流，最后均汇流归于海洋，在这一径流过程中形成其各自独立的而又相互联系的水文特性。径流状态也因在径流过程中不断地受沿程局部地区水文小循环的影响而不断地发生变化，使得这些特性也多有局部起伏变化，增加全局的复杂性。地面水在自然界中有冰川水、江河湖泊水、沼泽水、海洋水，在一个流域内形成一个水系；它通过水文循环与大气水和地下水相互转化，相互影响而改变自己的水文条件。

对地下水来说，大地无处不有地下水：在丘陵山区为基岩裂隙水、岩溶水（喀斯特水），在平原为壤中水、潜水、承压水；在一个水文地质单元内组成为一个地下水径流系统，在地形、水文地质条件的制约下形成其地下径流的水文特征。它既是一个独立的水体，又是与地面水密切关联的一个联合体。在其径流过程中，地下水可以接纳降水、地面水（江河、湖泊、沼泽、塘库、沟渠、灌溉）的补给而扩大其源流；也可以泉流、渗流反馈于地面水，或以潜水蒸发送水于大气圈，或以毛管水补给于土壤水为植物所利用，从而削减其径流。在各含水层之间可有垂直向的越流补给，在地下古河道中可出现地下河。因此，地下水的水情远比地面水复杂。在我国，特别是北方地区，地下水常是河川的基本径流，决定河川的涸水期的水文条件，在西北内陆地区则与融雪水共同组成河川的径流。因此，对产流的研究是水文学中的一个十分重要的环节，在农业水文学中则不仅要从水-土-植-气系统的水循环运动中研究降水的产流过程，从发展上看，今后还将研究通过运用农业工程、农业措施来影响、改善这一过程，使之融合于三水相互转化的过程。

3. 旱涝分析的研究

在农业生产上，水-土-植-气关系失调就出现灾害，在水-土关系失调时则出现水旱问题并带来其他后果。在水情上，水量供不应求称受旱，用之有余须排泄者为弃水，弃之不及而成灾者为害水，但如蓄而为用，弃水可转化为有用之水，害水也可转化为利水。因此，从农业生产上来说，降水量多未必有利，或反有害，出现洪涝积水就成为防洪除涝排渍重大问题；但反之，它们又可为农业用水及其他用水事业提供水源条件。降水量不多而适时，或不失为风调雨顺的丰收之年。降水量不足则要求发展灌溉，以地面水补其不足，地面水补之不足则须以地下水接济，以改变这种旱的水文现象。这样，在农业水文上，洪涝旱既是各自独立的水文现象，又是相互联系的利害统一体，统一于水资源的调度。我国是一个多自然灾害的国家，认识历史旱涝动态规律，正确处理洪涝旱的关系，仍然是农业水文上一个待解答的根本问题。人类活动带来的水污染和恶化环境水利条件，也形成农业水文问题。

人类活动是农田生态系统重要的作用因子。在高强度人类活动的干预下，农田生态系统生态-水文过程相互作用的解析是农田生态水文学的核心研究内容，主要包括在灌溉和降水条件下，田间、景观和流域区域尺度农田生态系统的蒸腾蒸发过程机理、模拟和预测理论与方法；蒸腾过程的农田管理和农艺措施调控机制、方法和技术；灌溉方式和灌溉水平对农田水循环和作物水分利用效率的影响；水肥耦合作用下农田作物水分利用效率和产量响应；灌溉对农田土壤氮素淋失和地下水硝酸盐污染的影响及环境效应。其次，气候变化、土地利用和土壤环境变化对农田生态系统生态-水文过程的影响也受到特别关注，一直是农田生态水文研究的热点和前沿课题。

8.2 田间水量平衡

为了保证作物的正常生长，不同作物在不同的生育期需要不同的合适的田间水量。为此，必须分析研究田间水量平衡。下面分水田和旱地的田间水量平衡来叙述[2]。

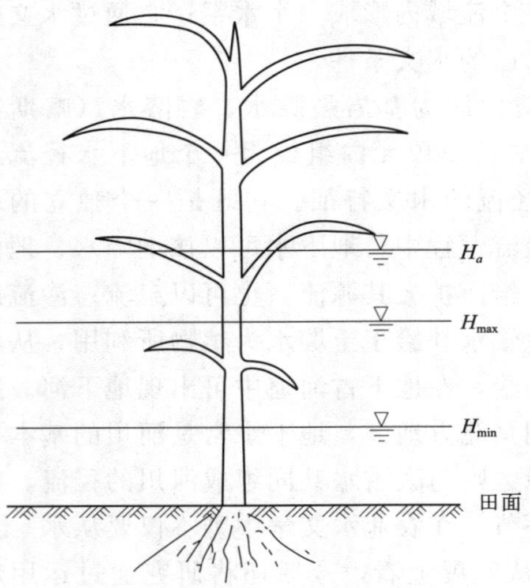

8.2.1 水田田间水量平衡

水稻的生长要求田面经常维持一定的适宜水层，即水深应保持在适宜水层上限 $H_{\max}$ 和适宜水层下限 $H_{\min}$ 之间。当田面水层降至适宜水层下限时，应及时进行灌溉，适宜水层上、下限之差，即时段内应灌溉水量。当降雨过大而使田面水层超过最大允许蓄水深度 H_a 时，应及时将多余水排除，排至最大允许蓄水深 H_a，淹深与 H_a 之差即需排出之水量。田面水层控制的变化范围，如图 8.2 所示（生育期各水深值也不同，烤田时放干至田面）。以天（或旬）为时段的田间水量平衡方程式如下

图 8.2 田间水层示意

$$H_2 = H_1 + P_x + m_i - (E_b + R_f) \quad (8.1)$$

灌溉的条件是：当 $H_2 = H_1 + P_x - (E_b + R_f) < H_{\min}$ 时，则时段灌溉水量为

$$m_i = H_{\max} - H_2 \quad (8.2)$$

排水的条件是：当 $H_2 = H_1 + P_x - (E_b + R_f) > H_a$ 时，则时段排涝水量为

$$M_r = H_2 - H_a \quad (8.3)$$

式中 H_1——时段初的田间水层深，mm；

H_2——时段末计算所得的田间水层深，mm；

H_a——最大允许蓄水深度，mm；

P_x——时段内降水量，mm；

m_i——时段内灌溉水量，mm；

M_r——时段内排涝水量，mm；

E_b——时段内水稻田的蒸散发量，mm；

R_f——时段内水稻田的下渗量，mm。

8.2.2 旱地田间水量平衡

旱作物的生长要求在耕作层土壤内保持适宜的含水量，这一适宜的含水量通常以田间持水量为上限，一般以田间持水量的 50%～60% 为下限。天然的土壤含水量由于降雨补充和蒸散发消耗而处于不断的消长过程中。当接近土壤适宜含水量下限时，则需灌水补充；当地下水位过高时，则应排渍。其水量平衡方程式如下

$$\beta_e H = \beta_i H + P_x - R_d - (E_b + R_f) \quad (8.4)$$

灌溉的条件是：如遇无雨或小雨，$R_d=0$，$R_f=0$。
$\beta_e H = \beta_i H + P_x - E_b < (0.5-0.6)\beta_f H$ 时，时段所需灌溉水量为

$$m_i = \beta_f H - \beta_e H = (\beta_f - \beta_e)H \tag{8.5}$$

排水的条件是：如遇降雨过大，地下水面上升到耕作层以上，甚至到达地面，此时地下水埋深 Δ 小于耕作层厚度 H，则时段内排渍水量为耕作层以上的重力水量，即

$$M_r = (H-\Delta)\mu_w \tag{8.6}$$

式中　H——耕作层厚度，mm；
　　　β_e——时段末土壤含水量（土壤容积的%）；
　　　β_i——时段初土壤含水量（土壤容积的%）；
　　　β_f——土壤的田间持水量（土壤容积的%）；
　　　P_x——时段内降雨量，mm；
　　　R_d——时段内降雨产生的径流量，mm；
　　　E_b——时段内的蒸散发量，mm；
　　　R_f——时段内渗入耕作层以下的水量，mm；
　　　m_i——时段内灌溉水量，mm；
　　　M_r——时段排涝水量，mm；
　　　Δ——地下水埋深，mm；
　　　μ_w——给水度。

8.3　农田小气候

由于地形和下垫面结构不均匀的影响而引起近地面层的热量、水分状况和其他气象因素的差异，从而形成的局部特殊气候称为小气候。

农田小气候是指农田地面以上 1.5～2.0m 内贴地气层和土壤表层的光、热、水、风的综合状况。它对植物的生长发育有很大影响，可以通过人工措施改善农田小气候，以利植物的生长[2]。

8.3.1　物理基础

活动面辐射平衡是农田小气候的物理基础。白昼，太阳辐射通常超过有效辐射，活动面获得热量（$B_r>0$）。夜间则相反，有效辐射总是负值，活动面失去热量（$B_r<0$）。白昼，活动面所获得的热量，用于植物、土壤、邻近空气层的直接加热，以及植物的生物学（光合作用和呼吸作用）过程和土壤的蒸发，植物的散发作用；夜间，活动面失去的热量由土壤内层、贴地气层以及因降温使水汽凝结而释放的潜热予以补充。根据能量守恒定律，活动面的热量平衡方程如下

$$B_r \Delta t = W_b + W_c + W_T + W_e \tag{8.7}$$

式中　B_r——热通量；
　　　Δt——时段长；

W_b——活动面与土壤间的热交换量；

W_c——活动面与空气的热交换量；

W_T——因植物生理过程吸收或释放的热量；

W_e——消耗于散发或凝结时所释放的热量。

当 W_b、W_c 为正时，表示土壤内层、贴地层的空气获得热量；W_e 为正时表示水分状态变化时吸收热量。W_T 值一般很小，很少达到辐射平衡的百分之几，在粗略的计算中一般略去。所以热量平衡方程常见的形式是

$$B_r \Delta t = W_b + W_c + W_e \tag{8.8}$$

综合热量平衡方程诸项的物理意义，指出活动面的作用表现在热量循环和水分循环两个方面。活动面的热平衡不但把空气和土壤的增热与冷却过程结合起来，而且也把水分循环中的蒸发与凝结过程结合起来。

8.3.2 影响农田小气候的因素

在同样的太阳总辐射和大气到达地面逆辐射的条件下，农田由太阳辐射所获得的热量取决于土壤和植物对太阳总辐射的反射率（a_0）以及植物对地面的覆盖面积。

8.3.2.1 反射率的影响

植物品种、种植密度、生长高度、发育阶段以及土壤颜色、湿润程度不同的农田，反射率是不一样的，a_0 值可相差很大。一般不同植物，或同一种植物不同生长期对太阳总辐射的反射率可由 10% 变化到 30%。而不同植被的反射率相差就更大，可由 10% 变化到 90%。

植物叶面对太阳总辐射的反射、透射和吸收特性，随植物的品种、不同的生长发育期以及叶面的面积和颜色而变化。不同植物的反射率可从 10% 变化到 30% 以上。因此，在同样太阳辐射条件下，不同作物地上的反射辐射最多可能相差两倍以上。

8.3.2.2 植被的影响

植被不仅影响反射率，也影响热量的分配。田块中热量的分配，随着作物的生长发育、作物叶面的情况、植被基土的比例而经常发生变化。

(1) 在植株稀疏或植物开始发育时，土壤表面很少受到植物的遮蔽，辐射主要由土壤承受，农田中的辐射平衡也主要随土壤性质和湿度状况而定。

(2) 随着作物的生长，土壤表面被作物遮蔽的程度越来越大，作物接收辐射的比重也越来越大。

(3) 当作物生长茂密时，农田中接收太阳辐射能主要由作物承受，此时，作物的影响起决定作用。

8.3.2.3 作物田块中热量分配

作物田块中热量分配尚受作物不同生长期的影响。作物在不同生长期活动面获得的热量用于加热土壤（W_b）、空气（W_c）、蒸散发（W_e）各自所占的比例是不同的。例如，棉花生长初期，土壤吸收的辐射热远大于棉花植被吸收的辐射；开花期之后，总辐射主要为棉花植被所吸收；成熟期之后才又转为主要由土壤吸收。

此外，接近地表的风速，对农田小气候的调节也起一定作用。

8.3.3 灌溉对农田小气候的影响

最近 10~20 年来国内外的农业气象研究表明,控制和改造农田小气候环境是完全可能的。人们可以调节植被层小气候,提高作物光合效率。最大限度地利用太阳能,不断提高光合作用效率是实现农业现代化的重要标志之一。调节土壤和近地面气层的温度,控制土壤水分的蒸发,改善土壤水、热状况等以创造作物生长的最佳环境。灌溉在这些方面都可产生有利的影响。

8.3.3.1 旱田灌溉

在干旱和半干旱地区,农田灌水,同时也改变了活动面的热力平衡和水分平衡,对土壤的物理、化学性质亦有一定影响。

灌水后的农田,太阳能多消耗于土壤水分的蒸发和植物水分的散发上,因此近表层空气和土壤的增热减少,而湿度增加。一般地,夏季灌溉地的气温比未灌溉地的气温低 3~6℃,而相对湿度却高 30%~50%。因此,灌溉田块上空的小气候是凉爽和湿润的。冬季,用地下水灌溉,水温一般比土温高,由于水的热容量是土壤的 5 倍,因此灌溉之后可使土壤表层温度增高,湿度降低速度变缓。例如,我国黄河中下游地区,在霜冻季节,若在下午 2—3 时灌溉,地温可增加 3℃,植物叶面温度可提高 2~3℃。因此冬季灌溉可防霜冻,喷灌可以防霜害。总之,灌溉可以调节田间的土壤和空气的湿度和温度,对防病虫害也有一定作用。

8.3.3.2 水田灌溉

在灌水的水田里,水温和地温的高低,取决于水的深度。实验表明,两块水深不同的田块,水深者温度升高的慢,水浅者温度增高的快,若温度下降,也是水深者较水浅者慢。地温变化亦然。相反地,在温度的日变化上,水深者小而水浅者大。如果灌溉水的温度和水田里水的温度不同,那么水田里的温度就会因灌溉而发生变化。另外,灌溉水对温度的影响,随灌溉的时刻而不同,据实验,在上午灌溉,水田水温开始下降,但这时太阳辐射能量大,气温也在上升,所以很快水温就恢复了;若在午后灌溉,温度会一直降低到次日清晨才能回升。

灌溉后水田里的水温,可用下列水量平衡方程计算

$$HT_1 + htT_2 = (H+ht)T_3 \tag{8.9}$$

$$T_3 = \frac{T_1 + \dfrac{ht}{H}T_2}{1+\dfrac{ht}{H}} \tag{8.10}$$

式中 T_3——灌溉后的水温;

H、T_1——原来的水深和水温;

T_2——灌溉水的温度;

t——灌溉的时间;

h——单位时间的灌溉引起水深的增加量。

灌水后,田中水温改变,改变了温度的水就可能与田面附近的土壤和水分立即产生热交换,因此上式计算出的水温仍是近似的。

8.4 田间水分动态

在田间，降水或灌溉后，地表水通过下渗过程进入土壤成为土壤水。当降雨或灌溉强度超过土壤的下渗强度时，在地表就形成积水，以地表径流的形式流出农田。渗入土壤中的水分在根层暂时储存，经排水、蒸散发而消退。有时在根层也可能形成重力水下渗，补给地下水。地下水位浅的农田，地下水可通过毛管上升到根层，供给植物需水，这就形成了一个田间水分循环过程，如图8.3所示[2]。

8.4.1 水分的下渗过程

水分下渗过程分为渗吸和再分布两个阶段。渗吸阶段是指地面供水期间，地面水进入土壤的运动和分布过程；再分布阶段是指地面水层消失后，土壤水分的进一步运动和分布过程。一般来说，再分布阶段伴随着蒸发过程进行。

8.4.1.1 渗吸阶段

当以某一强度进行地面灌水或降水时，刚开始的土壤吸水速度较快，随着供水时间的延长，土壤吸水速度逐渐减慢，当供水强度大于土壤的吸水速度时，地面就可能产生积水并出现地面径流。一般把水分进入土壤的阶段称为渗吸阶段。在土壤未被饱和的情况下，水分的下渗速度称为渗吸速度，以单位时间下渗的水层厚度计。

土壤的渗吸速度随时间的变化过程可用图8.4表示。此图上的三个特征点，分别以三个指标来表示，即最初渗吸速度、稳定渗吸速度和单位渗吸速度。

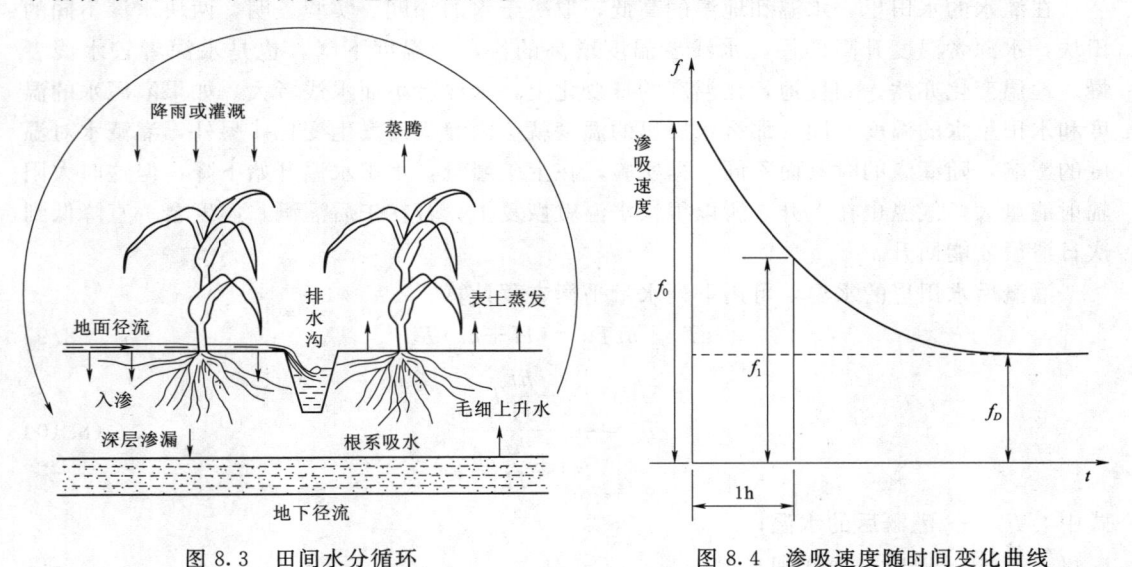

图 8.3　田间水分循环

图 8.4　渗吸速度随时间变化曲线

1. 最初渗吸速度（f_0）

最初渗吸速度是渗吸过程刚开始时的渗吸速度。渗吸初期可以忽略重力项，由下式表示

$$f_0 = -K(\theta)\left(\frac{\partial h}{\partial z}\right) \tag{8.11}$$

8.4 田间水分动态

刚开始降雨或灌水时，湿土层很薄，而干湿土的含水量相差很大，即土水势梯度 $\frac{\partial h}{\partial z}$ 很大。驱动水分下渗主要是土水势梯度，重力可以忽略。再者，此时表土已饱和或接近饱和，$K(\theta) \to K_0$，此时的 f_0 值较大。

另外，$\frac{\partial h}{\partial z}$ 的值与初始含水量 θ_0 有关。当土壤比较湿润，θ_0 值较大时，$\frac{\partial h}{\partial z}$ 值就小，f_0 值也小，如图 8.5 中的 2 线。在干燥土壤中 θ_0 值较小时，$\frac{\partial h}{\partial z}$ 就大，f_0 值也大，如图 8.5 中的 1 线。

2. 稳定渗吸速度（f_D）

在供水充分的条件下，随供水时间延续，渗吸速度最后可保持一个稳定值，称为稳定渗吸速度。

随渗吸时间的延续，湿土层不断加厚，当 $z \to \infty$ 时，土水势梯度 $\frac{\partial h}{\partial z} \to 0$，此时起作用的只是重力，则 $f_D \to K(\theta)$。由于湿土层中，$K(\theta) \to K$，则 $f_D \to K$。也就是说，稳定渗吸速度就接近于土壤的渗透系数。因土壤的渗透系数主要取决于土壤的质地、结构和密实程度，那么土壤的稳定渗吸速度就可根据土壤的特性，查阅有关图表。

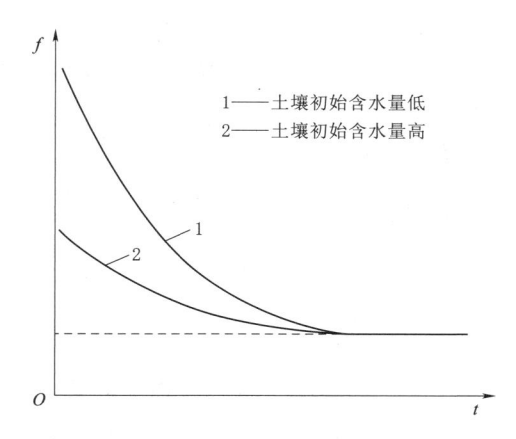

图 8.5　不同初始含水量时的渗吸速度 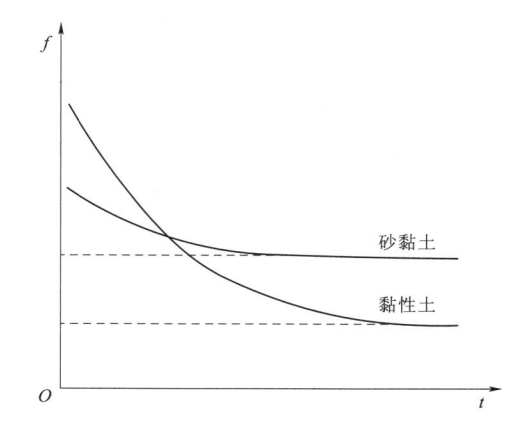　　　图 8.6　不同质地土壤的渗吸速度

3. 单位渗吸速度（f_1）

通常取渗吸开始后的某一时刻，如 1min、1h 等，把此时刻的渗吸速度称为单位渗吸速度。单位渗吸速度通常作为土壤透水性的指标。如大于 500mm/h 者是透水性过强的土壤，易产生淋溶作用；100～500mm/h 是透水性良好；70～100mm/h 是中等的；30～70mm/h 是透水性弱的；小于 30mm/h 者属于透水性不良的土壤。另外用经验公式计算时，也常采用 f_1 值。

影响渗吸速度的因素很多，除初始含水量外，土壤的质地也有明显的影响。一般黏性土壤初始 $\frac{\partial h}{\partial z}$ 很高，虽然较 $K(\theta)$ 小，可是 f_1 还是较大，而 f_D 较小。反之，砂性土的

f_1 较小，但 f_D 较大，如图 8.6 所示。另外温度的升高，降低了水的黏滞性，增加了 $K(\theta)$ 值。

8.4.1.2 渗吸阶段中土壤剖面的水分分布

供水充分的条件下，表土首先饱和。在整个下渗过程中，表层形成了饱和层。这层只有几厘米或几毫米厚，其厚度随供水时间增长很慢。紧接着是延伸层，这层中含水量分布比较均匀，其厚度随供水时间延长而增加。再往下是湿润层，其含水量分布随深度而减小。最下部是干湿土非常明显的界面，称为湿润峰。在峰面处的 $\dfrac{\partial h}{\partial z}$ 值很大，驱使水分继续下移。均质土的下渗过程含水量剖面如图 8.7 所示。

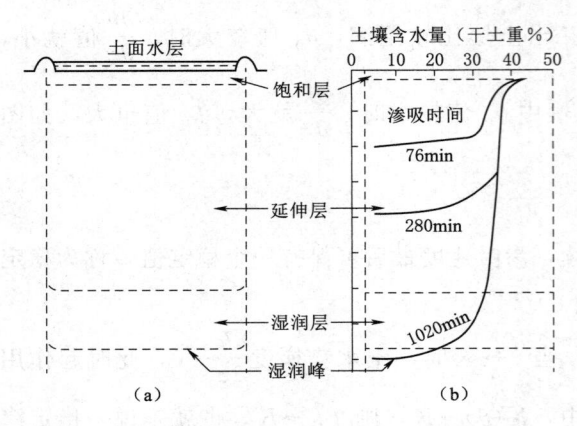

图 8.7 渗吸过程中剖面中的土壤水分分布

有了对下渗过程的定性描述，就可进一步进行理论分析，以求得定量的解。

8.4.2 不同灌溉条件下的水分下渗

当采用畦灌、沟灌、淹灌、喷滴灌等地面灌水技术以及降雨强度较高时，地面一般维持一定厚度的水层，这就是属于供水充分条件下的下渗过程。上述情况除沟灌需用二维模型、滴灌需用三维模型来描述外，其余均可用一维模型来表示。

在下渗过程中，在一维的情况下土壤水分的运动方程可表示为

$$\frac{\partial \theta}{\partial t} = \frac{\partial}{\partial z}\left[D(\theta)\frac{\partial \theta}{\partial z} - K(\theta)\right] \tag{8.12}$$

坐标向下，$K(\theta)$ 前为负号。对于初始条件，认为灌水前整个剖面土壤含水量均一，并等于 θ_0，即 $t>0$，$z>0$ 时 $\theta=\theta_0$。对于边界条件，假定地下水埋深无限大，即 $t>0$，$z\to\infty$ 时 $\theta=\theta_0$，地下水不影响剖面含水量。

在上边界，灌溉或高强度的降水，使表土立即饱和，并在整个下渗过程中都保持一定的水层，表土含水量达到饱和并保持不变，即 $z=0$，$t>0$ 时 $\theta=\theta_s$，如图 8.7 所示。即

$$\begin{cases} \dfrac{\partial \theta}{\partial t} = \dfrac{\partial}{\partial z}\left[D(\theta)\dfrac{\partial \theta}{\partial z} - K(\theta)\right] \\ \theta(z,0)=\theta_0 \\ \theta(0,t)=\theta_s \\ \theta(\infty,t)=\theta_0 \end{cases} \tag{8.13}$$

式中 θ_0——饱和含水量（容积%）。

式（8.13）为常称的灌溉下渗模型。

8.4.3 供水不充分条件下的水分下渗

当降雨强度或喷灌强度始终低于土壤的稳定渗吸速度时，土壤按供水速度吸进水分，地表土壤含水量的增大值决定于降雨或喷灌强度，始终达不到饱和。降雨强度高，表土含

水量高；降雨强度低，表土含水量也低。降雨历时过程中，渗吸速度 f 就等于降雨强度 p_i，即 $f=p_i$。编者根据喷灌实测资料，得出了不同喷灌强度下土壤剖面的含水量分布，并绘于图 8.8 中。

如降雨强度小于初始渗吸速度，大于稳定渗吸速度，但历时很短，则表土含水量的增大值决定于降雨历时的长短。即历时长，表土含水量高；历时短，表土含水量就低。如历时较长，则表土含水量不断增加，最终在某一时刻达到饱和，此时可采用式（8.13）进行求解。

在供水不充分条件下，已知表土的渗吸速度和不考虑地下水影响，并使剖面中的初始含水量均匀地等于 θ_0，此时的基本方程为

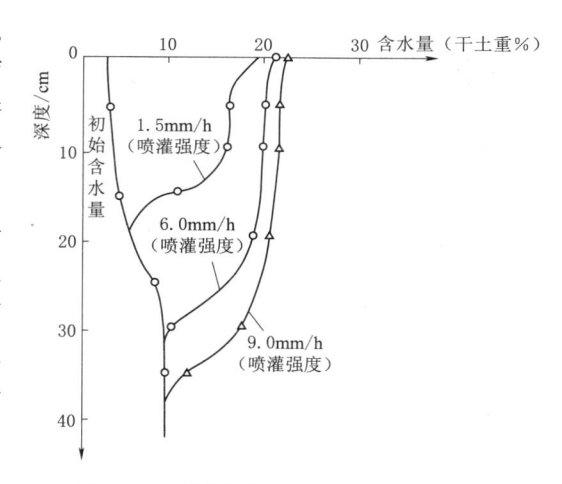

图 8.8 不同喷灌强度时土壤水分布曲线

$$\begin{cases} \dfrac{\partial \theta}{\partial t}=\dfrac{\partial}{\partial z}\left[D(\theta)\dfrac{\partial \theta}{\partial z}-K(\theta)\right] \\ \theta(z,0)=\theta_0 \\ \left[D(\theta)\dfrac{\partial \theta}{\partial z}-K(\theta)\right]_{z=0}=-p_i \\ \theta(\infty,t)=\theta_0 \end{cases} \quad (8.14)$$

式中 θ_0——降雨前剖面中的初始含水量（容积％）；

p_i——降雨强度，mm/h。

式（8.14）称为降水下渗模型。

8.4.4 土壤水分再分布

降水或灌溉停止后，地表积水一消失，则地面下渗过程进入第二阶段——土壤水分再分布阶段。然而，土壤水的运动并没有停止。如暂不考虑表土蒸发的影响，水分在土水势梯度和重力的作用下，湿润锋继续向下移动。在地下水位高的情况下，土壤水分补给地下水，这种水分移动称为内排水。当地下水埋深大时，地下水对上层土壤水的运动无关。即 $z \to \infty$，$t>0$ 时 $\theta=\theta_{(z)}$。这种土壤水的运动方式称为在剖面中的再分布。在该阶段中，仅是消耗剖面中原先湿润部分中的水分，使得湿润锋下移而加深湿润层，剖面中的水分随时间而不断重新分配。在农田中，喷灌后实测到的土壤水再分布过程绘于图 8.9。

土壤水的再分布速度随时间的延续，速度逐渐慢下来，但不可能达到稳定。但是，随着再分布时间延长，在剖面中可能出现一个相对稳定状态，这就是田间持水量，如图 8.10 所示。从这个概念出发，测定田间持水量时，必须有足够的湿润深度，并在隔绝蒸发条件下测定剖面中较稳定的含水量值。一般测得的田间持水量值大致有一个范围，可作为灌溉和计算土壤中有效储水量时参考。

图 8.9　土壤水再分布过程

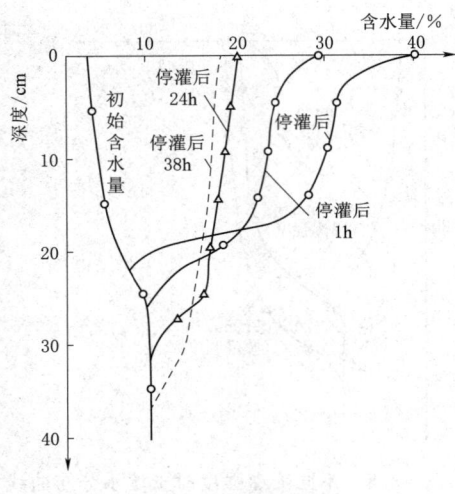

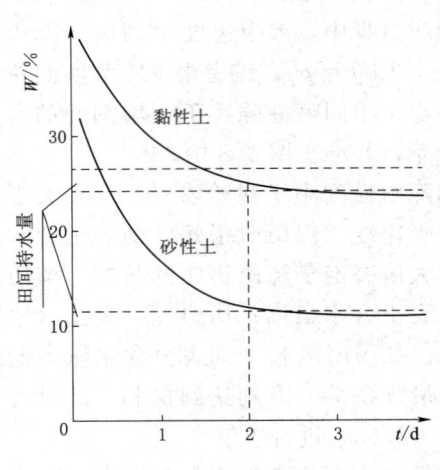

图 8.10　再分布速度示意

8.5　植物水分条件

8.5.1　水对植物的作用

水是构成植物体的主要成分，也是植物赖以生存的生态环境，有水才有植物。植物生理学者很早就研究植物对水的吸收、输送、散发等过程和理论，了解水在植物生活中的作用。

8.5.1.1　植物生长发育对水的要求

植物的一切正常生命活动只有在一定的细胞水分状况下才能进行。生长着的植物体内含有大量的水分，不同的植物或同一植物不同器官含水量各不相同。如水生植物含水量可达其鲜重的90%，草本植物一般含水量为70%～85%；生长着的根尖、嫩芽、幼苗含水量为60%～90%。休眠的种子含水量也有12%～14%。一粒正常的种子要能发芽生长，必须首先吸收水分达种子质量的45%～50%。在种子吸水过程中，经过膨胀和种子内酶的活动，淀粉、蛋白质、脂肪等转化为可溶性的，成为胚能吸收的物质，胚利用了可溶性营养物质便开始生长，胚增大体积后，就突破了种皮而萌发。一般情况下，幼根生长较幼芽为快，以便更多地吸收周围环境中的水分，但在土壤水分充足时，幼芽生长快于幼根。植物茎和叶，当水分充足时生长就快，生长期就要延长，成熟晚；水分不足时生长就慢，株矮叶小，生长期缩短，成熟早。

水在植物细胞内通常呈束缚水和自由水两种状态，两者比例大小，影响原生质的物理性质、酶的活性，反映了植物生长状况。自由水参与各种代谢作用，因为它受原生质胶粒的吸附力弱，是可以自由流动的水分。自由水含量占总水量的比例高，则植物生长旺盛。束缚水不参与代谢过程，其含量相对高时植物的抗性就大。当植物处于不良环境条件时，以低微的代谢强度生活，这时束缚水的含量占细胞总水量的比例就大。因此植物体内细胞含水量的多少和所处的状态，直接影响植物的代谢强度，也影响植物生长的快慢。

水在植物生活中有很重要和复杂的生理作用。水分在植物生命活动中的作用概括为四点：

（1）水分是原生质的主要成分。原生质的含水量一般占总成分的70%～90%，使原生质呈溶胶状态，保证了旺盛的代谢作用正常进行。

（2）水分是代谢作用过程的反应物质。在光合作用、呼吸作用、有机物质的合成和分解的过程中，都有水分子参与。一般植物在到达凋萎点前，水分亏缺对光合作用没有什么影响，但有的植物在比永久凋萎点高得多时，光合作用就减弱了。水分亏缺对植物的呼吸作用有较明显的影响，当水势降低到一定数值前，呼吸作用随水势降低而增强，到达某一点后，则随水势的降低而减弱，这说明在某一水势条件下，呼吸作用最旺盛。

（3）水分是植物对物质吸收和输送的溶剂。一般来说，植物不直接吸收固态的无机质和有机质，这些物质只有溶解在水中，才能被植物吸收。同样，各种物质在植物体内的输送也要溶于水中后才能进行。

（4）水分能保持植物的固有姿态。细胞含有大量水分，故能维持细胞的紧张度（即膨胀），使植物枝叶挺立，便于充分接收光照和交换气体，同时也使花朵张开，有利于授粉。如果植物缺水，气孔关闭，二氧化碳气就不能进入植物体内，植物由于缺少二氧化碳气而影响光合作用正常进行。

8.5.1.2 植物根系生长与水

双子叶植物种子发芽时主根就强烈生长，并形成侧根。而单子叶植物主根往往死亡，在茎基部产生大量的不定根。根从种子长出来时，通常比地上部分长得快，其长度也比地上部分长。

根是植物吸水的主要器官。不同的植物有不同的根系，例如冬小麦属于须根，其根又可分为种子根和次生根。种子根每株2～10条，一般为4～5条，种子根的数目与品种、籽粒大小有关。小麦根系生长速度大于地上部分生长速度，据测定，当小麦出苗时，种子根长6～10cm，分蘖到越冬期内生长最快，拔节后不再生长。小麦次生根一般由分蘖节处长出，次生根比种子根生长得慢，但生长时间长，可到乳熟期。植物有了强大的根系，在土壤中吸水吸肥的范围就大，抗旱能力强。根的生长快慢与环境条件密切相关。如果播种时土壤干旱，种子的根生长速度慢，次生根不能形成。反之，土壤水分过大，则通气不良，根的生长受到抑制。根有向水性，当土壤表层水分缺乏，下层水分适宜时根就向下层生长，扩大它吸水的范围。在生产中用蹲苗措施，促使根系向下生长，有抗旱、壮苗和防倒作用。

根系生长的长度既与环境条件有关，也和生长期有关，冬小麦生长到乳熟期，其长度可超过2m深，但由于表层土壤疏松，养分条件好，所以大多数根还是集中在上层。据观测，0～40cm的根重，占2m深根总重的71.5%，而40～120cm的占16.7%；120～200cm占11.8%。陕西省渭惠渠灌溉试验站观测玉米各生育期根系生长的长度有显著不同，见表8.1。

表8.1　　　　　　　　　　玉米各生育期次生根的长度

次生根＼生育期	三叶期	拔节期	抽雄穗期	乳熟期
最长根长度/cm	43.5	69.0	75.0	213.0
平均长度/cm	22.5	36.4	52.8	77.4

根的生长、吸收与组织分化都在根尖进行。根尖稍上密生着大量根毛，其长度为0.15～2.5mm。玉米根尖上每平方毫米平均约有420个根毛，豌豆有230个根毛，一株冬小麦的根毛长度可达20km。数量如此大的根毛具有很大的吸收表面积。它与土粒紧密接触，并分泌酸类溶解有机物。根毛的寿命约为数天，当它死亡后，其下部细胞不断形成新的根毛。但在淹水条件下生长的水稻则无根毛分化，而且表皮细胞破坏，根的皮层直接暴露在土壤溶液中吸水。

8.5.1.3 植物根系吸水的动力

植物根系的生理活动使液流从根部上升的压力称为根压。根压把根部的水分压到地上部分，土壤中的水便不断地补充到根部，通常把由根系活动而引起植物吸水的现象称为主动吸水。植物根系吸水的机理，是因原生质膜为半透膜，膜内为原生质，原生质主要由蛋白质、脂肪和磷脂等多种成分组成，这些组成物大都是亲水胶体，有很大的吸水力。幼嫩的细胞被原生质所占据，而细胞成长后，在原生质的内部产生了液泡。液泡内有细胞汁，由液泡膜把它和原生质分开，液泡内有很多电解质。由于质膜是一种可以透水的半透膜，所以液泡内可以产生相当大的渗透压，水进入细胞是在两个吸水力作用下进行的。一个是细胞汁的渗透吸力，另一个是原生质胶体的吸胀力（吸胀力就是伴随有体积胀大的吸水力）。幼嫩的细胞没有液泡，只靠胶体的吸胀作用从土壤中主动吸水，成长了的细胞由于有了液泡，细胞吸水就主要靠细胞汁的渗透作用。另外还有代谢吸水。

由于原生质膜为半透性质，水可以通过原生质膜进入细胞，也可以从细胞渗出。渗透现象发生的原因：土壤中水的活度与细胞中水的活度不同，也就是土壤溶液与细胞溶液之间有一个能量梯度，存在一种水势差，当土壤水势高于根系细胞水势时，土壤水就向细胞内渗透。当能量梯度逐渐减小或消失时，水就不再移动，渗透作用就停止，细胞内的水势就接近于土壤水势。水的这种能用于做功（通过半透膜而移动）的能量的大小用水势来度量。

水势就是每克分子水具有的自由能，可理解为供水分移动做功的潜在势能。一个系统内的水势高低，取决于其水分子所带自由能量多少。当两个水区的水势有差值时，按热力学第二定律，水分总是从高水势区向低水势区移动，直到水势相等，达到平衡为止。根系所以能从土壤中吸水，是土壤的水势比植物根系细胞内水势高。

水势的符号是 ψ 或 ψ_w，水势的单位用大气压（atm）、巴（bar）或其他压力单位表示。纯水在一个大气压和 0℃ 下的水势为零。而植物细胞溶液在相同条件下的水势为负值。如一个典型生活的细胞，其水势由渗透势（ψ_s）、压力势（ψ_p）和衬质势（ψ_m）三者构成，即

$$\psi_w = \psi_s + \psi_p + \psi_m \tag{8.15}$$

渗透势又称溶质势，是由溶质在水中溶解而引起的化学势降低的数值。加入溶质越多，降低的数值越大。因纯水的水势为零，而渗透势低于纯水，故为负值。

压力势是细胞壁伸缩性对细胞内容物产生的静水压力，也就是壁压。其数值与膨压相等。在细胞吸胀时，细胞壁对内施加的压力是正值，使水势上升。

衬质势是细胞壁和细胞内胶体亲水性引起对水分的吸附趋势。一般组织或细胞的胶体

已被水饱和，其衬质势仅 0.1bar 左右，可以忽略不计，水势公式可简化为

$$\psi_w = \psi_s + \psi_p \tag{8.16}$$

当细胞处于萎蔫点时，压力势为零，细胞体积最小，这时，细胞的渗透势就是水势，水势值最低。当细胞吸水膨胀出现压力势时，也就是压力势大于零，细胞水势上升。当细胞继续吸水达到饱和时，即压力势与渗透势数值相等，但符号相反，压力势与渗透势相抵消，细胞的水势等于零，如细胞外为纯水，其水势为零，细胞即失去吸水能力。

由植物散发作用引起的根部吸水，称为被动吸水。植物受阳光照射而引起散发，在气孔下腔附近的叶肉细胞壁的水分变成水汽扩散到空气中。这些叶肉细胞失水后，细胞液浓度相对增大，水势降低，这样就引起水从邻近水势高的细胞向水势低的细胞移动。而邻近细胞失水后水势降低，又从其邻近水势高的细胞吸水，以此类推，便从导管中自由向下吸水，最后根部就从土壤中吸水。这种吸水过程，完全是由散发产生的拉力，传导到根部而引起的被动吸水。由于植物这些吸水力，土壤水分能不断地进入植物体内，供应植物生命活动的需要。

8.5.1.4 主要作物的适宜土壤水分

作物适宜土壤水分，是指作物能正常生长和发育的一种土壤水分状况。在适宜的土壤水分条件下，土壤孔隙占体积的 20%～25%。各种作物的不同生长发育期要求不同的适宜水分条件。

土壤水分含量多少，不仅直接影响作物根系的吸收作用，也同时影响土壤水分的消耗，土壤水分高其消耗量也多。陕西省渭惠渠灌溉试验站的资料显示，棉花生长期土壤水分含量与土壤水分消耗呈直线正相关，也就是土壤水分越大，消耗水量也就越多。

1. 小麦

小麦生长期消耗水量多少，也与土壤水分大小有同样关系，并影响产量水平。

冬小麦是我国的主要粮食作物，它的生育期很长，要跨越秋、冬、春三个季节。小麦的生长季节，多数地区是少雨的旱季，常遇旱灾。秋冬播种后，种子吸水达本身重量的 50%，土温在 2℃ 以上即可发芽，冬小麦播种时土壤的适宜含水量为田间持水量的 65%～85%，以 75%～85% 出苗率最高。如底墒不足，将影响出苗率。在冬前分蘖期受旱会影响分蘖率。小麦拔节后，即开始孕穗。拔节标志着由以营养生长为主开始转为生殖生长为主，幼穗已开始分化，是增穗增粒的关键时期。土壤水分不足会影响小穗数量和小穗的增长，延迟抽穗期。进入抽穗开花期对水分需要最为敏感，尤其是开花期土壤水分不足会降低结实率。由灌浆到成熟，水分不足则秕籽多，干粒重低。拔节、抽穗、灌浆期是小麦的需水临界期，对水分需要量最大，对缺水的反映也最敏感，这个时期受旱将严重影响产量。小麦生长后期如遇高温天气（5月底6月初的干热风），根系易早衰，形成逼熟。

小麦对渍害也很敏感，从始穗起受渍就会减产，受渍越早，减产也越多，减产的主要原因是籽粒不饱。前期受渍麦苗黄瘦，分蘖次生根不发达，中后期长期受渍，会抑制根系活动，影响穗粒发育，且易招致病害，造成倒伏。如果麦田前期淹水 5～7 天会显著减产，中后期淹水会减产一半左右。冬小麦各生长期适宜土壤水分见表 8.2。

表8.2 冬小麦各生育期的适宜土壤水分（占田间持水量的百分数）

生育时期	出苗	分蘖—越冬	返青	拔节	抽穗	灌浆—成熟
适宜范围/%	75～80	60～80	70～85	70～90	75～90	70～85
显著受影响的土壤水分/%	60以下 90以上	55以下	60以下	65以下	70以下	65以下
土层深度/m	0.4	0.4	0.6	0.6	0.8	0.8

2. 玉米

玉米是我国主要农作物之一。由于分布的地区气候条件、耕作特点和栽培制度的不同，分为春玉米和夏玉米两种。从种子发芽到成熟，除苗期应适当控制土壤水分使根系扎深外，拔节到成熟都需要较多的水分。播种到出苗，土壤适宜水分为田间持水量的60%～70%，一般7～8天即可全苗。如土壤水分过多，出苗缓慢甚至种子腐烂；反之水分过少，种子不能发芽或发芽后干死。玉米苗期土壤水分不宜过多，以免生长过快，基部节间长，后期易倒伏。在底墒比较好的情况下，"蹲苗"的土壤水分也不应低于55%。拔节开始后生长快，土壤水分一般应保持在田间持水量的70%～80%。到抽雄前后，对水分特别敏感，是玉米需水的敏感期，土壤水分不能降低。抽雄前后缺水形成"卡脖旱"，影响玉米雌雄穗的正常抽花丝和开花，延长开花抽花丝的时间间隔，造成授粉不良，形成秃顶缺粒及过早成熟甚至提前枯萎，因而籽粒瘦小产量减低。如此时受渍涝，雌穗细小，抽雄推迟，也不能正常授粉结实。灌浆期是籽粒形成的重要时期，土壤水分低，物质向种子输送得慢，会导致籽粒瘦小，如果受渍涝，养分供应也会受影响。这时期土壤水分不应低于田间含水量的70%。到蜡熟期籽粒基本形成，土壤水分即可降到60%以下。

3. 棉花

棉花是经济价值很高的作物，在我国栽培历史长，分布很广，只有少数省份不宜种植。由于我国棉区气候条件差异较大，除西北内陆棉区外，在黄河、长江和辽河流域棉区，棉花生长期都经历了旱季和涝季，遇到多种病虫危害，这些不利因素不仅影响棉花的生长发育和产量，而且这些因素互相促进，加重危害。因此，各项农业技术措施都应有机配合，为棉花生长发育创造适宜的环境条件，棉花对土壤水分比较敏感，棉田灌溉排水工程必须完善，做到遇旱能适时灌水，遇涝能及时排水。棉花对适宜土壤水分范围要求比较小，如棉苗生长期土壤水分不宜高，一般应保持在70%以下，因为土壤水分高，影响地温上升，也容易引起苗期病害。但也不能受旱，如果干旱缺水棉花生长矮小。现蕾期土壤水分高易引起棉株疯长，招致现蕾晚、现蕾少。但是蕾铃期受旱也易引起蕾铃大量脱落和早衰。吐絮期土壤水分高易造成吐絮晚和僵瓣晚熟。由于棉区分布广，气候、土壤、品种、水利条件比较复杂，故应根据棉花生长发育要求，因地制宜地采取农业技术措施和灌溉排水。棉花生长期适宜土壤水分大致见表8.3。

4. 水稻

从水稻生理需水来说，在种子萌发和蜡熟期的适宜土壤水分，均以占田间持水量的70%～80%即可满足其需要，而其他生育期则要求土壤水分高度饱和或有水层。而高度饱和淹水层之间，在各生育期也不相同。如水稻分蘖期，只要土壤水分接近饱和或有4～6cm水层，水稻的光合强度、碳水化合物的代谢和生长特性基本相似，因此在生产实践

表 8.3　　　　　　棉花各生长期的适宜土壤水分（占田间持水量的百分数）

生长期	出苗	苗期	现蕾期	花铃期	吐絮期
适宜范围/%	70~75	55~70	60~70	70~80	55~70
显著受影响的土壤水分/%	60 以下	50 以下	55 以下	60 以下	50 以下
土层深度/m	0.4	0.4	0.6	0.8	0.6

中，各地控制稻田水分状况的经验就有所不同。调节水层的深浅可以调节稻田的温度和湿度，同时也直接影响稻田肥料的分解和利用。

水稻复青期，是稻苗由于移栽根部损伤，老根失去作用，新根有待生长的时期。插秧后为了创造良好的条件，一般用浅水护秧，以保持秧苗体内水分平衡。有水层可以减少秧苗的散发量、调节田间温度，有利于生新根加速复青。水层深浅应根据移栽时的气候等条件确定。

在水稻分蘖期，以如何促进早分蘖是稻田管理的中心任务。不少研究资料证明：浅灌和湿润灌都能促使分蘖加快。这是因为浅水和湿润灌溉能提高水土温度，使有机肥料分解，也有利于根系下扎。根据调查，湿润灌溉的根系集中分布深度为 7.4~8.4 寸[1]，横向 3~4.2 寸。淹灌的根深仅 6.2~6.9 寸，横向 4.4~5.2 寸。如果稻田水分低于饱和含水量的 70%~80% 便不能满足分蘖需要，影响分蘖数量。

在水稻分蘖后期，为了减少无效分蘖，有的采用灌深水层 7~10 天控制无效分蘖，因为深水层能降低水土温度，可削弱稻株基部的光照强度。根据江苏珥陵灌区试验结果，中籼稻在分蘖高峰期后，淹水深 7~9cm，对抑制无效分蘖很有效果。另一种抑制后期分蘖的办法是排水晒田，晒田由于土壤水分减少，可以使小蘖不再发生。

水稻生长到拔节期，是水稻营养生长逐步转向生殖生长期，茎秆向上伸长，根系向下扎深，由于叶面积增大，散发量增多，此期要求有充足的水分和一定深度水层以满足需要，特别是在穗小分化形成期不能缺水，如果缺水，直接影响小花数和粒数。农谚"湿做苞，干莳稻，一半稻；干做苞，干莳稻，没得稻"说明在小穗分化形成和抽穗期，不能受旱，根据原华东农业科学研究所的资料，在稻穗分化初期，稻田脱水 7~10 天，稻田表层土壤水分达田间持水量 54% 后灌水，出穗推迟 5~7 天，并且穗形变小，减产 10%。还有试验证明，在拔节孕穗期湿润灌溉，对穗部性状发育不利。总之在拔节孕穗期应保持稻田有水层。原四川省农业科学研究所试验结果，在拔节孕穗期不同灌溉对穗部影响见表 8.4。

表 8.4　　　　　　拔节孕穗期不同土壤水分状况与穗部性状的关系

处理	穗长/cm	每粒穗数	退化枝数	空壳率/%	千粒重/g
土壤湿润	19.44	50.3	1.83	31.0	26.38
水层 5cm	22.24	74.4	1.32	30.8	27.08

---

[1] 1 寸≈3.33cm。

在一季中稻区，也有提出拔节期应有水层的，但水层变幅可以较大，水层下限应为 3~4cm，水层上限 7~9cm。这样深水时可以满足需水，浅水时有利根系发育，茎秆健壮。孕穗抽穗期应建立比较深的水层，还可以调节稻田水土温度，缩小昼夜温差的变幅。

拔节期是水稻需肥最多的时期。生产上施用速效性肥料，满足小穗分化形成的需要，在有水层条件下，能使土壤中保持铵态氮而不易流失，铵态氮也易为水稻吸收。

水稻抽穗、开花和灌浆，是水稻生理需水较多的时期，且需调节水温，增加田间空气湿度。如果这时稻田缺水，空气相对湿度降低到 50% 左右，则水稻出穗困难。抽穗期如遇干旱，采用喷灌湿润空气可使出穗整齐。在长江中下游稻区，晚稻出穗期已到白露，气温逐渐降低，喷灌还有保温的作用。

水稻灌浆期，籽实重量的三分之二左右是由出穗后光合作用产物供给的，此时如水分不足不仅光合作用减弱，而且同化物质形成和运输受阻，则灌浆不足，千粒重减轻。所以抽穗至蜡熟期稻田应保持有水层。稻田后期排水落干，一般在蜡熟期开始，但保水能力弱的稻田，排水后容易干裂，后期可灌跑马水。而保水能力比较强的土壤，蜡熟期后排水，能促进早熟。

稻田水分状况变化很大，但是从整个生长期来看还是以有水层为主，至于水层深浅，不仅决定于水稻的生理需水，而且在很大程度上取决于生态需水，在水源条件差的稻田，加深水层可以蓄积雨水。在盐碱地区，稻田水分状况还应有冲洗和防止反盐的作用。所以稻田水分状况是由各种条件决定的，而不是由某一项条件决定的，但适宜水分的中心，是满足水稻生理和生态需水，保证正常生长发育和提高产量，并能经济地发挥灌溉水的最大效益。

晒田是水稻田水分状况最少时期，是稻田水分管理中一个重要环节。晒田时间一般在水稻分蘖末期和小穗分化前进行。晒田的作用是稻田排水落干后，土壤水分减少，大量空气进入土壤中，使长期淹水所产生的有害物质（硫化氢、甲烷）减少。由于好气微生物活动增强，促使有机物分解，同时黑根减少，白根增多；也由于土壤表层水分少，根系下扎，扩大了根系活动吸收范围；地上部分生长减慢，第一、二节长度变短，从而增强了植株的抗倒伏能力；晒田减少了土壤水分，也加速小分蘖的死亡，使养分及早转向主茎，改善了主茎小穗分化的营养物质状况，为培育大穗创造了条件。因此，晒田是一项增产措施。

但晒田措施并不是在任何条件下都能应用的。只可在那些地力肥沃、施用有机肥多、长期淹水、产生有害物质的稻田中晒田；也可以在地下水位高，排水不良的水网圩区和湖滨洼地以及一些冷浸田、锈水田、稻苗徒长有倒伏危险的稻田中晒田。通过晒田可以抑制水稻旺长。至于晒田程度和时间长短，必须因地因苗制宜，不能机械规定。

8.5.2 作物需水量及其计算方法

作物需水量（耗水量、蒸散发量）是指作物生长期叶面散发量和棵间土壤蒸发量之和，又称作物生理和生态需水量。在植物生理学上，作物需水量又称散发系数，是指作物制造一克干物质所需水分的克数。在灌溉上则把作物生理需水量和生态需水量之和称为需水量。很明显，植物生理学上与灌溉上所说的需水量是不相同的，前者不包括棵间蒸发水量，后者不同产量相联系。因此，从全面出发，作物需水量应是指作物在适宜的外界环境条件（包括水分）下，正常生长发育以及达到或接近达到该作物品种的最高产量水平所消耗的水量。如果作物生长不是在适宜土壤水分（干旱或过湿）条件下所消耗的水量，编者认为应称作物耗水量。

8.5.2.1 影响作物需水量的主要因素

作物需水量包括叶面散发和棵间蒸发量。凡影响叶面散发和棵间蒸发的因素，就直接或间接地影响需水量。作物散发部位包括地上茎、花、叶、果实，而主要是叶面散发。叶面散发又分为角质散发和气孔散发，其中气孔散发又是主要的。散发过程受作物气孔结构和气孔行为调节。气孔的调节作用是由组成气孔的两个肾形（小麦、水稻为哑铃形）的保卫细胞构成，保卫细胞含有叶绿体，能进行光合作用而形成淀粉。保卫细胞内外壁厚度不同，靠近气孔的内壁厚，背着气孔的外壁薄，当保卫细胞吸水膨胀时，较薄的外壁易伸长，细胞向外弯曲，于是气孔张开。当保卫细胞失水而体积缩小时，胞壁拉直，气孔即关闭。

影响叶面散发和棵间土壤蒸发的因素很多，可归纳为作物本身的有作物品种、生长期长短、气孔数目、气孔大小等；土壤方面的有土壤质地、颜色、肥力、土壤水分等；气象方面的有日照、温度、空气相对湿度、风等；农业技术方面有种植密度、耕作、施肥、中耕等。作物需水量既然受这样多的因素影响，其需水量必然是相对的，而不是一个绝对的数量。作物需水量虽然受多种因素影响，在高产栽培条件下，并有适宜的土壤水分条件时，主要影响因素是气象因素。20世纪50年代，桑斯威特（Thornthwaite C W，1954）和彭曼（Punman，1956）认为：在水分充足、植株均匀完全覆盖地面的作物群落中，即使作物种类不同，只要它的反射率相同（叶的颜色相同），不论土壤类型如何，提供蒸散发的能量都是一定的，并且只受气象条件的制约。因此，研究作物需水量及其影响因素，也可以人为地调节蒸散发量，减少水分消耗。

1. 不同作物品种

很早以前，植物生理学者用散发效率为尺度来区分不同作物的需水量，认为不同种属需水量不同，但为什么需水量不同，原因并未弄清。布莱克（Blacke，1969）根据前人测定的作物需水量数据，按C3和C4作物进行分类，发现C3作物需水量较C4作物显著得多。如玉米制造一克干物质需水349g，黍子制造一克干物质需水267g，而C3作物小麦则为557g，水稻为682g，棉花为568g，两者相差一倍左右。近来研究了干物质产量的种间差异，C4作物需水量低的主要原因可能是固定二氧化碳能力强，相应的生长率也高，这样制造干物质所需要水量相对就少。

同一作物不同品种，由于生长期长短不同，产量高低不同，其需水量也有显著差异。如玉米早熟品种，生长期70～100天，这一品种植株较低，茎秆较细，叶数较少，产量也较低；而晚熟品种，生长期120～150天，株高茎粗，叶片较多，产量较高，适宜春播。晚熟品种需水量较早熟品种多。春播玉米需水量每亩为315～342m^3，而夏玉米需水量为256～280m^3，相差59～62m^3。

2. 气象因素

气象因素是影响作物需水量的主要因素，不仅影响蒸散发速度，也直接影响作物生长发育。光照是影响蒸散发的重要因素，因为光照提高大气和叶面的温度，又能促使气孔开放，减少内部阻力，使蒸散发加快。空气相对湿度低，同样能增加蒸散发，当大气相对湿度低时，对蒸发的水汽扩散阻力小，扩散就快。

温度对蒸散发速度影响很大。在晴朗日子里只要温度升高，气孔下腔蒸汽压的增加大于空气蒸汽压的增加，这样叶内外蒸汽压差加大，叶内气孔水分就容易散出。风对蒸散发也有影响，微风时促进蒸散发，因为风能将叶子表面和地表水蒸气带走，同时带来相对湿度低的空气，外部扩散阻力减少，这样就加快蒸散发。强风反使气孔关闭，降低叶面和地面温度，减低蒸散发速度，所以风速对需水量影响是复杂的。

气象因素对作物需水量的影响，往往是几个因素同时作用，因此各个因素对作物需水量影响程度也是不易分开的。中国农业科学院农田灌溉研究所在先进农业技术和适宜土壤水分条件下的试验表明，由于气候条件不同，亩产千斤冬小麦需水量相差约100m³。见表8.5，当气温高、日照时数多、相对湿度小时，需水量多。

表 8.5　　玉米需水量与气候条件的关系

年份	需水量/(m³/亩)	水面蒸发量/mm	降水量/mm	日照总和/h	平均气温总和/℃
1954	296.369	647.1	366.6	738.4	2588.1
1955	279.210	603.1	484.8	615.3	2430.2

3. 农业栽培技术

农业栽培技术水平的高低直接影响水量消耗的速度。粗放的农业栽培技术，增加土壤水分无效消耗。灌水后适时耕耙保墒和中耕松土，使土壤表面有一个疏松层，就可以减少水量消耗。从一个地区来说，一个良种有其适宜的种植条件，也应有其适宜的耕作栽培技术。如果种植密度不合理，不仅达不到预期的产量，也浪费了其他物质条件，同时浪费灌溉水。玉米不同种植密度所消耗水量见表8.6。

表 8.6　　种植密度对玉米（金皇后）需水量的影响

种植密度/(株/亩)	需水量/(m³/亩)	产量/(kg/亩)
2500	397.1	435.0
3000	417.8	444.2
3500	422.4	363.5
4000	381.2	345.2

表8.6说明，在适宜密度范围内，随着密度增加叶面积增大，散发量也增加，所以玉米需水量随着密度增加而增加，但密度达到3500株/亩时，需水量仍然增多，产量反而减少；密度为4000株/亩时，则因枯叶增多，倒伏严重，产量和消耗水量均减少。

4. 需水量与产量的关系

作物生长和产量是综合因子同时作用的结果。只有当水是限制因子时，增加供水量才能增产；如果是其他因子限制增产而盲目地增加供水量，反会招致减产，严重的有可能引起渍涝之害的后果。因此产量与水量消耗的关系，只有当供水不能满足作物需水时，所消耗的水量多少与产量成正相关，即随着产量的提高，消耗水量增加。当水分已足以满足作物需水量时，再提高产量是提高其他起限制作用的因素的问题，如增施肥料，而不是增加需水量。这种作物生理需水与生态需水，两者是统一的又是相互制约的。因此，当叶面散发量增加时，棵间土壤蒸发量就相应减少，也可得到解释。

上述这种规律已为过去和现在大量资料所证实。同时也证实，随着供水量的增加，其增产作用也随着减少，最后就不再增产。这不仅表现在产量与水量关系的绝对量上，更明显地表现在每斤籽粒所消耗的水量上。陕西省渭惠渠灌溉试验站和中国农业科学院农田灌溉研究所试验冬小麦资料见表8.7。

表8.7 冬小麦产量与消耗水量的关系

陕　　西			河　　南		
产量/(kg/亩)	消耗水量/(m³/亩)	每kg籽粒消耗水量/kg	产量/(kg/亩)	消耗水量/(m³/亩)	每kg籽粒消耗水量/kg
464	185	398.7	677	338.5	334.5
529	243	459.4	747.5	373.8	359.6
549	269	490.0	771.6	385.8	385.1
603	300	497.5	786.0	393	413.7
526	305	579.9	765.4	382.7	451.7

8.5.2.2 需水量的确定方法

作物需水量是开发利用水资源的重要资料，也是灌溉用水的依据。一般估算需水量分两步进行，第一步先估算蒸散发力，第二步根据蒸散发力计算实际蒸散发量。所谓蒸散发力或潜在需水量，是指作物在生长期，土壤能充分供应水分，作物不受限制所消耗的水量。这些估算蒸散发力的公式，其共同点是以气象因子作为指标。由于公式较多，仅举几种类型如下：

1. 蒸散发力的估算

器蒸发法就是以水面蒸发为指标来估算蒸散发力。早在1916—1917年，美国的布莱斯基和尚兹就提出此法，世界上不少国家也提出了类似的方法，其公式基本相同。主要有两种形式

第一种为
$$E_p = aE_a \tag{8.17}$$

式中 E_p——蒸散发力，mm；

E_a——相应时间内水面蒸发量，mm；

a——蒸散发力系数，其值主要决定于作物机器栽培条件、水面蒸发器的规格和设置方式等。

许多国家试验资料表明，以水面蒸发为指标估算蒸散发力，成果可靠，精确度也合乎要求。如美国用各种方法演算结果，水面蒸发法估算的蒸散发力与实测值误差仅4.1%，而布兰伊-克里德尔法误差为12.6%，彭曼法为7.8%。在确定蒸散发力系数时，所使用的水面蒸发器的规格（口径等）、安装方式、观测场地和周围的条件应相似。特别是蒸发器的口径应相同，否则所测的水面蒸发量差别很大。当采用蒸散发力系数时，蒸发器规格应相同，其他条件应相似。

第二种为
$$E_p = aE_a + b \tag{8.18}$$

式中 a、b——通过分析试验成果所求得的系数与常数；

其余符号的意义与单位同前。

2. 作物实际蒸散发量的估算

前边估算的蒸散发力，是在土壤水分充足供应作物生长情况下求得的，无疑要大于实际蒸散发量。因为在生产实际中作物生长并不要求土壤水分一直充足，在苗期和成熟期土壤水分就比较低，有时为了控制旺长，土壤水分可降至田间持水量55%，这样实际作物蒸散发量与蒸散发力之间有一个比值，称作物系数（K_E）。

$$E_d = K_E E_p \tag{8.19}$$

式中 E_p——蒸散发力，mm；

E_d——作物实际蒸散发量，mm；

K_E——作物系数。

作物系数 K_E，由于作物不同，其系数值也不同，即同一种作物各生育时期的值也不同。作物系数应通过试验取得。

8.6 农田需水量的计量

农田需水量或称灌溉用水量，在数值上等于作物需水量及灌水过程中由于技术原因造成的损失量之和[2]。在盐碱地区还包括冲洗需水量。

灌水量由有效降水量和人工浇灌水量组成，必须符合作物需水规律，适时适量。多余的地面水退水为弃水，多余的土壤水、地下水退水为地下排水。弃水、排水可以回归水形式再利用，归入水资源的重复使用部分。

8.6.1 作物需水量的理论依据

作物需水量指作物全生育期内蒸散发量的总和，由该作物各生育阶段在最优生长势状况下的蒸散发量组成。它是通过实地测验而求得的。

对植物适宜水分条件的探讨，世界灌溉排水委员会（ICID）的材料指出，学者们在水稻上均趋向于在水稻的不同生育阶段宜各有不同的水层深度；对旱作物则有不尽相同的概念：一种认为只要土壤水含量处于有效水分的范围内，作物就可正常生长并获得高产，另一种意见则认为关键水和适宜水分上下限标准所表达的关键水分是高产优质的保证（图8.11）。两者都有生产实践资料为之提供佐证。

对旱作物之所以有不同的概念，在于前一种土壤水分管理方法便于调动水资源，因而便于大灌区中具有高度机械化等现代生产技术的大农场进行计划用水，如某些欧美国家；后一种方法则主要为人多地少，进行精耕细作下的做法，如我国。对水稻灌溉，我国具有丰富的历史经验，50年代后期在总结群众经验的基础上对湿润灌溉进行了比较系统的研究，明确了水稻不同生育期有不同水层要求的需水规律[1]，并为一些东南亚国家所推广应用，在其他

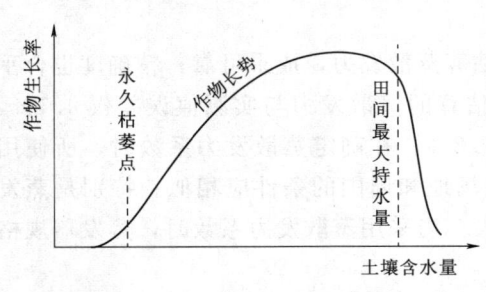

图8.11 生长势与土壤含水量关系示意

边界条件和影响因素都相同的生产环境条件下所采用的灌溉制度，用水量与产量有如图 8.12 所示的规律，即产量随用水量的增加而增加，在某一产量水平之下时（曲线 1 的 A 点）两者成直线线性关系，过此点后递增率递减，达到顶峰产量（B 点）后再增加水量反而减产。在调整某些影响因素后，同一灌溉制度的生产效益可以得到提高而产生如曲线 2、3 等的关系。这一规律说明为何在同一用水量下可以得出不同的产量。

作物从播种到收割的需水过程呈小—大—小的规律。这一规律揭示出对作物生育期内水分管理的要求，任一生育阶段的水分条件达不到所需要的最佳状态都将在不同程度上影响最终的产量。不同作物各有其需水特性，有其需水顶峰的时期

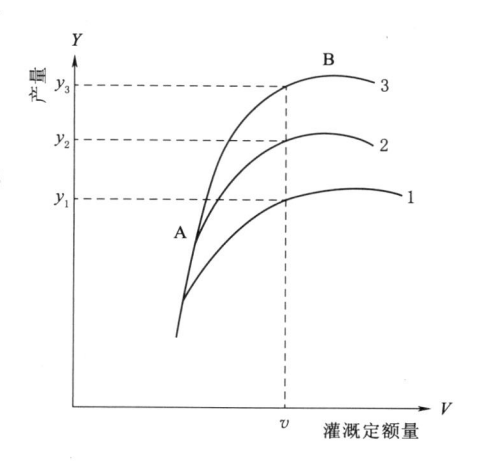

图 8.12 用水量 V -产量 Y 的关系示意

和需水量，在农业用水上必须根据这种规律来掌握同一作物的选种和种植管理，调整不同作物种植面积的配比，以错开用水峰期，平抑用水峰量，从而减轻工程负担，发挥灌区灌溉均匀用水的最高效率和灌溉水源的最佳效益。

8.6.2 作物需水量的分析计算

作物需水量是通过室内、外科学实验所观测到的经验数值。随着农业科学技术水平的不断发展，灌溉水的有效利用也不断提高，生产单位重量干物质的需水量重量（耗水系数）在不断降低。因此，这些数值也都是相对的近似值。实验的方法不同，计算所得的数值有精粗的差异，生产中应用的或现在研究中的计算方法，主要有以下几种。

1. 水量平衡法计算

从实验场或实验流域水文观测资料进行计算，方程式如下

$$(W_p + W_I) - (W_r + W_P + E_s + E_t) = \Delta W_s + \Delta W_p \tag{8.20}$$

式中 W_p——降水量；

W_I——灌水量；

W_r——降水产生的地面径流，灌溉水的退水；

W_P——通过根系层的深层渗漏水量；

E_s、E_t——土壤蒸发量、作物散发量，两者之和为作物蒸散发量 E_d，即作物需水量；

ΔW_s——土壤水储量变化量；

ΔW_p——作物植株水变化量。

各值均以水深毫米计。在不存在有 W_r、W_P 并且 ΔW_p 可以忽略不计的情况下，上式简化为

$$W_p + W_I - E = \Delta W_s \tag{8.21}$$

在只有降水或只有灌水的情况下，上式简化为

$$W_p - E = \Delta W_s \tag{8.22}$$

$$W_I - E = \Delta W_s \tag{8.23}$$

根据降水、灌水的次数，分次计算，其累积总和即为作物的总需水量。由于测次时段内有

$$\Delta W_s = \frac{\beta_i - \beta_e}{100} \cdot h \tag{8.24}$$

式中 β_i、β_e——时段初和时段末的土壤含水量（体积%）；
　　　h——计算土层的厚度，mm。

则根据水情可有下式诸不同情况，由各个不同情况组成用水全过程，联合运用下列一组方程式，可计算出作物需水量 E_d。

$$W_p + W_I - E = \sum_{i=1}^{n} \left(\frac{\beta_i - \beta_e}{100} h \right) \tag{8.25}$$

$$W_p - E = \sum_{i=1}^{n} \left(\frac{\beta_i - \beta_e}{100} h \right) \tag{8.26}$$

$$W_I - E = \sum_{i=1}^{n} \left(\frac{\beta_i - \beta_e}{100} h \right) \tag{8.27}$$

2. 从土壤含水量变化进行计算

对旱作物，利用土壤含水量变化来测定、计算需水量是较普通的方法，国内外都积累有大量的资料。对取土层次分得较多，并按自然土质分层取土，土壤水分的代表性将更确切些；测定的次数加多些，测得的需水量也更合实际些。计算的方程式为

$$E = \sum_{i=1}^{n} \left(\frac{W_{1i} - W_{2i}}{100} \rho_{ri} \cdot h_i \right) \tag{8.28}$$

式中 　　n——土壤分层的层数；
W_{1i}、W_{2i}——第 i 层土壤在时段初和时段末的含水量（干土重%）；
ρ_{ri}、h_i——第 i 层土壤的容积比重和厚度；
　　　其他符号意义同前。

上式不考虑根系层以下的土层对根系层土壤水分的补给，这常不符合实际，计算值也因而偏小，这可以加大计算的土层深度至根系层以下适当深处来修正。当地下水埋深较浅并以上升毛管水向根系层补给时，也应做出相应的修正。

考虑到雨后，灌水后头几天有较大的土壤表面蒸发，可用下式做修正

$$E = \sum_{i=1}^{n} E_i + \sum_{i=1}^{n} K \cdot E_P \tag{8.29}$$

式中 E_i——第 i 次的需水量；
　　　K——头几天内耗水量与标准蒸发皿测定的蒸发量 E_P 之比。

8.6.3 灌水量的计算

（1）单项作物灌溉制度计算：根据前述方法计算种植作物按产量要求标准所需的灌水时期、灌水定额、灌水次数，制定灌溉制度。

（2）区域作物灌水量计算：在一个区域内，根据降水情况规划作物的分区布局及其种植结构，在各项作物定产需水的基础上计算综合灌水量。

（3）损失水量计算：在灌溉期中，各个输水、配水、灌水环节中所产生的地面跑

水（地面径流流失）、深层渗漏乃至无效的水面蒸发，都构成灌溉水的损失，增加灌溉的用水量，降低灌溉水的有效利用。如因而产生其他不良后果，则这种损失水量又成为害水；反之，如可回收利用，也可化为重复使用的水源。对这些问题，在农业水文上须根据具体情况作具体分析。这里，只就损失论损失，从下述几个方面采用水的有效利用系数，来为分析提供依据。

1. 输水效率

输水损失包括自水源地到用水地点之间的输水系统（渠系河沟）中所产生的水面蒸发、深层渗漏、沿程堤、滩植物散发等的损耗水量。输水效率用下式表达

$$E_c = \frac{W_f}{W_t} \times 100\% \tag{8.30}$$

式中　E_c——输水效率；

W_f——达到用水地点（大田）的水量；

W_t——自水源（河、库、井）引进的总水量。

2. 浇水效率

$$E_a = \frac{W_s}{W_f} \times 100\% \tag{8.31}$$

式中　E_a——浇水效率；

W_s——灌入根系层的储水量；

W_f——送入田间的水量。

在一般条件下，地面灌水技术的 E_a 约为 60%，喷灌的约为 75%。包括有冲洗定额的，此效率可更高一点。应该指出，E_a 值不反映浇水入渗的均匀度，也不表示所储存于土壤中的水量是否够用到下一次灌水时，在小灌水定额时可以达 100%，但并不表示用水的经济合理。

3. 均匀系数（也称水的分布效率）

$$E_d = \left(1 - \frac{\overline{y}}{\overline{d}}\right) \times 100\% \tag{8.32}$$

式中　E_d——均匀系数；

$\overline{y}$——灌水后土层实储水深与平均储水深的离差平均值；

$\overline{d}$——灌水后土层中平均储水深。

灌溉时土壤受水均匀是最关键的一个环节。地面灌水不匀则高处受水不足，洼处积水过多，降低土壤均匀抗旱能力，在盐碱地还可诱发盐斑的产生。土壤受水不匀，土壤水过多的地段产生不应有的深层渗漏，不足之处则不能为作物提供计划的供水量。

4. 水的生产效率

$$E_W = \frac{Y}{E} \tag{8.33}$$

$$E_{Wf} = \frac{Y}{W_R} \tag{8.34}$$

式中　E_W——水的生产效率；

E_{wf}——水的大田生产效率，以单位面积单位水深（cm）的产量计；
    Y——作物单产；
    E——作物蒸散发量；
    W_R——灌溉需水量。

思考题

1. 简述作物需水量的内涵及计算方法。
2. 简述农田需水量的内涵及计算方法。
3. 简述水田与旱地田间水量平衡的异同。
4. 简述水田与旱地水分下渗机理的异同。

参考文献

[1] 夏军，左其亭，王根绪，等. 生态水文学 [M]. 北京：科学出版社，2020.
[2] 施成熙，粟宗嵩. 农业水文学 [M]. 北京：农业出版社，1985.